高等职业教育系列教材

电气控制与 PLC 应用技术（FX$_{5U}$）

主编　贺建华　李焕娣

副主编　徐彦伟　虞益龙

参编　何世峰　臧其亮　崔　洁　国　芳

机械工业出版社

本书以应用性实例为载体组织教学内容，将指令应用和编程练习融入一个个任务中，突出理实一体化；任务安排循序渐进，由简到繁。

　　本书包括 7 个模块。模块 1 介绍三相异步电动机、继电控制电路装调和常用机床控制电路的检修等，模块 2 介绍 PLC 的构成和运行原理，模块 3 通过 6 个任务学习 FX$_{5U}$ PLC 的基本逻辑指令的应用，模块 4 介绍了顺序控制设计法的 3 个应用实例，模块 5 通过 7 个任务学习 FX$_{5U}$ PLC 的功能指令的应用，模块 6 介绍 FX$_{5U}$ PLC 组网通信和模拟量输入/输出的应用，模块 7 介绍了触摸屏和变频器的应用。

　　本书可作为高等职业院校自动化等相关专业教材，也可作为中、高级电工或其他相关工种的职业技能鉴定培训教材，以及社会相关专业技术人员的自学与参考用书。

　　本书配套电子资源包括二维码视频、电子课件、习题解答、源程序、在线课程，需要的教师可登录机工教育服务网（www.cmpedu.com）网站免费注册，审核通过后下载，或联系编辑（13261377872）索取。

图书在版编目（CIP）数据

电气控制与 PLC 应用技术：FX$_{5U}$ / 贺建华，李焕娣主编. —北京：机械工业出版社，2024.6（2025.2 重印）

高等职业教育系列教材

ISBN 978-7-111-75339-1

Ⅰ. ①电… Ⅱ. ①贺… ②李… Ⅲ. ①电气控制-高等职业教育-教材 ②PLC 技术-高等职业教育-教材 Ⅳ. ①TM571.2 ②TM571.61

中国国家版本馆 CIP 数据核字（2024）第 045153 号

机械工业出版社（北京市百万庄大街 22 号　邮政编码 100037）

策划编辑：李文轶　　　　　　　　　　责任编辑：李文轶　王　荣

责任校对：张雨霏　丁梦卓　闫　焱　　责任印制：郜　敏

北京富资园科技发展有限公司印刷

2025 年 2 月第 1 版第 2 次印刷

184mm×260mm · 14.25 印张 · 367 千字

标准书号：ISBN 978-7-111-75339-1

定价：59.00 元

电话服务　　　　　　　　　　网络服务

客服电话：010-88361066　　　机 工 官 网：www.cmpbook.com

　　　　　010-88379833　　　机 工 官 博：weibo.com/cmp1952

　　　　　010-68326294　　　金 书 网：www.golden-book.com

封底无防伪标均为盗版　　　机工教育服务网：www.cmpedu.com

前言

党的二十大报告提出:"教育、科技、人才是全面建设社会主义现代化国家的基础性、战略性支撑。必须坚持科技是第一生产力、人才是第一资源、创新是第一动力,深入实施科教兴国战略、人才强国战略、创新驱动发展战略,开辟发展新领域新赛道,不断塑造发展新动能新优势"。

可编程控制器(PLC)是一种以微型计算机为核心的通用工业控制器,它不但能实现简单逻辑控制,还能实现运动控制、过程控制和集散控制等各种复杂任务控制,是工业控制领域的主流控制设备之一。FX$_{5U}$系列 PLC 是三菱公司于近年来推出的新一代升级换代产品,属于三菱电机的 MELSEC iQ-F 系列,是小型 PLC 的全面升级,在产品性能提升、与驱动产品的连接和软件环境等方面都有了很大的提高,在工控领域得到广泛的应用。

为了配合相关专业课程教学的需要,以及中、高级电工职业技能等级鉴定和相关社会培训的需要,本书由 7 个模块组成:模块 1 介绍三相异步电动机、继电控制电路装调和常用机床控制电路的检修等,模块 2 是初步认识 PLC,模块 3 用 6 个任务学习 FX$_{5U}$ PLC 基本逻辑指令的应用,模块 4 介绍了顺序控制设计法的 3 个应用实例,模块 5 用 7 个任务学习 FX$_{5U}$ PLC 功能指令的应用,模块 6 介绍了 FX$_{5U}$ PLC 组网通信和模拟量输入/输出的应用,模块 7 介绍了触摸屏和变频器的应用。

本书以应用性实例为载体组织教学内容,将指令学习和编程练习融入一个个任务中,突出理实一体化;任务安排循序渐进,由简到繁。本书紧随技术和经济的发展,将新知识、新技术、新工艺和新案例等引入书中;更加注重图、文、表并茂,生动活泼,减少大篇幅理论的讲述;设备名称、名词术语等符合国家有关技术标准和规范;注重立体化资源建设,通过随书二维码的形式,将教学视频融入书中,方便学生课下学习,丰富教学手段;创新了 PLC 编程指令功能的说明形式,在列表介绍 PLC 编程指令功能时,将指令表、梯形图及其操作元件和指令功能放到同一表格中。本书对应的课程网站会不断更新 PLC 电气控制的新案例和 FX$_{5U}$ PLC 手册等。

本书是机械工业出版社组织出版的"高等职业教育系列教材"之一,由江苏建筑职业技术学院贺建华、大同煤炭职业技术学院李焕娣主编,兰州石化职业技术大学徐彦伟、江苏联合职业技术学院常州刘国钧分院虞益龙担任副主编,何世峰、臧其亮、崔洁、国芳参与编写。本书为校企合作教材,特邀企业相关领域专家参与编写,并听取了相关专业建设指导委员会专家的建议和指导；并且三菱电机（中国）公司技术人员对本书编写给予了大力支持。

　　本书可作为高等职业院校自动化等相关专业教材，也可作为中、高级电工或其他相关工种的职业技能鉴定培训教材，以及社会相关专业技术人员的自学与参考用书。

　　本书在编写过程中参考了大量的手册和相关书籍，在此表示诚挚的感谢！由于编者水平有限，书中难免有错误和不妥之处，敬请广大读者批评指正。

编　者

码 0
教材简介

目 录 Contents

模块 5　功能指令的应用 ⋯⋯⋯⋯⋯⋯⋯⋯⋯⋯⋯⋯⋯⋯⋯ 117

模块 6　PLC 组网通信和模拟量输入/输出的应用 ⋯⋯⋯⋯⋯ 153

模块 7　触摸屏和变频器的应用 ································· 171

附录 ································· 204

参考文献 ······························· 218

模块 1　继电控制电路装调

由继电器-接触器构成的继电控制电路的装调和维修是新版《电工国家职业标准》的重要部分。本模块包括三相交流异步电动机的结构、原理与接线，继电器-接触器控制电路的读图、识图、绘图，低压控制电器的选用，继电器-接触器控制电路的装调，机床电气控制电路的分析与维修等。

任务 1.1　电动机直接起动控制

1.1.1　三相交流异步电动机

1．三相交流异步电动机结构与接线

小型笼型三相交流异步电动机外形如图 1-1a 所示，它的结构可分为定子和转子两部分，结构分解图如图 1-1b 所示。

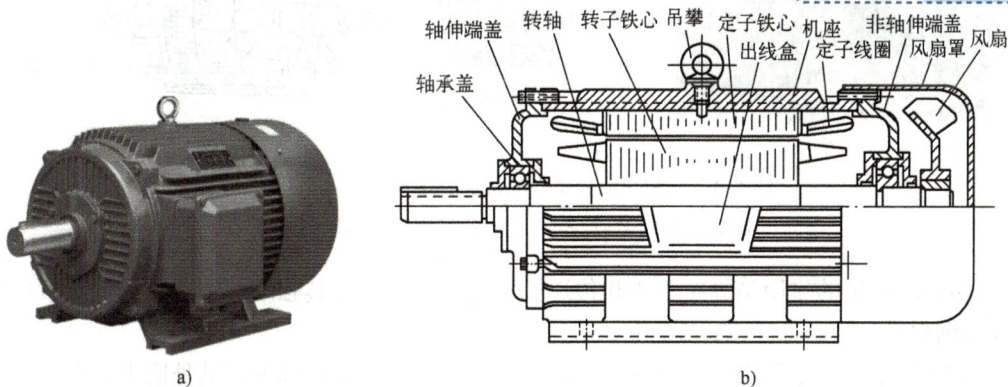

图 1-1　小型笼型三相交流异步电动机外形和结构分解图

a) 外形　b) 结构分解图

（1）定子　如图 1-1b 所示，三相交流异步电动机定子部分包括机座、定子铁心、定子绕组、端盖、轴承盖等。

1）机座。机座是电动机的外壳，支撑电动机的各部件，机座的底脚用于将电动机安装固定。电动机主要通过机座的表面及表面上的散热筋散热。中小型电动机采用铸铁机座，大型电动机一般采用钢板焊接机座。

2）定子铁心。定子铁心紧贴机座内壁，是电动机磁路的一部分，并起到固定定子绕组的作用。为了增强导磁能力和减小涡流损耗，定子铁心常选用 0.5mm 或 0.35mm 厚的硅钢片冲制叠压而成，片的两面涂有绝缘层。定子铁心内圆均匀冲出许多形状相同的槽，用以嵌放定子绕组。定子铁心机座如图 1-2a 所示，定子铁心硅钢片如图 1-2b 所示。

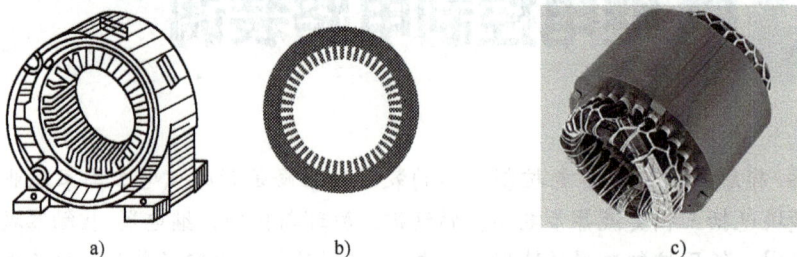

图 1-2　三相交流异步电动机的定子

a) 定子铁心机座　b) 定子铁心硅钢片　c) 定子铁心嵌放定子绕组

3）定子绕组。定子绕组是电动机的电路部分，用于通入三相交流电产生旋转磁场。定子绕组分成 3 组，每一组通过串并联连接到一起称为一相，每一相绕组有两个出线端子，三相绕组的 6 个出线端子接到接线盒内的接线板上。三相交流异步电动机定子铁心嵌放定子绕组如图 1-2c 所示。

（2）转子　转子是电动机的旋转部分，包括转子铁心、转子绕组、转轴、轴承和风扇等部分。三相交流异步电动机的转子铁心与转子绕组如图 1-3 所示。

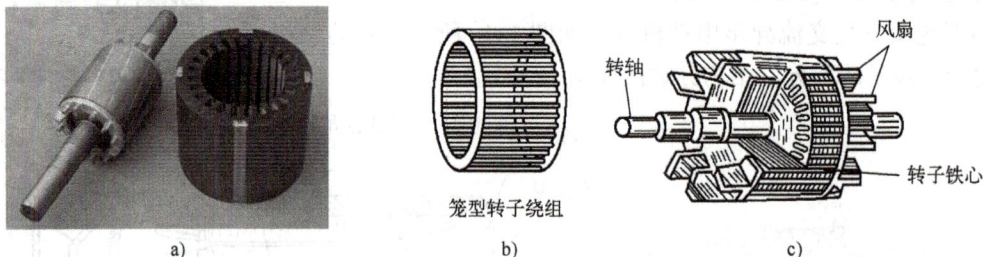

图 1-3　三相交流异步电动机的转子铁心和转子绕组

a) 转子和转子铁心　b) 铜条笼型转子绕组　c) 铸铝转子

1）转轴。转轴的作用是固定铁心和传递机械功率。为保证其强度和刚度，转轴一般由低碳钢或合金钢制成。

2）转子铁心。转子铁心固定在转轴上，是电动机磁路的组成部分，其外圆上开有槽，用来嵌放转子绕组。铁心材料用 0.5mm 或 0.35mm 厚的硅钢片冲制叠压而成，转子铁心与定子铁心构成闭合磁路。

3）转子绕组。转子绕组的作用是切割定子旋转磁场产生的感应电动势和感应电流，并形成电磁转矩而使电动机旋转。笼型转子绕组的外形像一个笼子，小型笼型异步电动机采用铸铝转子绕组，中大型电动机一般采用铜条和铜端环焊接而成的转子绕组。

（3）三相交流异步电动机的接线　三相交流异步电动机的三相定子绕组分别是 U 相、V 相和 W 相绕组，有 6 个出线端，首端分别标为 U1、V1、W1，末端分别标为 U2、V2、W2，电动机运行时需要接入三相交流电源，接入三相交流电源的方式有两种，分别是Y联结和△联结，三相交流异步电动机定子绕组的Y联结和△联结如图 1-4 所示。

码 1.1-2
三相交流异步电动机的接线

需要注意的是接线盒内的 6 个接线端子的排列顺序，从左到右，下排是 U1、V1、W1，上排是 W2、U2、V2。

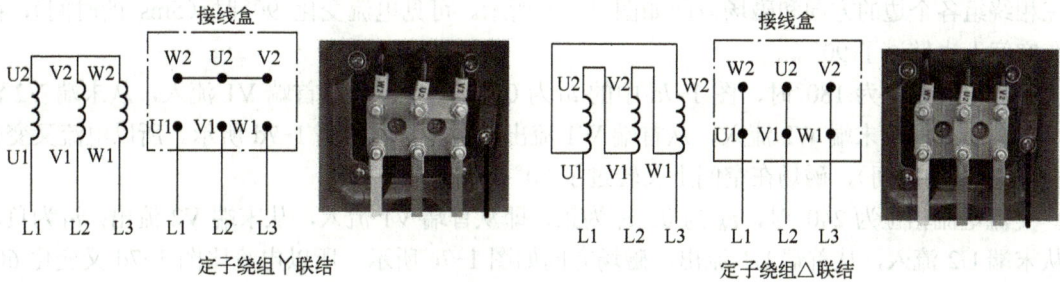

图 1-4　三相交流异步电动机的接线方式

1) Y联结。用电动机接线盒内的 3 个导电铜片将三相定子绕组 U2、V2 和 W2 这 3 个端子直接连在一起。从接线盒的底部进线孔穿入四芯电缆，3 根相线分别接 U1、V1 和 W1，地线接电动机接线盒内的地线端子⏚，用于电动机外壳接地保护。

2) △联结。用 3 个导电铜片分别将竖向对应的 U1 和 W2、V1 和 U2、W1 和 V2 连在一起，四芯电缆电源线的连接方式与前述相同。

码 1.1-3
三相交流异步
电动机的转动
原理

2. 三相异步电动机工作原理

（1）旋转磁场的产生　三相交流异步电动机在定子绕组通入三相交流电，产生电磁力矩驱动转子转动，带动生产机械运行。三相定子绕组无论有多少个线圈，总是被分成 3 组，每一组通过串并联连接到一起为一相。

1) 三相定子绕组的简化模型。为了理解三相交流异步电动机的工作原理，把三相定子绕组简化为 3 个线圈。如图 1-5 所示，U 相线圈的连接首端的边放置在 1 号槽中，连接末端的边放置在 4 号槽中。V 相线圈的首端边放置在 3 号槽中，末端边放置在 6 号槽中。W 相线圈的首端边放置在 5 号槽中，末端边放置在 2 号槽中。在空间的逆时针方向上，U 相超前 V 相 120°，V 相超前 W 相 120°，W 相又超前 U 相 120°。图 1-6 是三相定子绕组Y联结并通入三相交流电。

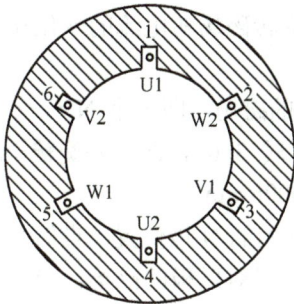

图 1-5　三相定子绕组的简化模型

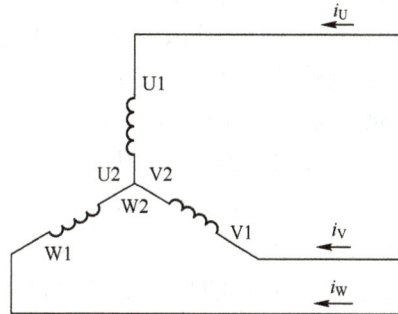

图 1-6　三相定子绕组通入三相交流电（Y联结）

2) 旋转磁场的产生。当三相定子绕组接三相交流电源后，绕组内便流过三相对称交流电流 i_U、i_V、i_W，如图 1-7a 所示。

50Hz 的正弦交流电，1 个周期是 20ms，对应 360°（2π）电角度。图 1-7a 中三相交流电流相位为 0°时，电流 i_U 等于 0；i_W 为正，即从首端 W1 流入、从末端 W2 流出；i_V 为负，即从末端 V2 流入、从首端 V1 流出，电流在三相绕组各个边的方向见图 1-7b，用右手螺旋定则判断通电直导体产生的磁场方向，对于转子来说，磁感线从 N 极到 S 极磁场方向如图 1-7b 所示。

交流电流相位为 90°时，图 1-7a 中 i_U 为正，即从首端 U1 流入，从末端 U2 流出；i_V 为负，即从末端 V2 流入，从首端 V1 流出；i_W 为负，即从末端 W2 流入，从首端 W1 流出，电流在三相绕组各个边的方向和磁场方向如图 1-7c 所示。可见电流变化 90°时（5ms 的时间），磁场在空间上也转过了 90°。

交流电流相位为 180°时，图 1-7a 中的 i_U 为 0；i_V 为正，即从首端 V1 流入，从末端 V2 流出；i_W 为负，即从末端 W2 流入，从首端 W1 流出，磁场方向如图 1-7d 所示。所以电流又变化 90°时（5ms 的时间），磁场在空间上又转过了 90°。

交流电流相位为 240°时，i_W 为 0；i_V 为正，即从首端 V1 流入，从末端 V2 流出；i_U 为负，即从末端 U2 流入，从首端 U1 流出，磁场方向如图 1-7e 所示。所以电流比图 1-7d 又变化 60°时（20/6ms 的时间），磁场在空间上也转过了 60°。

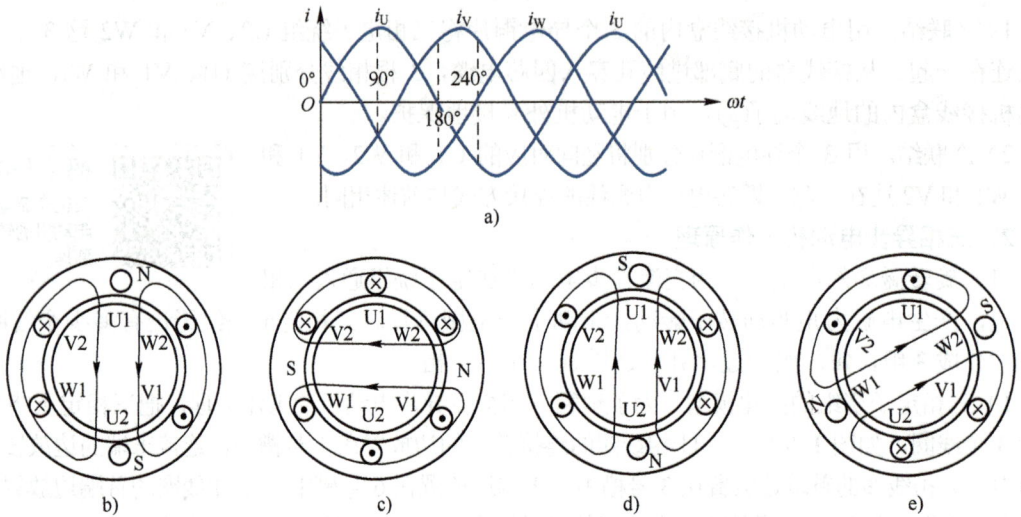

图 1-7　三相定子绕组的电流与转子空间旋转磁场的变化

相位为 360°时情况与相位为 0°相同。

所以三相对称定子绕组通入三相交流电流时，产生的旋转磁场随电流的变化在转子空间不断旋转，这就是旋转磁场的产生原理。

3）旋转磁场的转速。图 1-7 所示的磁场，是一对磁极的磁场，即一个 N 极一个 S 极，三相交流电流在一个周期（20ms）变化，旋转磁场在空间上旋转 360°，即正好旋转一圈。若电源的频率用 f_1 表示，则旋转磁场每分钟将旋转：$n_1 = 60 f_1 = 3000 \text{r/min}$。

交流电流经过一个周期，旋转磁场 N 极又转回到周期开始的 N 极位置，当然 S 极也同样。通过对每相定子绕组内各线圈不同的串并联方式，可以形成多对磁极的磁场。当旋转磁场具有 4 极，即 2 对磁极时，其转速仅为 1 对磁极时的一半，即 1500r/min。旋转磁场的转速与电源频率和旋转磁场的磁极对数有关。当磁场具有 p 对磁极时，旋转磁场的转速为

$$n_1 = \frac{60 f_1}{p}$$

式中　n_1——旋转磁场的转速（r/min）；

　　　f_1——交流电源的频率（Hz）；

　　　p——电动机定子绕组的磁极对数。

设电源频率为 50Hz，电动机磁极个数与旋转磁场转速的关系见表 1-1。

表 1-1　磁极个数与旋转磁场转速的关系

磁极个数	2 极	4 极	6 极	8 极	10 极	12 极
n_1/（r/min）	3000	1500	1000	750	600	500

4）电动机的反转。电动机转子的转动方向与旋转磁场的旋转方向相同，如果需要改变电动机转子的转动方向，需要改变旋转磁场的旋转方向。旋转磁场的旋转方向与通入定子绕组的三相交流电流的相序有关，因此，将定子绕组接至三相交流电源的导线任意对调两根，则旋转磁场反向转动，电动机也会随之反转。

（2）三相交流异步电动机的转动原理　以一对磁极的三相交流异步电动机为例，如图 1-8 所示。当定子三相对称绕组中通入三相对称交流电流时，电动机定子就产生一个以同步转速 n_s 在空间做逆时针方向旋转的旋转磁场，某一瞬间，旋转磁场的 N 极和 S 极的位置如图 1-8 所示。

1）感应电动势和感应电流。图 1-8 中画出了转子绕组导体的 8 个边，假设现在转子没有动，转子绕组导体与旋转磁场之间有相对运动，导体中便会产生感应电动势，其方向由右手螺旋定则确定。转子绕组是闭合回路，于是转子导体中就有感应电流，N 极和 S 极下导体感应电流的方向如图 1-8 所示。不考虑电动势与电流的相位差，电流方向同电动势方向。

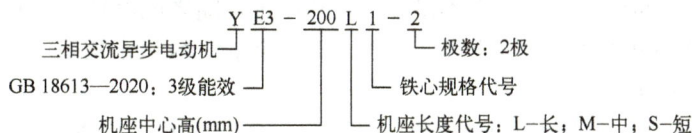

图 1-8　三相交流异步
电动机的转动原理

2）电磁力和电磁转矩。通电导体在磁场中受到电磁力的作用，其方向可用左手定则确定，图 1-8 显示出了两个导体边受力 F 的方向。由此电磁力产生电磁转矩 T_{em}，电磁转矩的方向与旋转磁场的方向一致，于是在电磁转矩的作用下，异步电动机的转子便跟随旋转磁场的方向以转速 n 旋转起来。

3）转差率。当电动机的定子绕组通入三相交流电流时，转子与旋转磁场同向转动，但转子的转速 n 不可能与旋转磁场的转速相等，因为如果两者相等，则转子与旋转磁场之间便没有相对运动，不能产生感应电动势和感应电流，转子就不会受到电磁力矩的作用。所以，在电动运行状态下，转子的转速要始终小于旋转磁场的转速，这就是异步电动机名称的由来。

通常将旋转磁场转速 n_1 与转子转速 n 的差和旋转磁场转速 n_1 之比称为转差率，即

$$s = \frac{n_1 - n}{n_1}$$

转差率是分析三相交流异步电动机工作特性的重要参数。电动机起动瞬间，$s=1$，转差率最大，起动过程中随着转子转速升高，转差率越来越小。由于三相交流异步电动机的额定转速 n_N 与旋转磁场的转速接近，所以额定转差率 s_N 很小，通常为 0.01～0.05。

3．三相异步电动机技术参数

三相交流异步电动机转子型号的含义如图 1-9 所示。

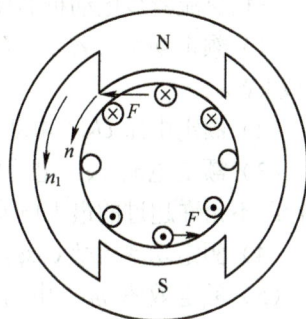

码 1.1-4
三相异步电动机的技术参数

图 1-9　三相交流异步电动机转子型号含义

表 1-2 是三相交流笼型异步电动机铭牌从铭牌上可以了解其主要技术参数示例。

表 1-2 三相交流笼型异步电动机铭牌

三相交流笼型异步电动机		
型号　YE3-200L1-2	额定功率　30kW	编号　××××
额定电流　54.9A	绝缘等级　F	额定电压　380V
额定转速　2965r/min	额定频率　50Hz	噪声（L_W）　84dB（A）
接法　△	工作制　S1	防护等级　IP55
功率因数　0.89	额定效率　0.933	重量　kg
能效等级：GB 18613—2020 3　（IE 3）		出厂日期　　年　月　日
×××电机厂		

三相交流异步电动机的技术参数：

（1）额定功率（容量）P_N　指电动机在额定运行状态下，转轴上输出的机械功率，单位为 W 或 kW。

（2）额定电压 U_N　电动机额定状态运行时，定子绕组应施加的线电压，单位为 V 或 kV。

（3）额定电流 I_N　电动机额定状态运行时，定子绕组流过的线电流，同时也是电动机长期运行所不允许超过的最大电流，单位为 A。

（4）额定功率因数 $\cos\varphi_N$　电动机额定状态运行时，定子回路的功率因数。

（5）额定效率 η_N　电动机在额定状态下运行时，输出的机械功率 P_N 与电动机定子端输入的电功率 P_1 的比值，即

$$\eta_N = \frac{P_N}{P_1}$$

电动机额定功率、额定电压、额定电流、额定功率因数、额定效率等额定参数之间的关系为

$$P_N = \sqrt{3}U_N I_N \eta_N \cos\varphi_N$$

（6）额定转速 n_N　指电动机在额定电压、额定频率及输出额定功率时的转速，单位是 r/min。

（7）额定频率 f_N　指电动机在额定条件下运行时的电源频率，单位为 Hz，我国交流电的频率为 50Hz。

（8）接法　指三相定子绕组的联结方式。在 380V 的额定电压下，额定功率在 3kW 及以下的电动机多为 Y（星形）联结，额定功率在 3kW 以上的电动机多为 △（三角形）联结。

（9）防护等级　IP55 前面的数字 5 是防固体能力等级，指能完全防护外物侵入，灰尘侵入不影响电机正常运行；后面的数字 5 是防水等级，指能防护至少 3min 的低压喷射的水。

（10）工作制　S1 连续工作制：在恒定负载下运行，其运行时间足以达到热稳定。S2 短时工作制：在恒定负载下按给定的时间运行，该时间不足以达到热稳定，随之能停转足够时间冷却。S3 断续周期工作制：按一系列相同的工作周期运行，每一周期包括一段恒定负载运行时间和一段断续停转时间。还有 S4、S10 等工作制。

（11）绝缘等级　指电动机所用绝缘材料的耐热等级，分为 A、E、B、F、H、N 级。其中 F 级绝缘材料的极限工作温度为 155℃。

（12）噪声（L_W）　L_W 值指电动机的总噪声声功率级，单位为 dB（分贝）。

1.1.2　低压断路器

低压断路器是常用且重要的控制和保护电器，用于 1kV 及以下电压等级的电路，有框架式（万能式）、塑壳式（装置式）和小型低压断路器 3 种，如图 1-10 所示。其中框架式低压断路器用于一级配电，塑壳式低压断路器主要用于二级配电，小型低压断路器则广泛用于工业、商业以及民用住宅的终端配电和电气控制系统中。

图 1-10　低压断路器

a) 框架式低压断路器　b) 塑壳式低压断路器　c) 小型低压断路器

小型低压断路器，简称低压断路器，俗称空气开关。它集控制和保护于一体，在电路正常工作时，作为电源开关不频繁地接通和断开电路；而在电路发生短路和过载等故障时，能自动切断电路，起到保护作用，有的断路器还具备漏电保护和欠电压保护功能。小型低压断路器外形结构紧凑、体积小，采用导轨安装。图 1-10c 是 DZ47 系列低压断路器。

1. DZ47 系列低压断路器的结构和原理

（1）低压断路器的组成　低压断路器主要由触点系统、灭弧系统、操作机构、脱扣器、外壳等部分组成，其中触点系统用于接通和断开电路；灭弧系统用来熄灭主触点断开电路时产生的电弧；操作机构用来实现断路器的闭合和断开；脱扣器是断路器的感测元件，用于在故障情况下使断路器自动跳闸切断电路；外壳是断路器的支持件。

（2）低压断路器的结构和原理　图 1-11 是 3 极（3P）的低压断路器结构和原理示意图，3 对主触点串联在三相主电路中，L1、L2、L3 接电源，另一端接负载。通过操作机构手动使主触点接通或断开，从而实现通断主回路功能。

低压断路器中一般各相分别串联过电流脱扣线圈和热脱扣装置，图 1-11 中，L3 相串联过电流脱扣线圈和热脱扣装置。如果发生短路等过电流故障时，过电流脱扣线圈动作，推动推杆使断路器跳闸。当发生过载

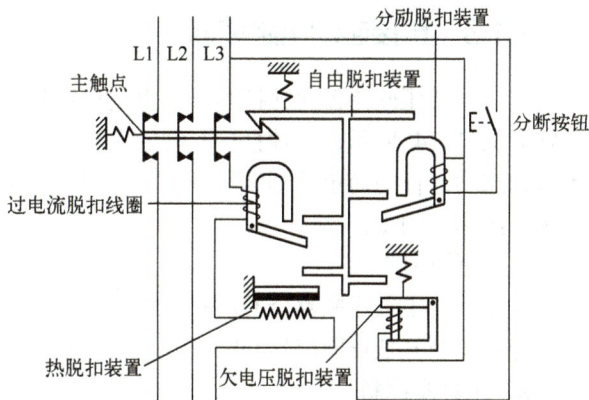

图 1-11　低压断路器结构和原理示意图

时，热脱扣装置温度升高，对双金属片加热，使其弯曲推动推杆使断路器跳闸。有的低压断路器还带有欠电压脱扣装置和分励脱扣装置（电压线圈），分别用于电压过低时脱扣跳闸和通过按钮或远距离脱扣分闸。

2. 型号与图形文字符号

图 1-12 是低压断路器的型号含义。N 指发生短路故障时，断路器的额定短路分断能力为 6kA。极数类型有 1～6，1 是指 1P、2 是指 2P、3 是指 3P、4 是指 4P、5 是指 1P+N 和 6 是指 3P+N，其中，N 指中性线。脱扣类型即热磁脱扣类型，指过电流脱扣和热脱扣，有 B 型、C 型、D 型，分别对应 3 种类型的脱扣曲线。一般低压断路器额定电流最大为 63A，大电流低压断路器额定电流有 63A、80A、100A 和 125A。

低压断路器文字符号是 QF，图形符号如图 1-13 所示。

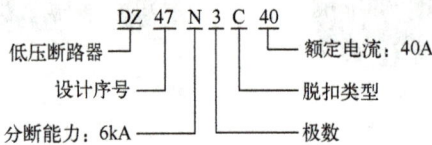

图 1-12　低压断路器的型号含义

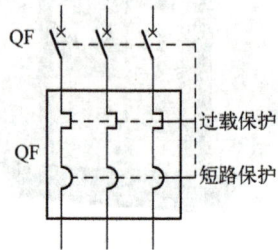

图 1-13　低压断路器的图形符号

3. 低压断路器的选择

低压断路器选用的主要求是：断路器的额定电压和额定电流应大于或等于被保护线路或设备的电压等级和计算电流。

低压断路器常用于线路的末端，其分断能力一般能满足要求，要求额定短路分断能力应大于线路的最大短路电流的有效值。

极数根据实际应用需要进行选择，单相电路选择 1P、2P 或 1P+N 的低压断路器，三相电路主要选用 3P 的低压断路器。

热磁脱扣类型有 B 型、C 型、D 型，B 型适用于阻性负载或无冲击电流的负载，C 型适用于阻性负载和较低冲击电流的感性负载，D 型适用于对线路接通时有较高冲击电流（如电动机的瞬间起动电流）的负载。

码 1.1-6
直接起动控制
电路的装调

1.1.3　直接起动电路装调

用一台低压断路器直接控制一台电动机运行的直接起动控制电路如图 1-14 所示，这种直接起动的控制电路一般用于电动机不频繁起动运行的简单控制场所。过去常用刀开关进行控制，刀开关已经濒于淘汰。

1. 工作原理

起动：合上低压断路器 QF→电动机 M 通电运转。
停止：断开低压断路器 QF→电动机 M 断电停转。

2. 工具及器材

直接起动控制电路的用于装调的工具器材见表 1-3。

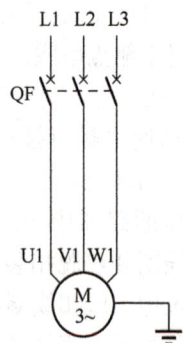

图 1-14　低压断路器控制
电动机运行的直接起动控制电路

表 1-3　工具及器材

序号	名称	型号与规格	单位	数量
1	三相交流电源	~3×380V	个	1
2	电工通用工具仪表	验电笔、钢丝钳、螺丝刀、剥线钳、电工刀、尖嘴钳、万用表等	套	1
3	低压开关	低压断路器 QF	只	1
4	电动机	根据实习设备自定（小功率电动机）	台	1
5	导线	1.5mm^2 塑铜线、2.5mm^2 四芯电缆	m	若干

3. 安装接线

低压断路器 QF 上侧接三相交流电源，下侧通过四芯电缆接三相交流异步电动机的 U1、V1、W1 和地线端，注意查看电动机铭牌上标识的电动机Y或△联结，对电动机进行正确连接。

4. 调试操作及注意事项

（1）操作　合上低压断路器，电动机运行；断开低压断路器，电动机停止。

（2）操作注意事项　直接起动控制电路主要用于不频繁起动运行的小型电动机。

初次进行电气接线时，要仔细检查，不要出现短路和接触不良的情况。

特别注意不要出现断相通电，如果起动时三相交流电有一相电源没接通，则电动机通电不能转动，会有"嗡嗡"的噪声。由于电动机没有转动，这时电流会很大，时间稍长会因发热烧毁定子绕组。所以出现这种情况时，应该立即将电源断开。

低压断路器合闸时，有时会出现从表面看已经合闸接通，但其内部三相触点的部分或全部没接通。所以这种直接起动控制电路，在实际工作中应用有很多限制。我们通过这个电路，初步熟悉电动机的实际接线运行，初步熟悉低压断路器的应用。

不允许带电安装元器件或连接导线，必须在指导教师的现场监护下通电运行或通电检查。

任务 1.2　电动机点动控制

继电控制电路通常采用按钮、接触器控制电动机的起动或停止，用熔断器实现短路保护功能。

1.2.1　按钮

码 1.2-1
按钮

按钮属于主令电器，用于在低压控制电路中手动发出控制信号及远距离控制。按钮能够接通和分断 5A 以下的小电流电路。为了标明各按钮的作用，避免误操作，按钮帽常做成红、绿、黄、蓝、黑、白等颜色。有的按钮需用钥匙插入才能进行操作，有的按钮帽中还带指示灯。各种类型的按钮如图 1-15 所示。

图 1-15　按钮

1．按钮的结构和原理

图 1-16 是按钮的结构和原理图。常开按钮带一个常开触点，未按下时触点断开，按下时触点接通。常闭按钮带一个常闭触点，未按下时触点接通，按下时触点断开。常用的按钮多数是复合按钮，带一个常开触点和一个常闭触点，未按下时常开触点断开、常闭触点接通，按下时常开触点接通、常闭触点断开。

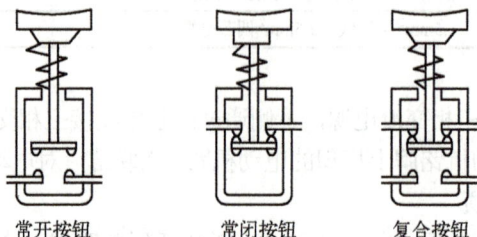

常开按钮　　常闭按钮　　复合按钮

图 1-16　按钮的结构和原理图

2．按钮的符号与型号含义

按钮的电气符号如图 1-17 所示，从左到右分别是常开按钮、常闭按钮和复合按钮。

按钮型号的含义如图 1-18 所示，例如 LA4-33K，其中 33 表示三联按钮，即 3 个按钮装在一起使用，每个按钮都是 1 个常开、1 个常闭的复合按钮。结构代号有 H、K 两种，H 指开启式，不带保护外壳，K 指保护式，带保护外壳。

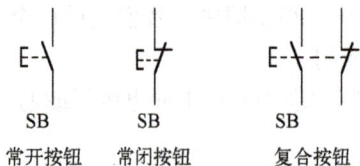

图 1-17　按钮的电气符号

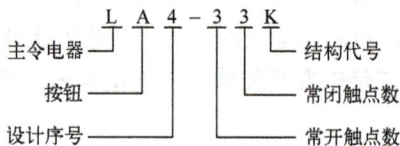

图 1-18　按钮型号含义

常用按钮的额定电压为 380V，额定电流为 5A。

3．按钮的选用

（1）根据使用场合和用途选择按钮的种类　例如，手持移动操作应用带有保护外壳的按钮；嵌装在操作面板上时可选用开启式按钮；需显示工作状态时可选用光标式按钮；为防止无关人员误操作，在重要场合应选用带钥匙操作的按钮。

（2）合理选用按钮的颜色　停止按钮选用红色钮；起动按钮优先选用绿色钮，也可以选用黑、白或灰色钮。

1.2.2　熔断器

1．熔断器的外形与安秒特性

熔断器是应用最普遍的保护电器之一，使用时串联在被保护的电路中，当电流超过规定值一段时间后，以其自身产生的热量使熔体熔化，从而使电路断开。熔断器在一般低压照明电路或电热设备中做过载和短路保护，在电动机控制电路中主要做短路保护。目前常用的熔断器有圆筒形帽熔断器、螺旋式熔断器、刀形触头熔断器等，其外形如图 1-19 所示。

码 1.2-2
熔断器

图 1-19 常用熔断器的外形

a) 圆筒形帽熔断器 b) 螺旋式熔断器 c) 刀形触头熔断器

表 1-4 为常用熔体的安秒特性列表。

表 1-4 常用熔体的安秒特性列表

熔体通过电流	$1.25I_N$	$1.6I_N$	$1.8I_N$	$2I_N$	$2.5I_N$	$3I_N$	$4I_N$	$8I_N$
熔断时间/s	∞	3 600	1 200	40	8	4.5	2.5	1

表 1-4 中，I_N 为熔体额定电流，通常取 $2I_N$ 为熔断器的熔断电流，其熔断时间约为 40s。当被保护电路发生短路时，一般短路电流很大，能够使熔断器快速熔断。当发生过载时，熔断器熔断需要较长的时间，所以熔断器主要用于短路保护。

2. 熔断器结构与类型

（1）熔断器的结构　熔断器由熔体、熔断管和熔座 3 部分组成。熔体常做成丝状或片状，制作熔体的材料一般有铅锡合金和铜；熔断管内安装熔体，作为熔体的保护外壳并在熔体熔断时兼有灭弧作用；熔座起固定熔断管和连接引线作用。

（2）熔断器的电气符号　熔断器的电气符号如图 1-20 所示。

（3）熔断器型号的含义　RT18 系列熔断器型号的含义如图 1-21 所示，如 RT18-32Z3XB 型熔断器，32 指此熔断器额定电流是 32A，它可以装配不超过 32A 额定电流的熔体；极数部分，如省略指 1P，2 指 2P，3 指 3P，4 指 4P；X 意为带指示灯，即图 1-19a 中 RT18 熔断器中间的小指示灯，当电路通电且此熔断器已熔断时，指示灯亮，需注意的是一般指示灯亮度很低，此项省略意为不带指示灯；最后的字母，省略指灰色，B 指白色。

图 1-20 熔断器的电气符号

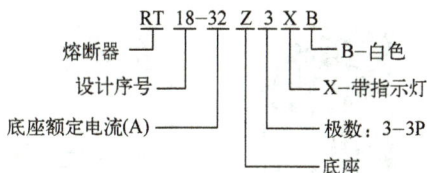

图 1-21 RT18 系列熔断器型号的含义

选用熔断器熔体时还要注意熔体的体积大小与熔断器的匹配度。

其他熔断器型号的含义请查阅相关产品样本或手册。

（4）不同类型的熔断器　刀形触头熔断器一般用于大电流场所，多安装于配电柜内，配合操作机构就是带熔断器的隔离开关，可以作为电源引入开关。

RT 系列圆筒形帽熔断器额定电流不超过 125A，采用导轨安装和安全性能高的指触防护接线端子，目前在电气设备中广泛应用。

螺旋式熔断器熔断管的端口处装有熔断指示片，该指示片脱落时表示内部熔丝已断。不同规格的熔断器按电流等级配置熔断管，如 380V/60A 的 RL1 型熔断器配有 20A、25A、30A、40A、50A、60A 额定电流等级的熔断管。螺旋式熔断器底座的中心端为连接电源端子。

3．主要技术参数

（1）额定电压　是指熔断器长期安全工作的电压。低压熔断器的额定电压一般为 380～500V，刀形触头熔断器额定电压可达 1000V。

（2）额定电流　是指熔断器长期安全工作的电流。圆筒形帽熔断器的额定电流一般不超过 125A、螺旋式熔断器的额定电流一般不超过 200A、刀形触头熔断器的额定电流可达 600A。

（3）额定分断能力　是指故障时熔断器能够分断的最大电流。圆筒形帽熔断器的额定分断能力一般为 100kA，螺旋式熔断器一般为 25kA 和 50kA、刀形触头熔断器一般为 50kA。

以上技术参数的数据参考某国内品牌，不同厂家产品技术参数可能有所不同，在选用时要参阅产品手册。

4．熔断器额定电流的选择

1）照明和电热负载：熔体额定电流应等于或稍大于负载的额定电流。

2）电动机控制电路：对于起动负载重、起动时间长的电动机，熔体额定电流可适当增大。

3）对于单台电动机：熔体额定电流应等于电动机额定电流的 1.5～2.5 倍。

4）对于多台电动机：熔体额定电流应等于其中最大功率电动机的额定电流的 1.5～2.5 倍再加上其余电动机的额定电流之和。

熔断器（底座）的额定电流应稍大于或等于熔体额定电流。

1.2.3　接触器

接触器属于控制电器，是依靠电磁吸引力与复位弹簧反作用力的配合动作，从而使触点闭合或断开的电磁开关，主要控制的对象是电动机，具有控制容量大、工作可靠、操作频率高使用寿命长和便于自动化控制的特点。接触器本身不具备短路和过载保护，常与熔断器、热继电器和低压断路器等配合使用。图 1-22 是几种典型的交流接触器。

码 1.2-3
接触器

图 1-22　几种典型的交流接触器

1. 接触器的结构与工作原理

接触器主要由电磁系统、触点系统和灭弧装置等部分组成。图 1-23 是交流接触器结构和工作原理示意图。

（1）电磁系统 如图 1-23 所示，电磁系统主要由线圈、静铁心和动铁心（衔铁）三部分组成，当线圈通电时，克服复位弹簧弹力，向下吸住动铁心，当线圈断电时，在复位弹簧作用力下，动铁心返回。为了减少铁心的磁滞和涡流损耗，铁心用硅钢片叠压而成。在实际应用时，注意线圈的额定电压选择，其电压等级有 380V、220V、110V、36V 等，可以供不同电压等级的控制电路选用。

（2）触点系统 图 1-23 所示的交流接触器采用双断点的桥式触点结构。线圈通电动铁心被吸下时，动触头与下面的静触头闭合，即常开触点闭合；动触头与上面的静触头断开，即常闭触点断开。当线圈通电动铁心返回时，动触头与下面的静触头断开，即常开触点恢复断开；动触头与上面的静触头闭合，即常闭触点恢复闭合。

CJ20 等类型的交流接触器通常有 3 个主触点、2 个辅助常开触点和 2 个辅助常闭触点，辅助触点的额定电流均为 5A。许多接触器可加装积木式辅助触点组、空气延时头、机械联锁机构等附件。

（3）灭弧装置 通常主触点额定电流在 10A 以上的接触器都有灭弧罩，作用是在触点闭合或断开时熄灭电弧，灭弧罩对接触器的安全使用起着重要的作用。

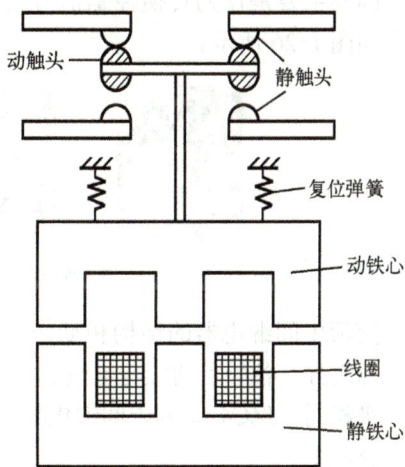

图 1-23　交流接触器结构和工作原理示意图

2. 电气符号与型号含义

交流接触器的电气符号如图 1-24 所示。

CJX1-32 22MZ 型号交流接触器型号含义如图 1-25 所示，其额定电流是指主触点的额定电流，为 32A。22 指 2 个辅助常开触点，2 个辅助常闭触点。线圈电压等级 M 指线圈的额定电压为 220V，其他还有 J 是指 24V、Q 是指 380V、Y 是指 660V 等。最后字母省略指线圈用交流电压，Z 指线圈用直流电压。

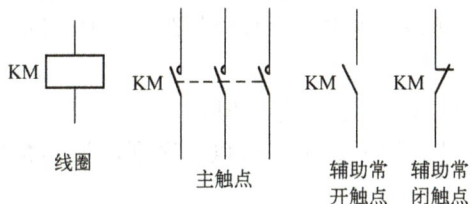

图 1-24　交流接触器的电气符号

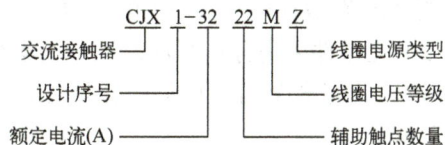

图 1-25　CJX1-32 22MZ 型号交流接触器型号含义

3. 交流接触器的选用

（1）主触点额定电压的选择 主触点额定电压大于或等于被控制电路的额定电压。

（2）主触点额定电流的选择 接触器主触点的额定电流大于或等于电动机的额定电流。如果用在电动机的频繁起动、制动及正反转的场合，应将接触器主触点的额定电流降低一个等级使用。

（3）线圈额定电压的选择　线圈的额定电压应与设备控制电路的电压等级相同，通常使用380V、220V的电压，如从安全考虑须用较低电压时，也可选用36V或110V电压的线圈，但要通过变压器降压供电。

1.2.4　中间继电器

中间继电器也称为接触器式继电器，主要用于控制电路。与接触器相比，中间继电器的触点容量较小，承载能力低，主要用来控制各种电磁线圈或放大信号、电气联锁或传递信号等作用。因其主要是作为转换控制信号的中间元件，故称为中间继电器。中间继电器的外形与电气符号如图1-26所示。

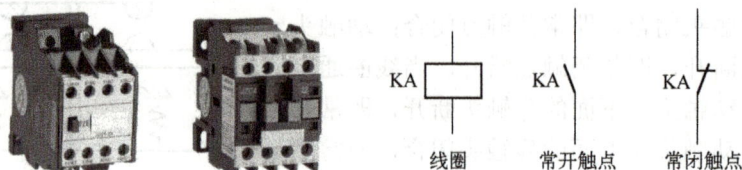

图1-26　中间继电器的外形及电气符号

交流中间继电器的结构和动作原理与交流接触器相似，不同点是交流中间继电器的触点没有主辅之分，各触点的额定电流相同，如5A。中间电器线圈的额定电压应与设备控制电路的电压等级相同。JZC4系列中间继电器采用导轨安装和安全性高的指触防护接线端子，在电气设备上广泛应用。

1.2.5　点动控制电路装调

1. 电气原理图

电气原理图是使用国家标准统一规定的图形符号和文字符号，表示电路中各个元器件及其连接关系和电气工作原理的图。电气原理图是分析电路工作原理，进行电气电路安装、调试和维修的重要依据。

码 1.2-4
电气原理图的绘制原则

绘制电气原理图时应遵循以下一些主要原则：

1）电气控制电路分为主电路和控制电路。主电路是给电动机等主要负载供电的电气回路，控制电路是给接触器线圈、信号灯等电器供电的电气回路。主电路一般绘制在电气原理图的左边，控制电路放在电气原理图的右边。

2）元器件采用分离画法。同一元器件的各部件可以不画在一起，但必须用统一的文字符号标注。若有多个同一种类的元器件，可在文字符号后加上数字序号以示区别，如KM1、KM2等。

3）所有按钮或触点均按没有外力作用或线圈未通电时的状态画出。

4）电源电路绘成水平线，主电路则应垂直电源电路画出。控制电路应垂直地绘在两条或几条水平电源线之间。耗能元件（如线圈、电磁铁、信号灯等）应直接接在下面的电源线一侧，而控制触点应接在另一电源线上。

5）为方便阅图，在图中自左至右、从上而下表示动作顺序，并尽可能减少线条数量和减少线条的交叉。

2. 点动控制电路及其工作原理

点动控制电路适合短时间的运行操作，主要应用于在起吊重物、生产设备调整工作状态等。点动控制电路原理图如图 1-27 所示。

点动控制电路的工作原理如下：

1）起动时应先合上电源开关 QF。

2）起动：按下按钮 SB→KM 线圈得电→KM 主触点闭合→电动机 M 通电运转。

3）停止：松开按钮 SB→KM 线圈失电→KM 主触点分断→电动机 M 断电停止。

4）断开电源开关 QF。

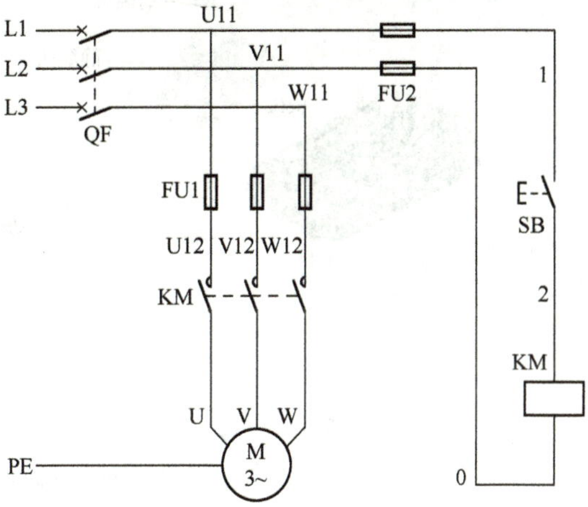

3. 安装接线的注意事项

1）能正确检查、选用和安装按钮与交流接触器。

2）能正确安装和操作接触器点动控制电路。

3）布线要整齐美观，走线要横平竖直，有线槽时导线尽量走线槽布线。

4）连接点处接触紧密、接触电阻小、稳定性好。

5）安全操作、文明生产。

6）不丢失和损坏设备、工具和器件。

4. 实操运行

1）仔细观察各种不同类型、规格的按钮和接触器，熟悉它们的外形、结构、型号及主要技术参数的意义和工作原理。

2）检测按钮和接触器的质量好坏，特别要注意检查接触器线圈电压是否符合控制电路的电压等级。

3）按照图 1-27 所示在控制板上安装元器件和接线，要求各元器件安装位置整齐、匀称，间距合理。

4）检查安装的电路是否符合安装及控制要求。

5）不允许带电安装元器件或连接导线，必须在指导教师现场监护下通电运行或通电检查。

码 1.2-5
点动控制装调

图 1-27　点动控制电路原理图

任务 1.3　电动机起保停控制

起保停控制电路用于实现电动机连续运行，是复杂控制电路的基本组成部分。

1.3.1　刀开关

码 1.3-1
刀开关

1. 结构、电路符号

开启式刀开关主要由静触头、动触头和熔体构成，外形和结构如图 1-28 所示。图 1-28a 所示的陶瓷底座刀开关，曾经广泛用于终端配电，目前已逐步淘汰。图 1-28b 所示的刀形隔离开关不带熔断器，主要用于配电箱的电源进线开关。图 1-28c 所示的隔离开关熔断器组，用刀形熔断器实现过电流保护功能，操作手柄使刀形熔断器与静触头接通或断开，用于二级配电或大电流终端配电的电源进线开关。

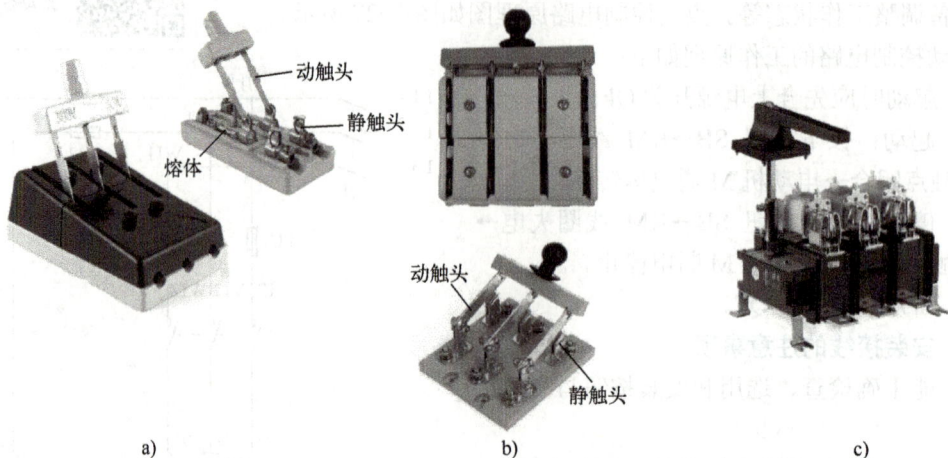

图 1-28　开启式刀开关的外形和结构图
a) 陶瓷底座刀开关　b) 刀形隔离开关（不带熔断器）c) 隔离开关熔断器组

带熔体的开启式刀开关的电路符号如图 1-29 所示。

2. 选用方法

1）刀开关用于配电箱电源进线开关时，额定电压与线路的电压等级匹配，额定电流大于或等于配电线路的计算电流。

2）刀开关用于照明和电热负载时，选用额定电压为 220V 或 250V、额定电流稍大于电路所有负载的额定电流之和的两极刀开关。

3）用于电动机直接起动控制时，选用额定电压 380V 或 500V、额定电流大于或等于电动机额定电流 3 倍的三极刀开关。

图 1-29　开启式刀开关的电路符号

3. 安装与使用

1）刀开关应垂直安装在控制屏或开关板上，静触头在上部接电源，动触头在下部接负载，不允许倒装或平装，以防止发生误合闸事故。

2）在分断或接通电路时应迅速果断地拉合闸，以使电弧尽快熄灭。

3）多数开启式刀开关没有灭弧装置，只能接通和断开不带负荷的电路。

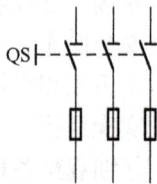

码 1.3-2 组合开关

1.3.2　组合开关

组合开关又称转换开关，主要作为配电箱的电源引入开关，也可以直接起动或停止小功率电动机或使电动机正反转、倒顺等，有时也用于局部照明电路的控制。图 1-30a 是 HZ10 系列的 3 极组合开关的外形图，图 1-30b 是 HZ5 系列组合开关 3 个位置的外形图。

组合开关由动触头（动触片）、静触头（静触

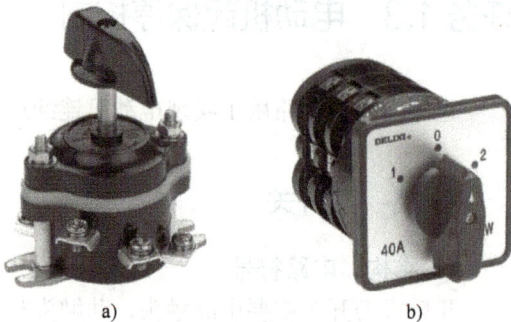

图 1-30　组合开关
a) HZ10 组合开关　b) HZ5 组合开关

片）、转轴、手柄、定位机构及外壳等部分组成。其动触头、静触头分别叠装于数层绝缘垫板之间，各自附有连接用的接线柱。当转动手柄时，每层的动触头随方形转轴一起转动，从而实现对电路的接通、断开控制。

HZ10 系列的 3 极组合开关内部有 3 个静触头，分别用 3 层绝缘板相隔，各自附有连接线路的接线柱，3 个动触头互相绝缘，与各自的静触头对应，套在共同的绝缘杆上，绝缘杆的一端装有操作手柄，手柄每次转动 90°，即可完成 3 组触头之间的开合或切换。开关内装有速断弹簧，用以增加开关的分断速度。HZ10 系列的 3 极组合开关的结构如图 1-31a 所示，图 1-31b 是组合开关的电气符号，图 1-31c 是 HZ10 系列组合开关型号的含义。如型号 HZ10-10/3，指额定电流为 10A、3 极（3 节）的 HZ10 组合开关。

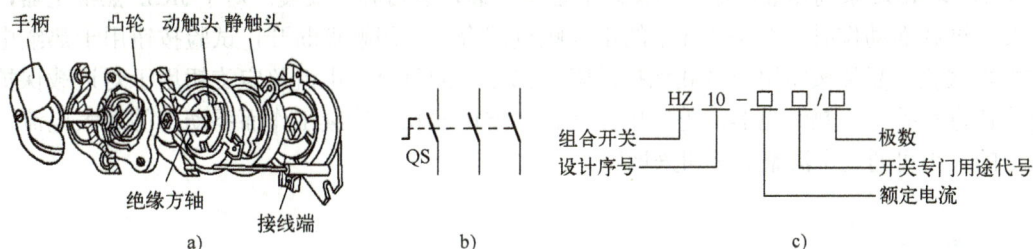

图 1-31　组合开关的结构、电气符号与型号含义

a) HZ10 系列 3 极组合开关的结构　b) 组合开关的电气符号　c) HZ10 系列组合开关型号的含义

1.3.3　隔离开关

图 1-32 的低压断路器常作为小型低压隔离开关，其外形与低压断路器相似，图 1-28b 图所示的刀形隔离开关和图 1-28c 图所示的隔离开关熔断器组也属于隔离开关。图 1-32 所示的小型低压隔离开关有单极、2 极、3 极和 4 极等类型，适用于额定电压 400V 以下，额定电流 125A 以下的场所。

码 1.3-3
隔离开关

图 1-32a 所示为 dz47g 型隔离开关，有单极、2 极、3 极和 4 极等类型，适用于额定电压 400V 以下，额定电流 125A 以下的场所。图 1-32b 是隔离开关的电气符号。

图 1-32　小型低压隔离开关的外形与电气符号

a) dz47g 型隔离开关　b) 隔离开关的电气符号

小型低压隔离开关主要作为电源引入开关，用于隔离电源，具有明显通断状态指示（如刀形隔离开关和隔离开关熔断器组），也可以在带负载不频繁通断的电路中，代替过去常用的组合开关和开启式刀开关。小型低压隔离开关采取导轨安装和安全性高的指触防护接线端子。隔离开关灭弧能力差，不能用于短路故障下切断短路电流。

1.3.4 热继电器

1. 热继电器的类型和动作特性

热继电器是利用电流热效应工作的保护电器。它主要与接触器配合使用，用作电动机的过载保护、断相保护、三相电流不平衡的保护及其他电气设备发热状态的保护。热继电器动作需要一定时间，必须与断路器或熔断器等具有短路保护功能的器件一起使用，以避免发生短路时，短路电流太大对设备和电路造成损害。图 1-33 为常用的几种热继电器的外形图。

JRS1 和 JRS2 系列热继电器可与接触器插接安装，也可独立安装。对于 JRS2 热继电器，当电路发生过载而动作时，图 1-33a 中的常开触点闭合，常闭触点断开，试验按钮用于热继电器动作性能试验，复位按钮用于过载保护故障检修完成的复位，电流整定旋钮用于对过载保护动作电流值进行整定。热继电器的整定电流是指热继电器长期连续工作而不动作的最大电流，整定电流的大小可通过电流整定旋钮来调整。

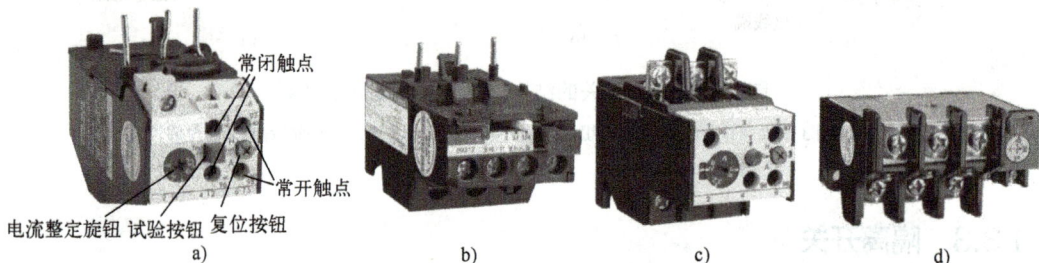

图 1-33　常用热继电器外形图

a) JRS2 热继电器　b) JRS1 热继电器　c) JR20 热继电器　d) JR36 热继电器

表 1-5 是热继电器在不同整定电流倍数时的动作特性。

表 1-5　热继电器在不同整定电流倍数时的动作特性

各相负载平衡时的动作特性			各相负载不平衡时（断相）的动作特性		
整定电流倍数	动作时间		整定电流倍数	动作时间	
	脱扣等级 10A	脱扣等级 10		脱扣等级 10A	脱扣等级 10
1.05	2h 内不动作	2h 内不动作	1.0	2h 内不动作	2h 内不动作
1.2	2h 内动作	2h 内动作	1.15	2h 内动作	2h 内动作
1.5	< 2min	< 4min			
7.2	2s < 动作时间 ≤ 10s	4s < 动作时间 ≤ 10s			

注：1. 表中整定电流倍数是实际负载电流与热继电器整定电流的比值。

　　2. 表中的脱扣等级是热继电器在冷态情况下，实际负载电流是整定电流 7.2 倍时热继电器的动作时间等级。

2. 热继电器结构、电路符号与型号

目前使用的热继电器有两相和三相两种类型。图 1-34a 所示为两相双金属片式热继电器，它主要由热元件、传动推杆、常闭触点、电流整定旋钮和复位杆等部分组成。工作原理如图 1-34b 所示，电路符号如图 1-34c 所示。

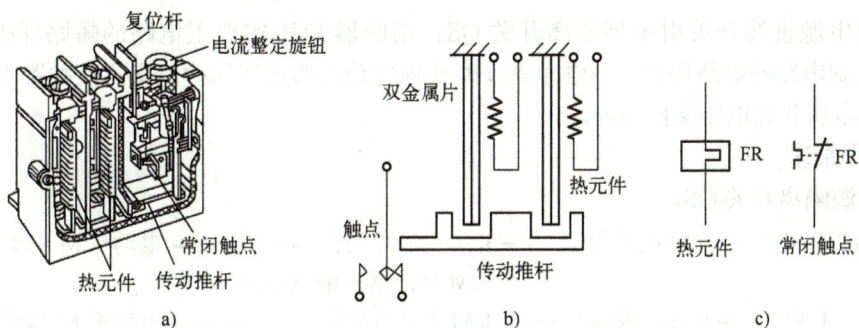

图 1-34　热继电器的结构、工作原理和电路符号

a) 热继电器的结构　b) 热继电器的工作原理示意图　c) 热继电器的电路符号

JR20 系列热继电器的型号含义如图 1-35 所示，图中的 JR20-16 14L，表示整定电流为 14A，在 16A 壳架额定电流下，此热继电器最大整定电流是 14A，其整定电流范围是 10～14A。

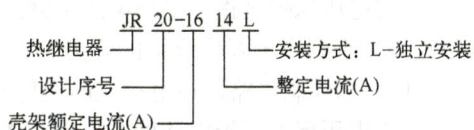

图 1-35　热继电器的型号含义

3. 热继电器选用方法

（1）选类型　选择热继电器时可考虑与接触器的配套使用，也可选择独立安装的热继电器，不考虑类型与接触器的配合。

（2）选择额定电流　热继电器的额定电流要大于电动机的工作电流。

（3）动作电流整定　一般情况下，将整定电流调整在与电动机的额定电流相等即可。对于起动时负载较重的电动机，整定电流可略大于电动机的额定电流。

1.3.5　起保停控制电路装调

在起动按钮的两端并联一对接触器的辅助常开触点，当松开起动按钮后，虽然按钮复位后分断，但依靠接触器的辅助常开触点仍然可以保持控制电路接通。这种松开起动按钮后，接触器线圈通过自身的辅助常开触点保持通电状态称为自锁或自保。

码 1.3-5
起保停控制电路的结构原理

1. 电路构成

起保停控制电路的电气原理图如图 1-36 所示。

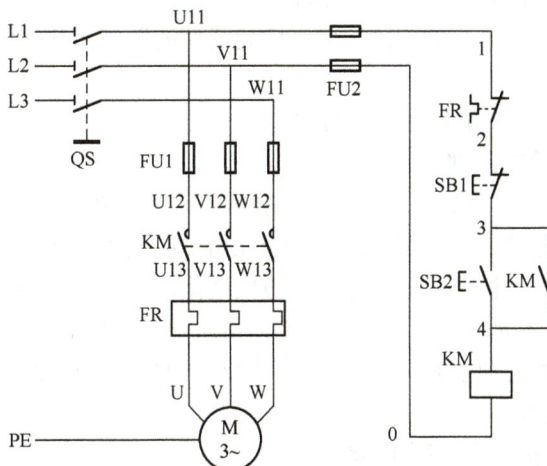

图 1-36　起保停控制电路电气原理图

图中的电源进线开关用小型隔离开关 QS，熔断器 FU1 实现主电路的短路保护，熔断器 FU2 实现控制电路的短路保护，热继电器 FR 实现电动机的过载保护，交流接触器 KM 的自锁触点具有失电压和欠电压保护功能。

2. 工作原理

合上电源隔离开关 QS。

起动：按下 SB2 ⟶ KM 线圈得电 ⟶ KM 主触点闭合 ——————⟶ 电动机 M 起动连续运转
⟶ KM 辅助常开触点闭合 ——

停止：按下 SB1 ⟶ KM 线圈失电 ⟶ KM 主触点分断 ——————⟶ 电动机 M 起动停止运转
⟶ KM 辅助常开触点分断 ——

（1）欠电压和失电压保护的原理

1）欠电压保护是指当电路电压下降到一定值时，接触器电磁系统产生的电磁吸力减小，当电磁吸力减小到小于复位弹簧的弹力时，动铁心就会释放，主触点和自锁触点同时分断，自动切断主电路和控制电路，使电动机断电停转，起到了欠电压保护的作用。

2）失电压保护是指电动机在正常工作时，由于某种原因突然断电时，能自动切断电动机的电源，而当重新供电时，保证电动机不可能自行起动的一种保护。

（2）过载保护的原理 当电动机过载时，流过热继电器 FR 的电流增大，超过其额定电流时，热继电器经过一段时间动作，使其控制电路中的常闭触点断开，交流接触器 KM 线圈失电，主触点和辅助常开触点都断开，电动机停止。热继电器过载保护后，一般不能自动复位，需在排除故障并待热元件冷却后按下复位按钮使其复位，才能再起动电动机。

由于热继电器的热元件具有热惯性，所以热继电器从过载到触点断开需要延迟一定的时间，即热继电器具有延时动作特性。这正好符合电动机的起动要求，否则电动机在起动过程中也会因过载而断电。但是，正是由于热继电器的延时动作特性，即使负载侧发生短路也不会瞬时断开，因此热继电器不能用于短路保护。

3. 元器件布置图及其绘制原则

元器件布置图用于表明设备上所有元器件的实际位置，是电气控制系统的安装维修的必要资料，图中各元器件符号代号应与电气原理图一致。元器件布置图的绘制原则是：

码 1.3-6
元器件布置图
与安装接线图

1）元器件均用粗实线绘制出简单的外形轮廓。

2）各元器件之间应保持一定的间距，应考虑元器件的发热和散热因素，应便于布线、接线和检修等。

起保停控制电路元器件布置图如图 1-37 所示。

4. 安装接线图及其绘制原则

根据电气原理图和元器件布置图，绘制安装接线图，应注意以下几点：

1）接线图应表示元器件的实际位置，同一个元器件应画在一起。

2）接线图要表示出电动机、元器件之间的电气连接。凡是走向相同的可以合并画成单线绘制。控制板内和控制板外各元器件之间的电气连接是通过接线端子来进行连接的。

3）接线图中的元器件的图形和文字符号，以及端子的编号应与原理图一致，所有接线端子处均标号，以便于对照检查。

起保停控制电路安装接线图如图 1-38 所示。

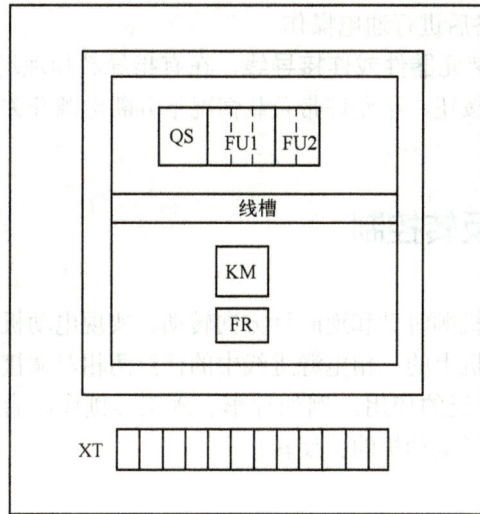

图 1-37 起保停控制电路元器件布置图

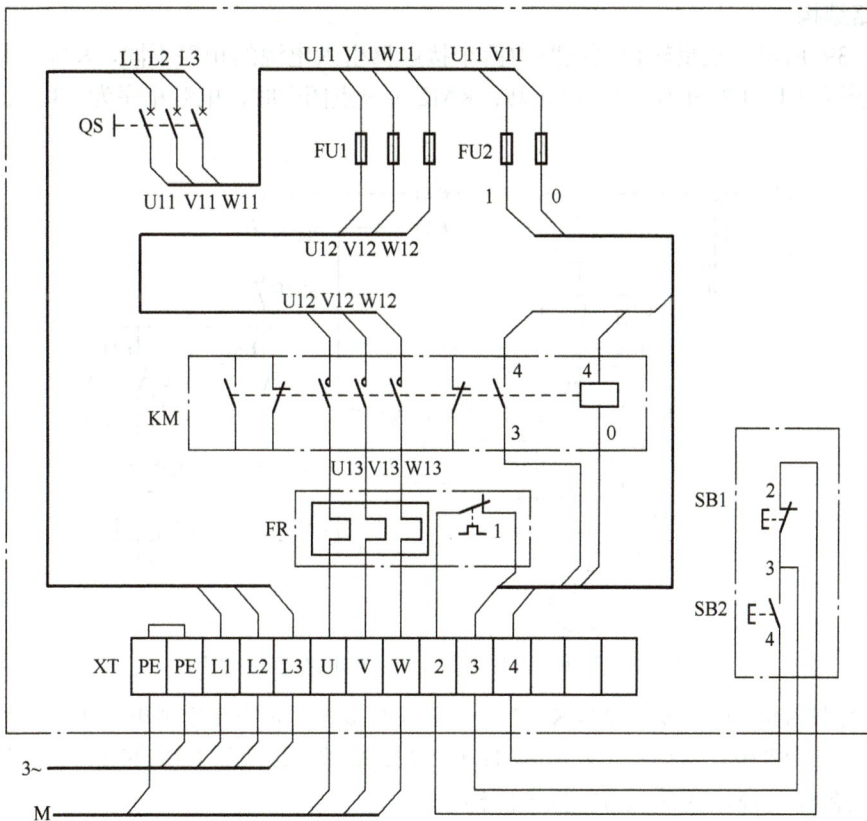

图 1-38 起保停控制电路安装接线图

5. 安装操作步骤与注意事项

1）按图 1-36 所示的电气原理图和图 1-38 所示的安装接线图在控制板上进行安装接线，要求各元器件安装应整齐、匀称，间距合理。布线要整齐美观，走线要横平竖直。连接点处接触紧密、接触电阻小、稳定性好。

2）经指导教师检查合格后进行通电操作。

3）**注意不允许带电安装元器件或连接导线**，在有指导教师现场监护的情况下才能接通电源。停止时必须先按下停止按钮，不允许带负载情况下分断电源开关。

任务 1.4 电动机正反转控制

电动机的正反转指电动机顺时针和逆时针方向转动。实现电动机的正反转只需要将接至电动机上的三相电源进线中的任意两相对调接线即可。电动机正反转有广泛的使用，例如行车、木工电刨床、台钻、甩干机和车床等都用到了电动机的正反转。

码 1.4-1
正反转控制电路工作原理

1.4.1 接触器互锁的正反转控制电路结构与原理

1. 电路结构

如图 1-39 所示，正反转控制电路中两个接触器引入电源的相序不同，KM1 主触点闭合时，电源相序为 L1—L2—L3，电动机正转；KM2 主触点闭合时，电源相序为 L3—L2—L1，电动机反转。

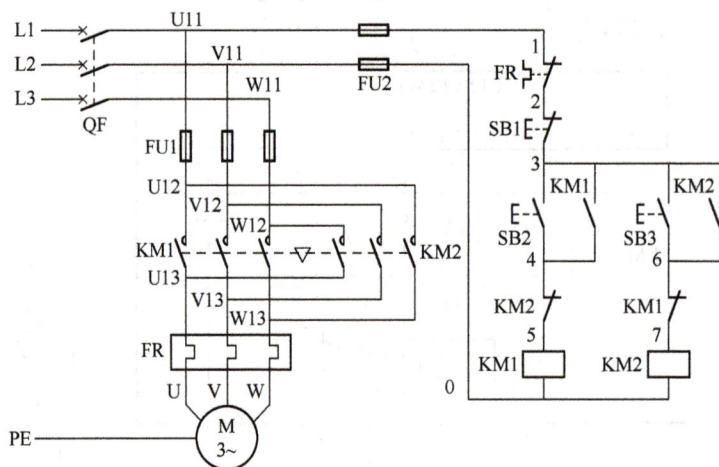

图 1-39 接触器互锁的正反转控制电路电气原理图

正转接触器 KM1 与反转接触器 KM2 不允许同时接通，否则会出现电源短路事故。主电路中的"▽"符号为机械互锁符号，表示 KM1 与 KM2 机械互锁（如 CJXl/N 系列互锁接触器），即当 KM1 吸合时，KM2 无法吸合，反之同样。

在电动机正反转控制电路中，必须采用接触器互锁的措施。方法是将接触器的常闭触点与对方接触器线圈相串联。当正转接触器工作时，其常闭触点断开反转控制电路，使反转接触器线圈无法通电工作。同理，反转接触器闭锁控制正转接触器电路。在电路中起互锁作用的触点称为互锁触点。

2. 工作原理

该控制电路的工作原理如下：

首先接通电源开关 QF。

（1）正转

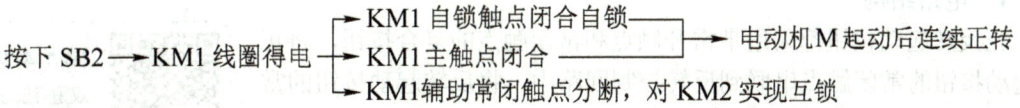

按下 SB2 —→ KM1 线圈得电 ┬→ KM1 自锁触点闭合自锁 ─┐
　　　　　　　　　　　　├→ KM1 主触点闭合 ─────── ├→ 电动机 M 起动后连续正转
　　　　　　　　　　　　└→ KM1 辅助常闭触点分断，对 KM2 实现互锁

（2）停止

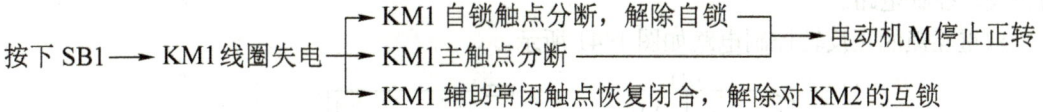

按下 SB1 —→ KM1 线圈失电 ┬→ KM1 自锁触点分断，解除自锁 ─┐
　　　　　　　　　　　　├→ KM1 主触点分断 ───────── ├→ 电动机 M 停止正转
　　　　　　　　　　　　└→ KM1 辅助常闭触点恢复闭合，解除对 KM2 的互锁

（3）反转

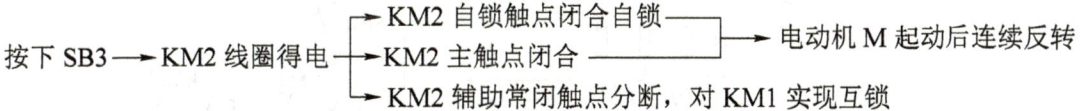

按下 SB3 —→ KM2 线圈得电 ┬→ KM2 自锁触点闭合自锁 ─┐
　　　　　　　　　　　　├→ KM2 主触点闭合 ─────── ├→ 电动机 M 起动后连续反转
　　　　　　　　　　　　└→ KM2 辅助常闭触点分断，对 KM1 实现互锁

　　该电路安全可靠，不会因接触器主触点熔焊而造成短路事故，但改变电动机转向时需要先按下停止按钮，适用于对换向速度无特别要求的场合。

1.4.2　接触器互锁的正反转控制电路装调

　　接触器互锁的正反转控制电路安装接线如图 1-40 所示，按图进行电气接线。

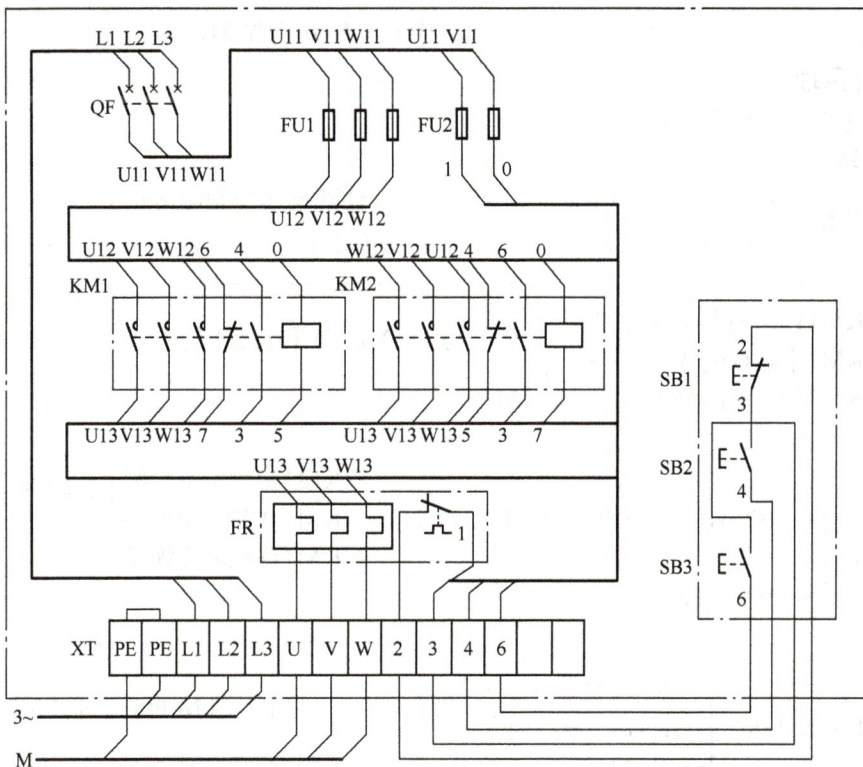

图 1-40　接触器互锁的正反转控制电路安装接线图

1.4.3 双重互锁的正反转控制电路结构与原理

1．电路结构

正反转起动按钮都采用带常开触点和常闭触点的复合按钮，将正转起动按钮的常闭触点串联到反转控制回路中，将反转起动按钮的常闭触点串联到正转控制回路中，这样就构成了接触器和按钮双重互锁的正反转控制电路。

码 1.4-2
双重互锁正反转控制

双重互锁的正反转控制电路如图 1-41 所示。

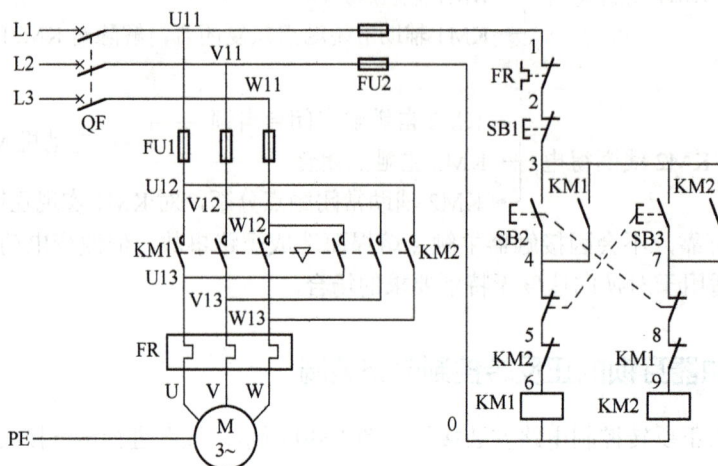

图 1-41　双重互锁的正反转控制电路电气原理图

2．工作原理

该控制电路的工作原理如下：

（1）正转

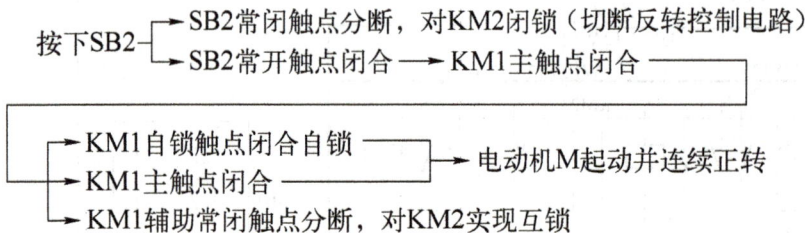

（2）反转

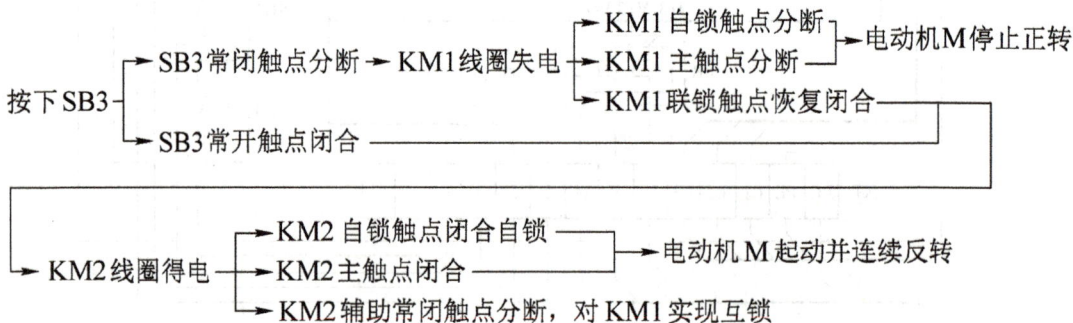

（3）停止

按下 SB1，控制电路失电，电动机 M 断电停转。

1.4.4　正反转控制电路装调

1. 工具及器材

工具及器材见表 1-6。

表 1-6　工具及器材

序号	名称	型号与规格	单位	数量
1	电工通用工具	验电笔、钢丝钳、螺丝刀（包括十字口螺丝刀、一字口螺丝刀）、剥线钳、尖嘴钳等	套	1
2	低压断路器	低压断路器 DZ47 系列	只	1
3	低压熔断器	RT18 系列（或自选）	个	5
4	按钮	LA10-3H	个	1
5	接触器	CJX1 系列（或自选）	个	2
6	热继电器	JR36 系列（或自选）	个	1
7	电动机	根据实习设备自定	台	1
8	导线	BVR1.5mm 塑铜线	m	若干

2. 安装操作步骤与注意事项

1）按图 1-39 所示的电气原理图和图 1-40 所示的安装接线图在控制板上进行接触器互锁的正反转控制电路的安装接线。要求各元器件安装应整齐、匀称，间距合理。布线要整齐美观，走线要横平竖直。连接点处接触紧密、接触电阻小、稳定性好。

2）经指导教师检查合格后进行通电操作。

3）注意不允许带电安装元器件或连接导线，在有指导教师现场监护的情况下才能接通电源。停止时必须先按下停止按钮，不允许带负荷分断电源开关。

4）按图 1-41 所示双重互锁的正反转控制电路的电气原理图安装接线，重复上述步骤。

任务 1.5　电动机顺序起停控制

在生产工艺上，经常用到多台电动机的顺序起停控制。例如两台电动机 M1、M2 顺序起停控制：M1 起动后 M2 才能起动、M1 起动后 M2 延时自动起动、M2 停止后 M1 才能停止、或 M2 停止后 M1 延时自动停止，以及顺序起动逆序停止等。

1.5.1　无延时顺序起停控制

1. 无延时顺序起动控制电路

两台电动机 M1、M2 顺序起动控制电路如图 1-42a 所示。当按下常开按钮 SB2，交流接触器 KM1 通电吸合并自锁，第 1 台电动机 M1 起动。这时按下起动按钮 SB3，交流接触器 KM2 通电吸合并自锁，第 2 台电动机 M2 起动。M1 没起动时，M2 电动机无法起动。停止时按下常闭按钮 SB1，两台电动机都停止。

码 1.5-1
两台电动机无延时顺序起停控制电路

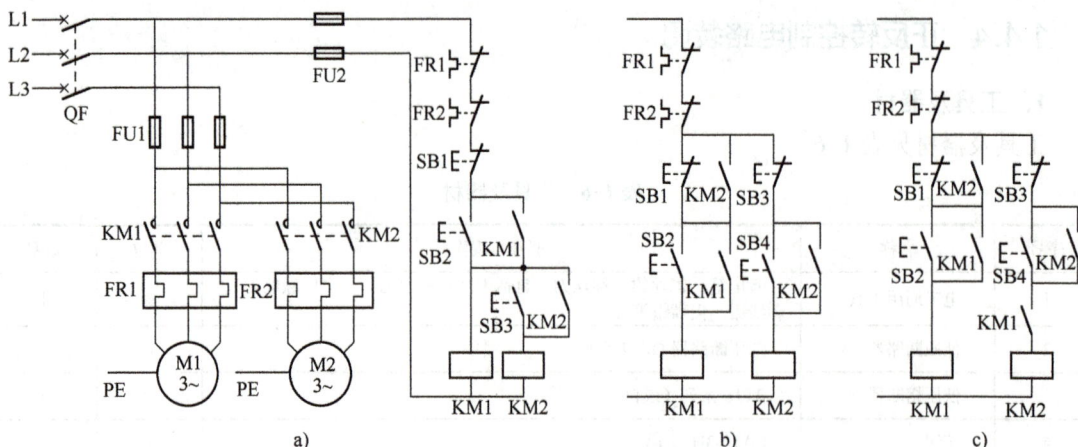

图 1-42　两台电动机无延时顺序起停控制电路电气原理图

a) 顺序起动　b) 逆序停止　c) 顺序起动逆序停止

2. 无延时逆序停止控制电路

两台电动机 M1、M2 逆序停止控制电路如图 1-42b 所示。按下 SB2，电动机 M1 起动，按下 SB4 电动机 M2 起动，所以两台电动机均可单独起动。由于第 1 台电动机 M1 的停止按钮与交流接触器 KM2 的常开触点并联，所以只有 M2 停止后，才能停止 M1。

3. 无延时顺序起动逆序停止控制电路

两台电动机 M1、M2 顺序起动逆序停止控制电路如图 1-42c 所示。其实现的功能是：M1 起动后 M2 才能起动，M2 停止后 M1 才能停止。

1.5.2　时间继电器

时间继电器是一种利用电子或机械原理使触点延迟动作的控制电器，常用的有电子式和空气阻尼式等结构类型。图 1-43 是几种时间继电器的外形图，在选择时间继电器时，需要根据不同应用场所中安装方式的不同，选用不同外形种类的时间继电器。

码 1.5-2
时间继电器

图 1-43　时间继电器的外形图

时间继电器按延时特性分为通电延时型和断电延时型两类。通电延时型是指电磁线圈通电后触点延时动作，断电延时型是指电磁线圈断电后触点延时动作。通常在时间继电器上，既有起延时作用的触点，也有瞬时动作的触点。

1. 通电延时型时间继电器

通电延时型时间继电器的电路符号如图 1-44 所示。其动作原理是：当时间继电器 KT 的通电延时线圈通电时，开始延时，延时时间到其延时闭合的常开触点闭合、延时断开的常闭触点断开；当线圈断电时，各触点瞬时恢复原来状态。有的时间继电器带瞬动触点，用法与普通继电器的相同。

图 1-44　通电延时型时间继电器的电路符号

2. 断电延时型时间继电器

断电延时型时间继电器的电路符号如图 1-45 所示。其动作原理是：当时间继电器 KT 的断电延时线圈通电时，常开触点闭合、常闭触点断开，这时没有延时；当线圈断电时，线圈断电使延时断开的常开触点延时断开，线圈断电使延时闭合的常闭触点延时恢复成闭合状态。如有瞬动触点，用法与普通继电器的相同。

图 1-45　断电延时型时间继电器的电路符号

3. 型号规格

各生产厂家的电器型号规格有所不同，图 1-46 是某厂家的型号为 JS3A-C380 型时间继电器的型号含义。类型代号中，A 型是两个延时闭合的常开触点和两个延时断开的常闭触点，C 型是两个延时触点和两个瞬动触点，F 型是两个延时触点和 1 个复位触点。延时时间代号 C 表示延时范围有 5s、50s、5min、30min 4 个档位，通过时间继电器面板上的拨动开关选择，具体请查阅相关手册。380 指时间继电器的线圈电压等级是 380V，电压等级还有交流 36V、110V、220V、380V 和直流 24V、27V、30V、36V、110V、220V，直流电压数字后面带字母 "D"，如 110D 指直流 110V。

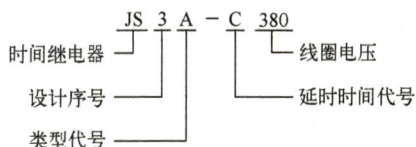

图 1-46　时间继电器的型号含义

4. 时间继电器选用

1）根据安装位置或安装方式不同选择不同外形类型的时间继电器，如有的时间继电器是安装在控制柜的面板上，有的用底座安装在导轨上；根据对触点的要求不同选择不同触点类型的时间继电器，如图 1-47 所示的部分触点类型；根据控制电路的要求选择时间继电器的延时方式（通电延时型或断电延时型）。

2）根据控制系统的延时范围和精度要求选择时间继电器延时范围。

3）时间继电器线圈电压应与控制电路电压等级相同。

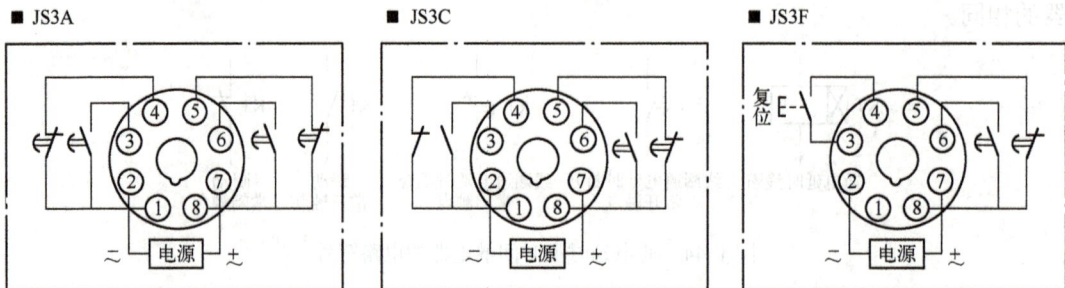

图 1-47　不同触点类型的时间继电器

1.5.3　延时顺序起停控制

1. 延时顺序起动控制电路

如图 1-48a 所示，按下起动按钮 SB2，交流接触器 KM1 吸合并自锁，M1 起动，同时时间通电延时继电器 KT 吸合，其延时闭合的常开触点经过延时后闭合，使交流接触器 KM2 吸合，电动机 M2 起动，从而实现的第 1 台电动机起动后，第 2 台电动机延时起动。按下停止按钮 SB1，两台电动机都停止。

2. 延时顺序起动延时逆序停止控制电路

图 1-48b 是两台电动机延时顺序起动，延时逆序停止的控制电路。图中的通电延时时间继电器 KT2 除延时触点外，还带 1 个常开瞬动触点和 1 个常闭瞬动触点。时间继电器 KT2 的瞬动触点部分的功能，也可以用 1 个中间继电器代替。

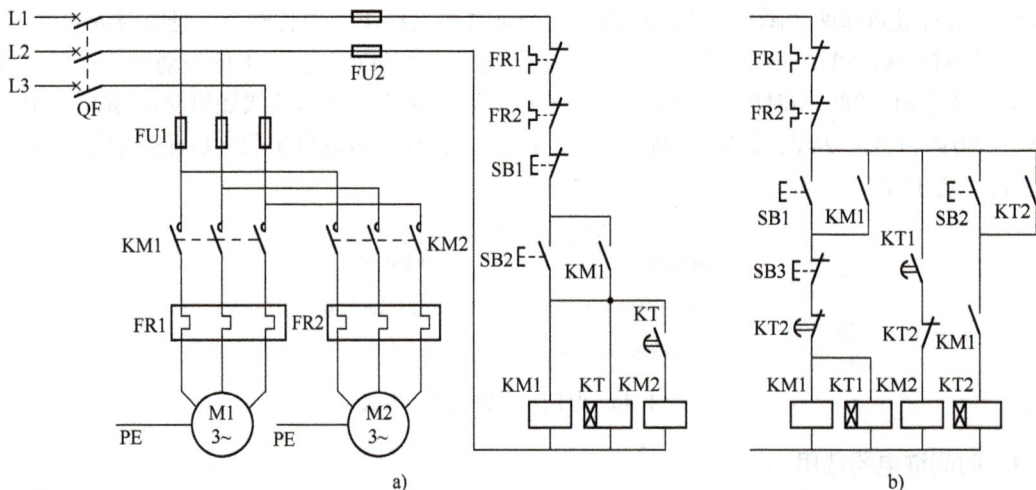

图 1-48　两台电动机延时顺序起停控制电气原理图

a) 延时顺序起动　b) 延时顺序起动延时逆序停止

（1）起动过程　按下起动按钮 SB1，交流接触器 KM1 吸合并自锁，M1 起动，同时时间通电延时继电器 KT 吸合，其延时闭合的常开触点经过延时后闭合，使交流接触器 KM2 吸合，电动机 M2 起动，从而实现的第 1 台电动机起动后，第 2 台电动机延时起动。

（2）停止过程　按下停止按钮 SB2，时间继电器 KT2 吸合并自锁，KT2 的瞬动常闭触点断开，交流接触器 KM2 线圈释放，电动机 M2 停止；KT2 延时断开的常闭触点延时后断开，KM1 释放，电动机 M1 停止。

（3）紧急停止　遇到紧急情况时，按下急停按钮 SB3，电动机都停止。

3．安装操作步骤与注意事项

1）按图 1-48a 所示的电气原理图进行安装接线。要求各元器件安装应整齐、匀称，间距合理。布线要整齐美观，走线要横平竖直。连接点处接触紧密、接触电阻小、稳定性好。

2）经指导教师检查合格后进行通电操作。

3）注意不允许带电安装元器件或连接导线，在有指导教师现场监护的情况下才能接通电源。停止时必须先按下停止按钮，不允许带负荷分断电源开关。

4）按图 1-48b 所示的电气原理图安装接线，重复上述步骤。

任务 1.6　Y-△减压起动控制

三相交流异步电动机起动电流大，在起动瞬间，起动电流可达到额定电流的 4～7 倍，所以对于中型和大型异步电动机，在许多情况下需要限制起动电流，以保证电动机的正常起动以及减小电动机起动时对同一供电网络中其他用电设备的影响。

1.6.1　三相交流异步电动机的起动

码 1.6-1
三相交流异步
电动机的起动

1．直接起动

直接起动也称全压起动，一般只在小容量电动机中使用。通常功率 7.5kW 以下的三相异步电动机一般均可采用直接起动，或电动机起动时在电网上引起的电压降不超过 10%～15%，就允许直接起动，或者由独立的变压器供电时，三相异步电动机的容量不超过变压器容量的 20%，就允许直接起动。

2．减压起动

起动时通过起动设备使加到电动机定子绕组的电压小于额定电压，可有效地限制起动电流，待电动机转速上升到一定数值时，再使电动机承受额定电压正常运行。

（1）Y-△减压起动　额定功率在 3kW 及以下的三相交流异步电动机大都采用Y联结，较大容量的三相交流异步电动机通常采用△联结。Y-△减压起动只适用于正常运行时定子绕组为△联结的三相交流异步电动机。起动时将定子绕组接成Y，此时定子每相绕组电压为额定电压的 $1/\sqrt{3}$，待转速上升至接近额定值时，恢复定子绕组为△联结，使电动机在全压下运行。Y-△减压起动，起动电流和起动转矩都降为直接起动时的 1/3。由于起动转矩也减小为直接起动时的 1/3，这种起动方法适用于空载或轻载起动。

（2）自耦变压器减压起动　这种起动方法是通过自耦变压器把电压降低后再加到电动机定子绕组上，以达到减小起动电流的目的。

3．软起动器起动

软起动器起动仍然属于减压起动，采用三相反向并联的晶闸管作为调压器，将其接入电源和电动机定子之间进行减压起动。晶闸管软起动器是一种集电动机软起动、软停车、节能和多种保护功能于一体的电动机控制装置。使用软起动器起动电动机时，晶闸管的输出电压逐渐增加，电动机逐渐加速，实现平滑起动，降低起动电流。待电动机达到额定转速时，用旁路接触器 KM 的主触点短接晶闸管，电动机全压运行。图 1-49 是晶闸管软起动器起动电气原理图。

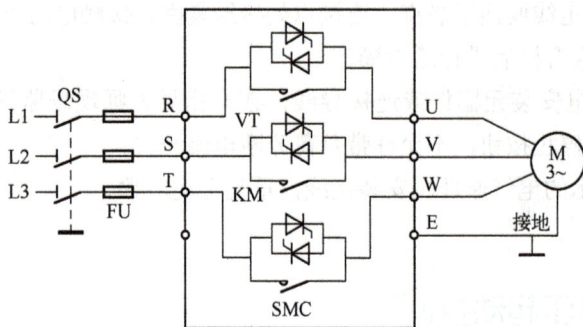

图 1-49　晶闸管软起动器起动电气原理图

晶闸管软起动器起动具有以下保护功能：

1）在起动时随时跟踪检测电动机电流的变化状况，通过增加过载电流的设定和反时限控制模式，实现了过载保护功能，电动机过载时能够关断晶闸管并发出报警信号。

2）软起动器随时检测三相线电流的变化，发生一相电路断开时，做出断相保护反应。

3）通过软起动器内部热继电器检测晶闸管散热器的温度，一旦散热器温度超过允许值后自动关断晶闸管，并发出报警信号。

其他的电动机起动方式还有电动机串联电阻或电抗器减压起动，绕线转子异步电动机的转子回路串联电阻和串联频敏变阻器起动等。

用变频器控制的三相交流异步电动机，在电动机起动时，可以通过平滑地改变变频器输出交流电的电压和频率，实现电动机的平稳起动，不但能降低起动电流，还能够增大起动力矩，能够获得理想的起动特性。

1.6.2　电路结构与原理

1．电路结构

Y-△减压起动控制电气原理图如图 1-50 所示。该电路主要由 3 个接触器、1 个时间继电器组成。接触器 KM 用于引入电源，接触器 KMY 和 KM△ 分别用于Y减压起动和△全压运行，时间继电器 KT 用于控制Y减压起动时间和完成Y-△自动切换。

码 1.6-2
Y-△减压起动控制电路工作原理

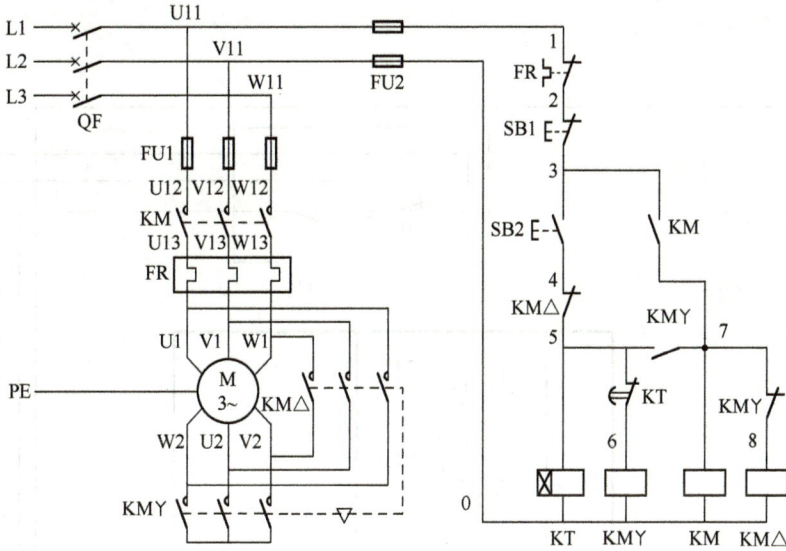

图 1-50 Y-△减压起动控制电气原理图

主电路中，交流接触器 KMY 和 KM△ 的主触点不能同时闭合，否则发生三相短路，为此 KMY 和 KM△ 有机械互锁。在控制电路中，KMY 线圈回路中有 KM△ 的常闭触点，KM△ 线圈回路中有 KMY 的常闭触点，用以实现电气的互锁。

熔断器 FU1 用于主回路的短路保护，FU2 用于控制回路的短路保护；热继电器用于实现过载保护；KM 的自锁触点用于实现失电压和欠电压保护。

2. 工作原理

起动时先合上电源开关 QF。

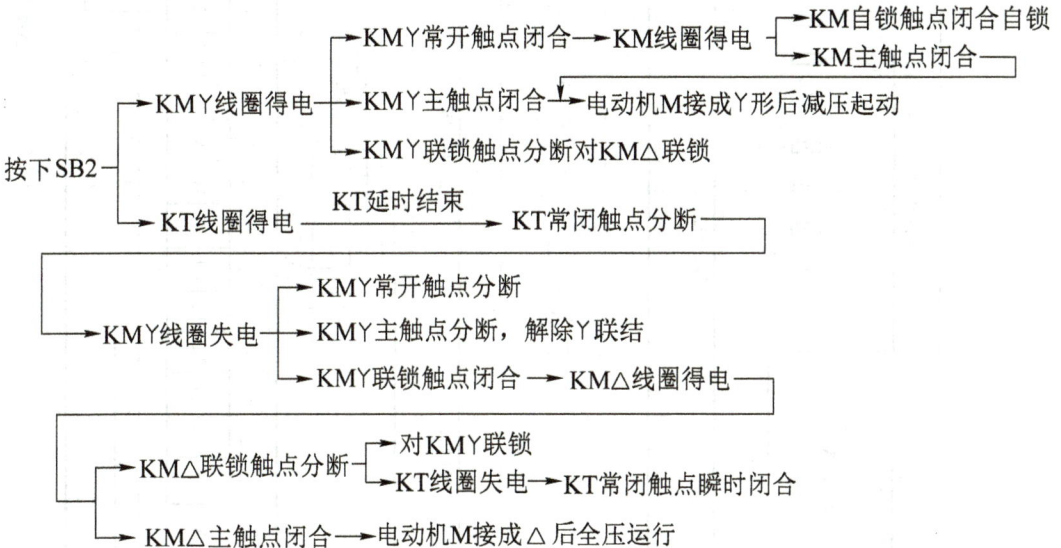

停止时，按下 SB1 即可。

3. 安装接线图

Y-△减压起动控制电路的安装接线如图 1-51 所示。

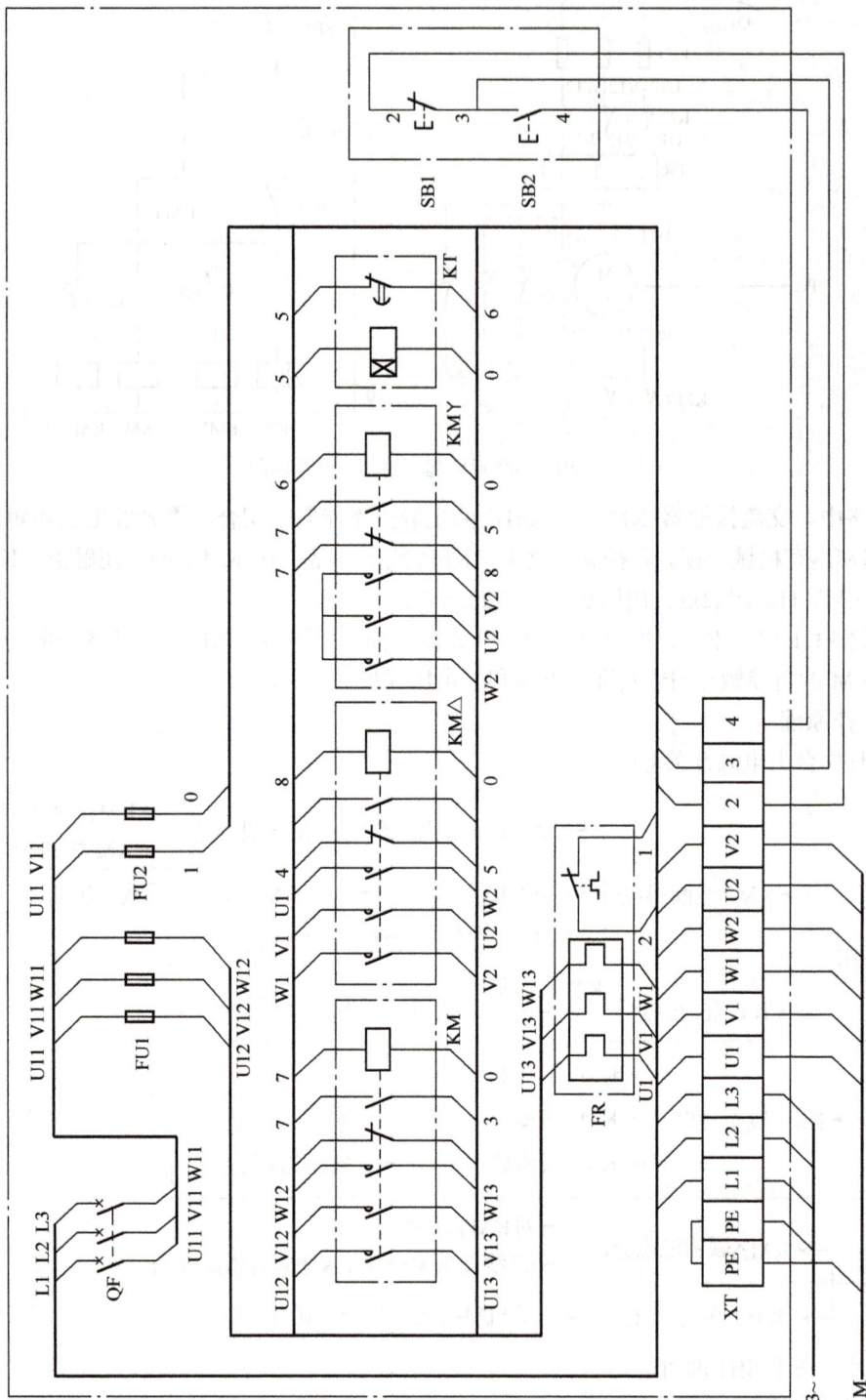

图 1-51　Y-△减压起动控制电路安装接线图

码 1.6-3

Y-△减压起动控制电路的安装接线

1.6.3 控制电路装调

1. 工具及器材

工具及器材见表 1-7。

表 1-7 工具及器材

序号	名称	型号与规格	单位	数量
1	电工通用工具	验电笔、钢丝钳、螺丝刀（包括十字口螺丝刀、一字口螺丝刀）、剥线钳、尖嘴钳等	套	1
2	低压断路器	低压断路器 DZ47 系列	只	1
3	低压熔断器	RT18 系列（或自选）	个	5
4	按钮	LA10-2H	个	1
5	接触器	CJX1 系列（或自选）	个	2
6	热继电器	JR36 系列（或自选）	个	1
7	时间继电器	JS3A（线圈电压 380V，延时时间 6s）	个	1
8	电动机	根据实习设备自定	台	1
9	导线	BVR1.5mm 塑铜线	m	若干

2. 安装操作步骤与注意事项

1）按图 1-50 所示的电气原理图和图 1-51 所示的安装接线图在控制板上安装接线。要求各元器件安装应整齐、匀称，间距合理。布线要整齐美观，走线要横平竖直。连接点处接触紧密、接触电阻小、稳定性好。

2）经指导教师检查合格后进行通电操作。

3）注意不允许带电安装元器件或连接导线，在有指导教师现场监护的情况下才能接通电源。停止时必须先按下停止按钮，不允许带负荷分断电源开关。

任务 1.7 正反转能耗制动控制

电动机的制动是指在电动机的轴上加一个与其旋转方向相反的转矩，使电动机减速或停止。对起重机下放重物，制动运行可获得稳定的下降速度。根据制动转矩产生方法的不同，可分机械制动和电气制动两类。

机械制动通常是靠摩擦方法产生制动转矩，如电磁抱闸制动。而电气制动是通过电动机所产生的电磁转矩与电动机的旋转方向相反来实现的。

三相异步电动机的电气制动有电源反接制动、能耗制动和再生制动 3 种。

码 1.7-1

三相交流异步电动机制动

1.7.1 三相异步电动机的制动

1. 电源反接制动

电源反接制动是电动机在正常运行中需要停机时，给定子加上与原电源相序相反的电源，

使定子产生与转子旋转方向相反的旋转磁场，此时转子产生的电磁转矩与电动机的旋转方向相反，为制动转矩，因此电动机很快停转。直接将电源反接进行反接制动，制动电流很大，所以在进行电源反接制动时，必须在每相电源回路串接一定的限流电阻，以限制反接制动电流，避免绕组过热和机械冲击。

2. 能耗制动

如图 1-52 所示，三相异步电动机的能耗制动是在断开电动机三相电源的同时接入直流电源，产生恒定磁场，转子由于惯性仍继续沿原方向以一定转速旋转，切割定子磁场产生感应电动势和电流，载流导体在磁场中受电磁力作用，其方向与电动机转动方向相反，因而起到制动作用。制动转矩的大小与直流电流的大小有关。直流电流一般为电动机额定电流的 50%～100%。

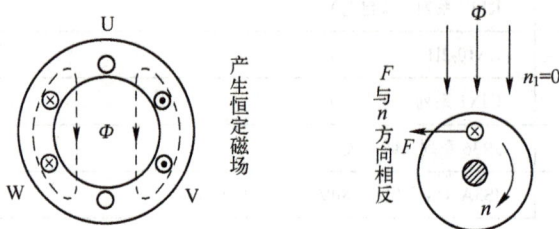

图 1-52　三相异步电动机能耗制动的原理

这种制动方法是利用转子转动时的惯性切割恒定磁场的磁通而产生制动转矩，把转子的动能消耗在转子回路的电阻上，所以称为能耗制动。

能耗制动的优点是制动力较强、制动平稳、对电网影响小；缺点是需要一套直流电源装置，而且制动转矩随电动机转速的减小而减小，不易制停。

3. 再生制动（回馈制动）

当转子转速超过了旋转磁场的同步转速，转子绕组切割旋转磁场的方向与电动运行状态时相反，从而使转子电流与其所产生的电磁转矩与转子转向相反，电磁转矩变为制动转矩，电动机工作在制动状态下运行，这种制动称为再生制动。

在生产实践中，一种是出现在位能负载下放重物时，由于重物的作用使转子转速超过同步转速；另一种出现在电动机变极调速中，电动机由原来的高速档调至低速档时，转子转速大于同步转速。

再生制动可以向电网回输电能，所以经济性能好。

1.7.2　电路结构与原理

1. 电路结构

交流电动机正反转能耗制动控制原理图如图 1-53 所示。主电路中交流接触器 KM1 用于实现电动机正转，KM2 用于实现电动机反转，能耗制动用 KM3 控制。当 KM3 主触点闭合时，电动机 U 相绕组通过一个整流二极管和一只限流电阻接到电阻的零线，电动机的

码 1.7-2
正反转能耗制
动控制电路

V 相和 W 相绕组接同一个 L1 相电源。通过二极管的整流使定子绕组流过直流电流，产生方向恒定磁场，从而进行能耗制动。

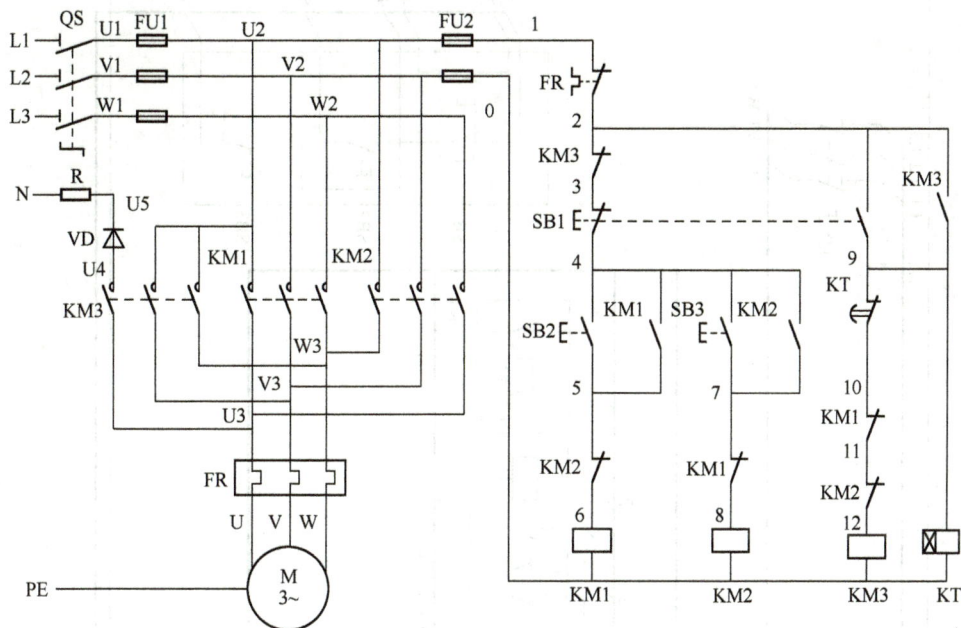

图 1-53 交流电动机正反转能耗制动控制电气原理图

电源开关用组合转换开关 QS，控制电路中用时间继电器 KT 控制能耗制动时间。

熔断器 FU1 用于整个电路的短路保护，FU2 用于控制电路的短路保护；热继电器用于实现过载保护；KM1 和 KM2 的自锁触点能够实现失电压和欠电压保护。

2. 工作原理

如图 1-53 所示，起动时先合上电源开关 QS。

进行正转起动时，按下正转起动按钮 SB2，KM1 主触点闭合电动机正转，KM1 辅助常开触点闭合用于实现自锁，KM1 的两个辅助常闭触点断开，分别使 KM2 和 KM3 线圈不能通电，实现电气互锁。

进行反转起动时，按下反转起动按钮 SB3，KM2 主触点闭合电动机反转，KM2 辅助常开触点闭合用于实现自锁，KM2 的两个辅助常闭触点断开，分别用于使 KM1 和 KM3 线圈不能通电，实现电气互锁。

能耗制动时，按下复合按钮 SB1，SB1 的常闭触点断开使 KM1（或 KM2）线圈释放，其主触点断开正转（或反转）电源，SB1 的常开触点闭合，使交流接触器 KM3 和时间继电器 KT 吸合，KM3 主触点闭合进行能耗制动，其自锁触点闭合实现自锁。KT 的常闭触点延时断开，KM3 释放，能耗制动结束。

3. 安装接线图

交流电动机正反转能耗制动控制电路的安装接线如图 1-54 所示。

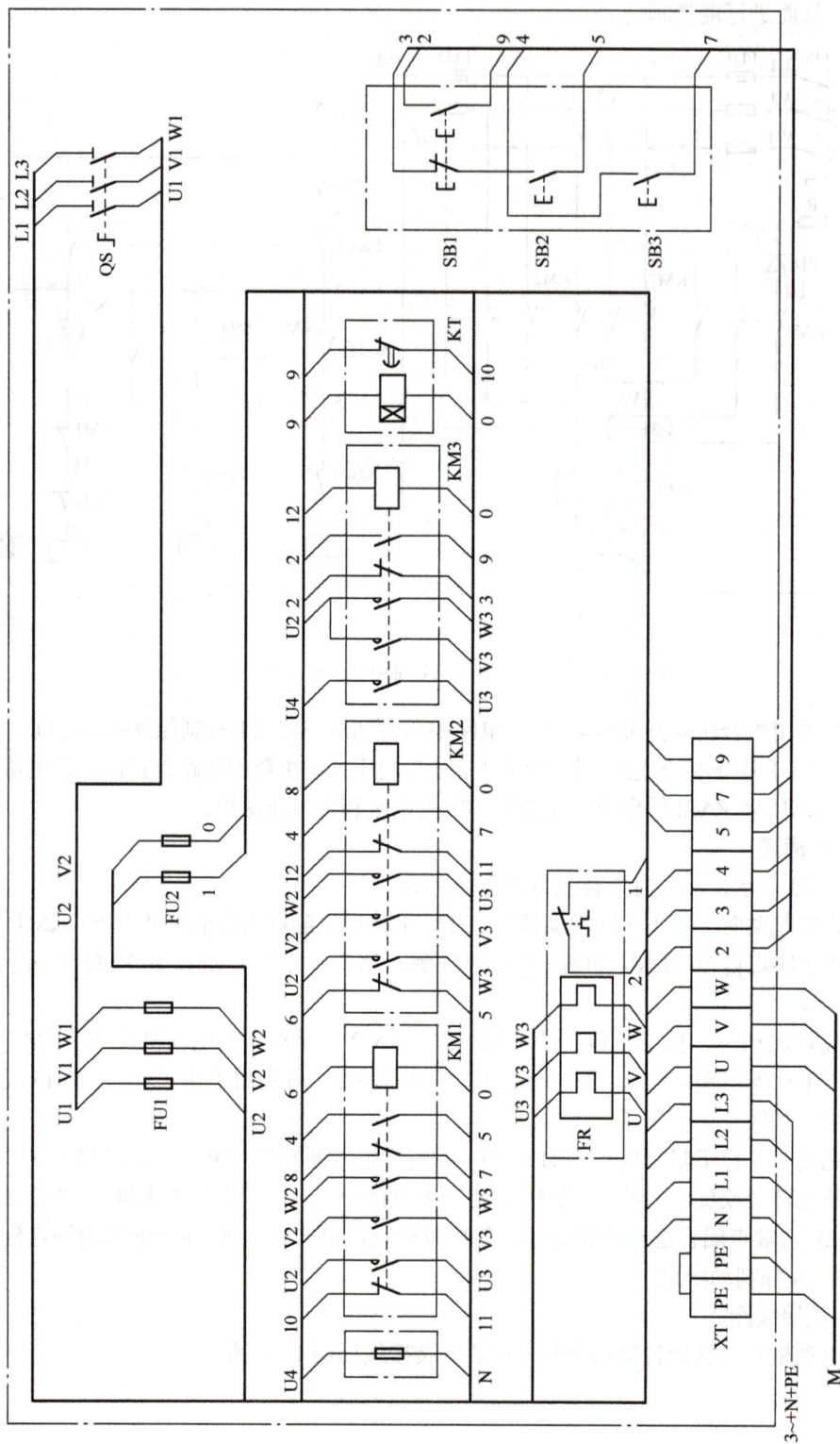

图 1-54　交流电动机正反转能耗制动控制电路安装接线图

1.7.3 控制电路装调

1）按图 1-53 所示的电气原理图和图 1-54 所示的安装接线图在控制板上安装接线。要求各元器件安装应整齐、匀称，间距合理。布线要整齐美观，走线要横平竖直。连接点处接触紧密、接触电阻小、稳定性好。

2）经指导教师检查合格后进行通电操作。

3）注意不允许带电安装元器件或连接导线，在有指导教师现场监护的情况下才能接通电源。停止时必须先按下停止按钮，不允许带负载分断电源开关。

任务 1.8　CA6140 型卧式车床电气控制

1.8.1　CA6140 型卧式车床概述

车床用于加工内外圆柱面、端面、圆锥面等各种回转表面，图 1-55 是 CA6140 型卧式车床的基本结构与外形图。

图 1-55　CA6140 型卧式车床的基本结构与外形图

1—主轴箱　2—刀架部件　3—尾座　4—丝杠　5—光杠　6—右床腿　7—溜板箱　8—左床腿　9—进给箱

车床在进行车削加工时，工件夹在主轴箱右端的卡盘上，由主轴带动旋转，主轴运动是车床的主运动，由一台笼型交流异步电动机拖动。在车削加工时，为了防止刀具和工件温度过高，需要一台冷却泵电动机来提供冷却液，冷却泵电动机在主轴电动机起动后才能起动，主轴电动机停机，冷却泵电动机同时停机。加工工具（车刀）装在刀架上，由溜板箱带动横向和纵向运动，以改变加位置和深度，CA6140 型卧式车床配有一台刀架快速移动电动机用于刀架的快速移动。

1.8.2　电气原理

1. 电气原理图图幅的分区与标注

对于一些幅面较大、内容较复杂的电气原理图，通常采用分区的方式建立坐标，以便于阅读查找。垂直布置电气原理图，在图的上方从左向右在各分区方框内加注文字说明，帮助理解电气原理及各部分

码 1.8-1
电气原理图
图幅的分区
和标注

的作用。在图的下方按"支路居中"原则从左至右进行数字标注分区，在各分区方框内按顺序加注数字，方便查找继电器、接触器等元器件触点的位置等。为检索方便，在接触器、继电器线圈图形符号下方标注其触点分区位置。

图 1-56 是 CA6140 型卧式车床电路原理图。图的上方是文字说明分区，从左向右，熔断器用于电源保护，组合开关 QF 是电源开关，M1 是带动主轴运行的电动机等。图的下方是数字标注分区，如 6 区回路的作用是接通和断开交流接触器 KM1 的线圈，符号 $\frac{2\,|\,7\,|\,\times}{2\,9\,|\,\times}$ 的意义是在 2 区回路中有

3 个常开触点（是交流接触器的主触点），在 7、9 区回路中分别各有一个常开触点，它还有两个常闭触点没用到。所以通过图幅的分区与标注，可以很方便分析理解查阅电气原理图。

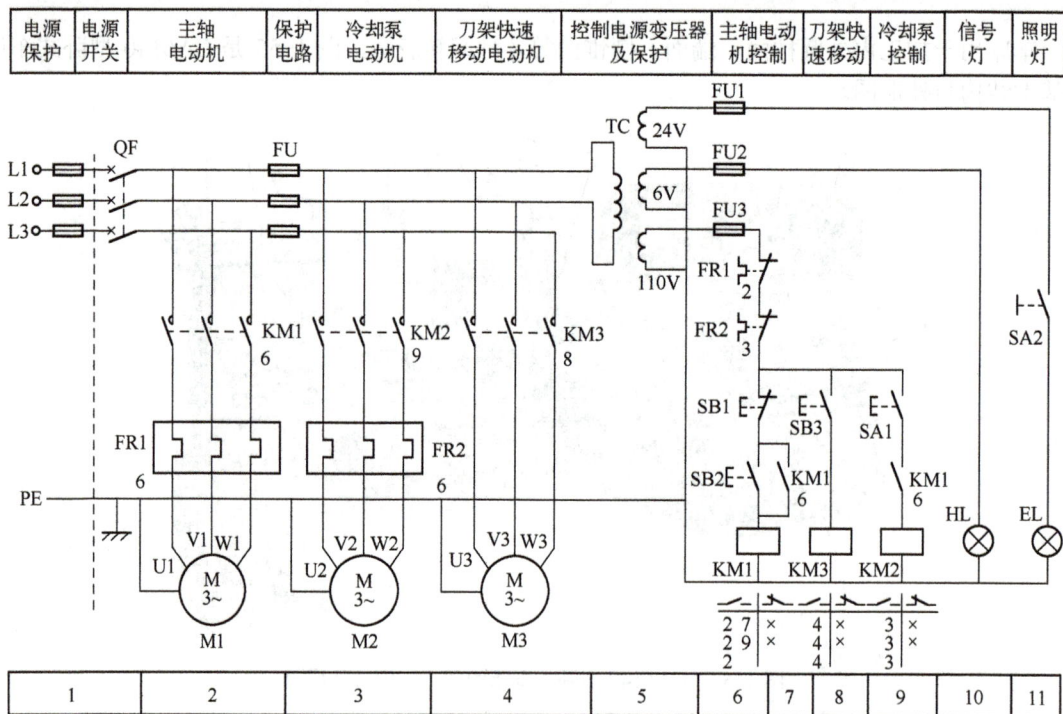

图 1-56　CA6140 型卧式车床电路原理图

2. 电路的构成与各部分作用

图 1-56 所示的 CA6140 型卧式车床电气控制电路，包括主电路、控制电路和照明、信号指示辅助电路 3 大部分。主电路是电动机电路；控制电路由接触器和继电器的线圈，各种元器件的常开、常闭触点组合构成；辅助电路是给照明灯和信号灯等供电的回路。

主电路电源电压为 380V，低压断路器 QF 是总电源开关，主电路有 3 台电动机，分别是主轴电动机 M1、冷却泵电动机 M2 和刀架快速移动电动机 M3，M1、M2 和 M3 分别由接触器

KM1、KM2 和 KM3 控制。热继电器 FR1、FR2 分别为 M1 和 M2 的过载保护，因 M3 工作于点动方式，所以不需要过载保护。各电动机均配有熔断器起短路保护作用。

经控制变压器 TC 降压，控制电路的电源电压为 110V，熔断器 FU3 起短路保护作用。SB1/SB2 为主轴电动机停止/起动按钮；SB3 为刀架快速移动按钮；SA1 为冷却泵控制手动开关。

经控制变压器 TC 降压，照明电路的电源电压为 24V，熔断器 FU1 起短路保护作用，SA2 为照明灯控制手动开关，EL 为照明灯；信号灯电路的电源电压为 6V，熔断器 FU2 起短路保护作用，HL 为信号灯。

3．电路工作原理

接通电源开关 QF，信号灯 HL 亮。

码 1.8-2
CA6140 普通车床电气控制电路的工作原理

1）主轴起动。按下起动按钮 SB2，接触器 KM1 通电自锁，KM1 主触点闭合，M1 通电起动。

2）冷却泵起动。接通开关 SA1，因 KM1 常开触点已接通，所以接触器 KM2 通电，KM2 主触点闭合，M2 通电起动。

3）刀架快速移动。按下点动按钮 SB3，接触器 KM3 通电，KM3 主触点闭合，M3 通电起动；松开点动按钮 SB3，接触器 KM3 断电，KM3 主触点分断，M3 停止。

4）停止。按下停止按钮 SB1，主轴、冷却泵电动机均停止工作。

5）照明灯工作。车床工作时，接通开关 SA2，照明灯 EL 工作。

工作结束后，断开电源开关 QF，信号灯 HL 灭。

1.8.3　故障分析与检修

1．指示灯或照明灯不亮

1）检查灯泡是否损坏，熔断器 FU3、FU4 是否损坏。

2）电源故障：检查三相交流电源是否正常；检查漏电保护断路器 QF 是否合上；检查总熔断器 FU 是否完好。

3）控制变压器故障：检查 24V、6V 三相交流电压是否正常。

2．主轴电动机无法起动

1）按下起动按钮 SB2，KM1 线圈不吸合：检查熔断器 FU2 是否完好；检查起动按钮 SB2 和 KM1 线圈是否完好；检查热继电器 FR1 及 FR2 常闭触点是否闭合。

2）KM1 线圈吸合正常：检查接触器 KM1 3 组主触点是否正常闭合；检查热继电器 FR 热元件是否烧断；检查电动机有无损坏。

3．主轴电动机起动后发出"嗡嗡"响声，但不转动

这是电动机断相运行现象，可能的原因是：熔断器有一相熔丝熔断；接触器 KM1 有一对主触点没有接触好；电动机有一相断线。

4．按下停止按钮 SB1，主轴电动机无法停止

可能的原因是：接触器 KM1 的 3 组主触点熔焊或接触器铁心被卡住；停止按钮损坏。

5．冷却泵电动机 M2 无法转动

可能的原因是：控制开关 SA1 损坏；热继电器 FR2 常闭触点断开；接触器 KM2 的线圈或主触点损坏；冷却泵电动机 M2 损坏。

6. 车床在运行中自动停车

1）检查热继电器是否动作，观察热继电器复位按钮是否弹出。

2）如已动作，则过几分钟后热继电器温度降低，按复位按钮使按钮复位，即可重新起动机床工作。

3）如又发生上述故障，应检查机床是否过载或热继电器的整定电流值是否调得过小。

任务 1.9　Z3040 型摇臂钻床电气控制

1.9.1　Z3040 型摇臂钻床概述

1. 主要结构

Z3040 型摇臂钻床由底座、外立柱、内立柱、摇臂、主轴箱及工作台等部分组成，其结构与外形如图 1-57 所示。摇臂钻床的内立柱固定在底座一端，外立柱套在内立柱上，工作时用机械夹紧机构与内立柱夹紧，松开后可绕内立柱回转 360°。摇臂的一端为套筒，它套在外立柱上，经液压夹紧机构可与外立柱夹紧。夹紧机构松开后，借助升降丝杠的正、反向旋转可沿外立柱做上下移动。主轴箱安装于摇臂的水平导轨上，通过手轮操作使主轴箱沿摇臂水平导轨移动，通过液压夹紧机构紧固在摇臂上。

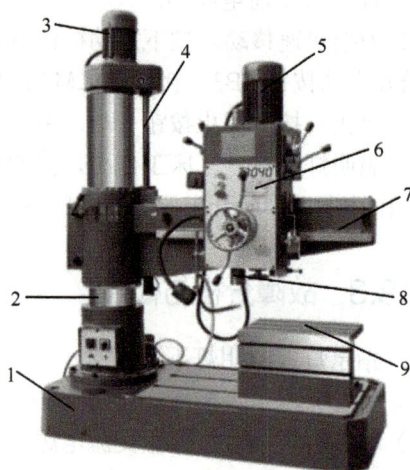

图 1-57　Z3040 型摇臂钻床的基本结构与外形图
1—底座　2—外立柱　3—摇臂升降电动机　4—升降丝杠
5—主轴电动机　6—主轴箱　7—摇臂　8—主轴　9—工作台

2. 电动机拖动

（1）主轴带刀具的旋转与进给运动　钻削加工时，主轴旋转为主运动，主轴的直线移动为进给运动。钻孔时钻头一边做旋转运动一边做纵向进给运动，主轴的旋转与进给运动是由一台三相交流异步电动机 M1 驱动的。

（2）各运动部件的移位运动　摇臂的回转和主轴箱沿摇臂水平导轨方向的左右移动通常采用手动，冷却泵电动机 M4 对加工的刀具进行冷却。

（3）移位运动装置的夹紧与放松　摇臂的上升、下降由电动机 M2 拖动，立柱的夹紧和松开、摇臂的夹紧与松开以及主轴箱的夹紧与松开均由电动机 M3 拖动液压泵，供给夹紧装置所需要的压力由推动夹紧机构液压系统实现。

1.9.2　电气原理

图 1-58 所示的 Z3040 型摇臂钻床电气控制电路，包括主电路、控制电路和照明、信号指示辅助电路 3 部分。

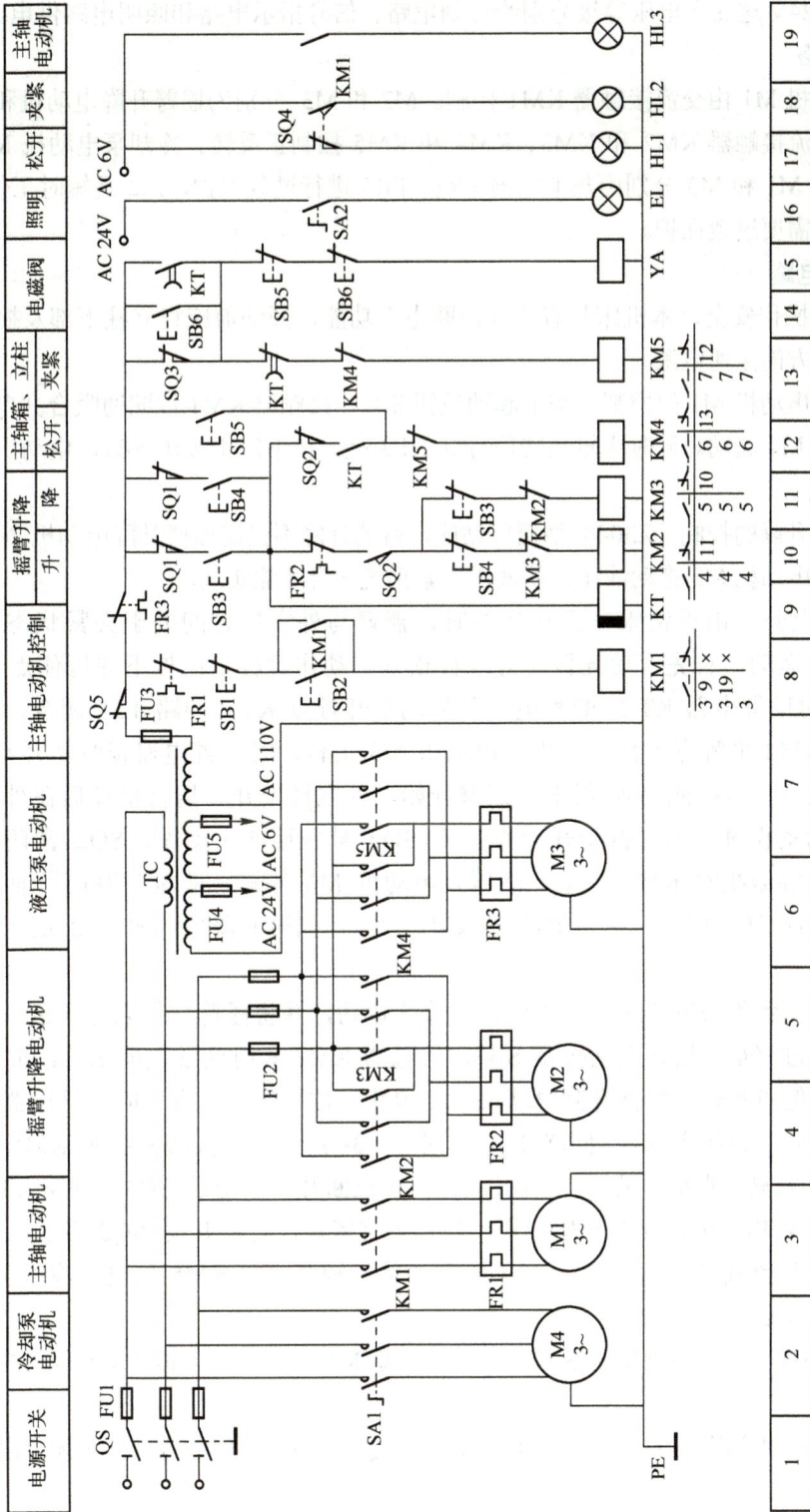

图 1-58 Z3040 型摇臂钻床电路原理图

三相交流电源由开关 QS 引入，熔断器 FU1 用于全电路的短路保护。控制变压器 TC 输出 110V、6V 和 24V 这 3 个电压等级分别给控制电路、信号指示电路和照明电路供电。

1. 主电路

主轴电动机 M1 由交流接触器 KM1 控制。M2 和 M3 分别为摇臂升降电动机和液压泵电动机，分别由交流接触器 KM2 和 KM3、KM4 和 KM5 控制正反转。冷却泵电动机 M4 直接由开关 SA1 控制。M1 和 M3 分别由热继电器 FR1、FR3 进行过载保护，M2 是短时工作制，M4 容量较小，均不需要过载保护。

2. 控制电路

为了确保操作安全，本机床具有"开门断电"功能，开动前应将立柱下部及摇臂后部的电器箱盖关好，方能接通电源。

（1）主轴电动机 M1 的控制　按下起动按钮 SB2，接触器 KM1 线圈通吸合并自锁，主触点闭合，电动机 M1 起动。同时主轴运转信号灯 HL3 亮。按下停止按钮 SB1，电动机 M1 停转，信号灯 HL3 熄灭。

（2）摇臂升降的控制　Z3040 型摇臂钻床摇臂的升降不仅需摇臂升降电动机 M2 转动，而且还需液压泵电动机 M3 拖动液压泵使液压夹紧系统配合才能实现。

1）摇臂上升。由于钻床在正常状态时，摇臂与外立柱之间处于夹紧状态，因此，要使摇臂做上升运动，首先应使摇臂与外立柱松开。动作过程是：按下并压住点动按钮 SB3（回路 10），时间继电器 KT 线圈得电，其瞬动常开触点 KT（回路 12）闭合，接触器线圈 KM4 得电，KM4 主触点闭合，液压泵电动机 M3 正转，时间继电器延时断开常闭触点 KT（回路 15）闭合，电磁阀 YA 得电，摇臂开始与外立柱松开。摇臂松开后在外立柱上做向上运动，它的动作过程为摇臂松开行程开关 SQ2 被压而产生动作，SQ2 常闭触点（回路 12）断开，接触器线圈 KM4 失电，液压泵电动机 M3 停转，液压泵停止供油，同时 SQ2 常开触点（回路 10）闭合，接触器线圈 KM2 得电，摇臂升降电动机 M2 正转，带动摇臂上升。

当摇臂上升到所需位置时，必须使摇臂停止运动，并将摇臂与外立柱夹紧，以进行钻孔操作，其动作过程是：松开点动按钮 SB3，接触器 KM2 和时间继电器 KT 线圈失电，KM2 主触点和常开触点断开，摇臂升降电动机 M2 停止，摇臂停止上升。时间继电器 KT 线圈失电后，断电延时闭合触点 KT（回路 13）延时 1～3s 后闭合，接触器线圈 KM5 得电，液压泵电动机 M3 反转，此时触点 KT（回路 15）虽已断开，但由于 SQ3（回路 13）已闭合，所以电磁阀 YA 仍得电，摇臂开始夹紧。当摇臂夹紧后，行程开关 SQ2 复位，而行程开关 SQ3 动作，其常闭触点 SQ3（回路 13）断开，使接触器线圈 KM5 失电，液压泵电动机 M3 停转，电磁阀 YA 失电复位。

2）摇臂下降。按下点动按钮 SB4，时间继电器 KT 线圈得电，其动作原理与摇臂上升基本相同。

摇臂升降的限位保护由行程开关 SQ1 实现，SQ1 的两对常闭触点分别实现上限位保护和下限位保护。

（3）主轴箱与摇臂、内立柱与外立柱之间的松开和夹紧控制　主轴箱和立柱的松开和夹紧是同时进行的，其控制电路是正反转点动控制电路。利用主轴箱和立柱的松开和夹紧，还可以检查电源相序正确与否，以确保摇臂升降电动机 M2 的正反转接线正确。

1）主轴箱和立柱的松开。按下松开按钮 SB5，接触器线圈 KM4 得电，液压泵电动机 M3 正转，拖动液压泵，液压油进入主轴箱和立柱松开后的油腔，推动活塞使主轴箱、摇臂和立柱松开。此时行程开关 SQ4 不受压，常闭触点 SQ4 闭合，指示灯 HL1 亮，表示松开。

2）主轴箱和立柱的夹紧。按下夹紧按钮 SB6，接触器线圈 KM5 得电，液压泵电动机 M3 反转，拖动液压泵，液压油进入主轴箱和立柱的夹紧油腔，推动活塞使主轴箱和立柱夹紧。同时行程开关 SQ4 受压，常开触点 SQ4 闭合，指示灯 HL2 亮，表示夹紧。

3．辅助电路

照明灯 EL 回路的工作电压是安全电压 24V，由拨动开关 SA2 控制。信号指示灯的工作电压为 6V，HL1 用于指示主轴箱和立柱的松开状态，HL2 用于指示主轴箱和立柱的夹紧状态，HL3 用于指示主轴电动机的运行状态。

1.9.3 故障分析与检修

1．照明灯不亮

1）灯泡损坏。

2）开关 SA2 接触不良或熔断器 FU4 熔断。

3）电源总开关 QS 接触不良或熔断器 FU1 熔断。

4）变压器 TC 损坏。

码 1.9
Z3040 型摇臂钻床电气控制电路

2．主轴电动机无法起动

1）起动按钮 SB2 或停止按钮 SB1 接触不良。

2）接触器 KM1 线圈断线或触点接触不良。

3）热继电器 FR1 的热元件烧断或常闭触点断开。

4）电动机损坏。

3．摇臂不能升降

1）行程开关 SQ2 的位置移动，使摇臂松开后不能按下 SQ2。

2）控制按钮 SB3 或 SB4 接触不良。

3）液压系统出现故障，使摇臂不能完全松开。

4）接触器 KM2 或 KM3 的线圈断线或触点接触不良。

4．摇臂升降后不能夹紧

1）行程开关 SQ3 的安装位置不当，需进行调整。

2）行程开关 SQ3 发生松动而过早地动作，液压泵电动机 M3 在摇臂还未充分夹紧时就停止了旋转。

5．液压系统的故障

有时电气控制系统工作正常，而电磁阀芯卡住或油路堵塞，造成液压系统控制失灵，也会造成摇臂无法移动，需要机、电互相配合，共同排除故障。

习题

1. 简述三相交流异步电动机的结构。

2. 绘图说明三相交流异步电动机的两种接线方式。

3. 简述三相交流异步电动机的工作原理。

4. 某三相交流异步电动机的额定转速为 950r/min，它是几极电动机，旋转磁场的转速是多少？

5. 什么是转差率？某台电动机的额定转速是 1455r/min，试计算它的额定转差。

6. 某台三相交流异步电动机的额定电压是 380V，额定功率是 30kW，额定功率因数是 0.89，额定效率是 0.933，试计算此台电动机的额定电流。

7. 低压断路器有哪些保护功能?分别由哪些部件完成?

8. 简述低压断路器的选用原则。

9. 熔断器为什么一般不能用于过载保护？如何正确选择熔断器？

10. 简述交流接触器的结构组成。交流接触器的线圈电压等级主要有哪些？怎样选择交流接触器？

11. 交流接触器灭弧装置起什么作用？

12. 接触器和中间继电器的触点系统有什么区别？中间继电器的作用是什么？

13. 绘制电气原理图时应遵循哪些主要原则？

14. 画出和写出开启式刀开关、组合开关、隔离开关的电路符号和文字符号。

15. 热继电器在电路中的作用是什么？在连续工作的电动机主电路中装有熔断器，为什么还要装热继电器？

16. 如何选用热继电器？如何调整整定电流？

17. 什么是起保停控制？试分析题图 1-1 所示的各控制电路能否实现起保停控制。

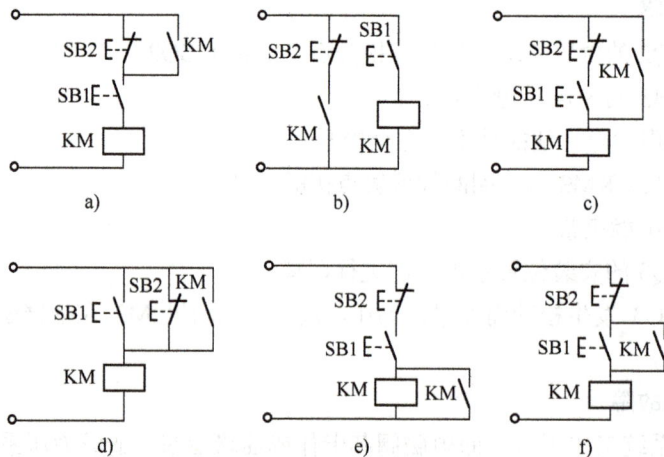

题图 1-1　习题 17 图

18．什么是接触器起保停控制电路的欠电压保护和失电压保护？

19．元器件布置图的绘制原则有哪些？安装接线图的绘制原则有哪些？

20．如何改变三相交流异步电动机的转向？

21．在电动机正反转控制电路中为什么需要互锁控制？电气互锁控制有几种方式？哪种互锁方式是必需的？

22．试分析如题图 1-2 所示的各控制电路能否实现正反转控制，若不能，试说明原因。

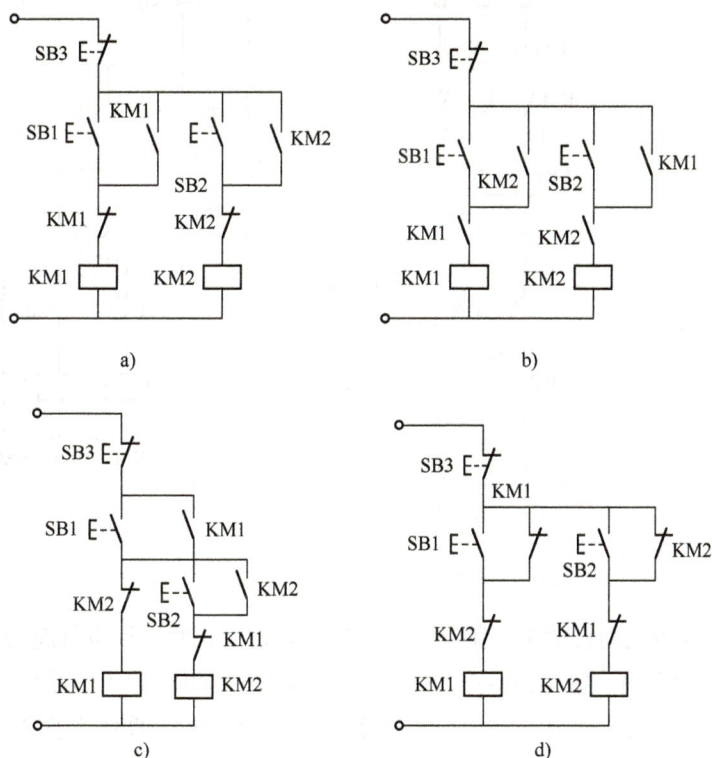

题图 1-2　习题 22 图

23．试绘出两台电动机的顺序起动、同时停车控制电路，并分析工作原理。

24．试绘出两台电动机的顺序起动、逆序停车控制电路，并分析工作原理。

25．时间继电器按延时特性分为哪些类型？如何选择和使用时间继电器？

26．画出和写出接触器、中间继电器、热继电器、时间继电器的电路符号和文字符号。

27．图 1-42 所示为两台电动机无延时顺序起停控制电路，对主电路和控制电路标注标号。对图 1-42c 所示的控制电路原理图，绘制元器件布置图和安装接线图。

28．图 1-48 所示为两台电动机延时顺序起停控制电路，对主电路和控制电路标注标号。对图 1-48b 所示的控制电路原理图，绘制元器件布置图和安装接线图。

29．三相交流异步电动机的起动方式有哪些？为什么要进行减压起动？

30．Y-△减压起动适用于什么电动机？其特点是什么？

31．用软起动器进行三相异步电动机减压起动的原理是什么？

32．题图 1-3 所示为 Y-△ 减压起动控制电路，请检查图中哪些地方画错了，把错误之处改正过来，并按改正后的电路简述其工作原理。

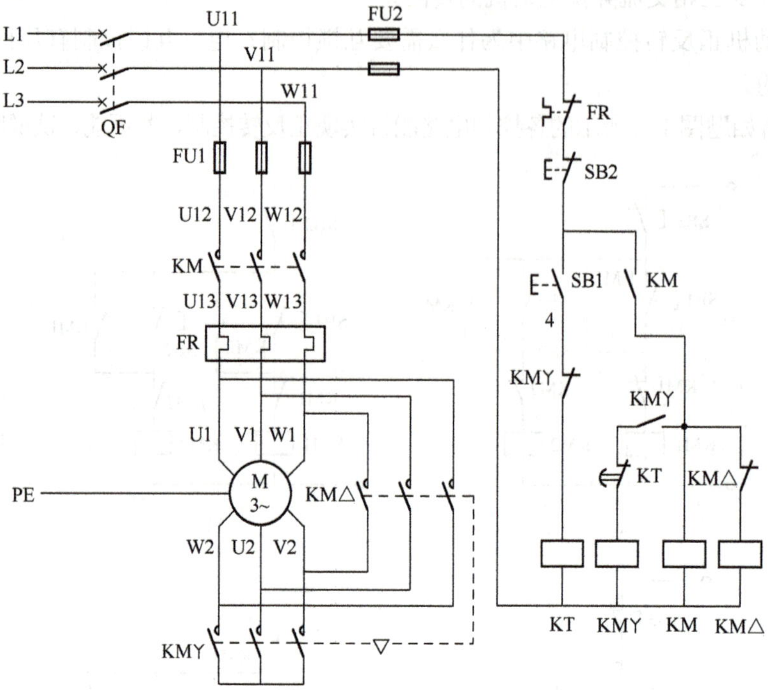

题图 1-3　习题 32 图

33．三相交流异步电动机的电气制动方式有哪些？为什么要进行电气起动？

34．简述图 1-53 所示的交流电动机正反转能耗制动控制电路的工作原理。

35．题图 1-4 是三速电机延时加速控制电路原理图，KM1 接通时定子绕组接成 △ 电动机低速运行，KM2 接通时定子绕组接成 Y 电动机中速运行，KM3 和 KM4 接通时定子绕组接成双 Y 电动机高速运行，试分析该自动控制电路工作原理。

36．电路原理图如何进行图幅分区？有什么作用？

37．CA6140 型卧式机床电路的照明灯 EL 为什么采用 24V 电压？

38．CA6140 型卧式机床主轴电机无法起动的故障原因有哪些？

39．简述 Z3040 型摇臂钻床电路摇臂上升的工作原理。

40．Z3040 型摇臂钻床主轴电机无法起动的故障原因有哪些？

工匠精神是一种职业精神，是职业道德、职业能力、职业品质的体现，是从业者的一种职业价值取向和行为表现。它可以概括为：坚守执着、精益求精、专业专注、追求卓越。工匠精神是成为优秀劳动者的内在驱动力，也是优秀劳动者核心竞争力的体现。

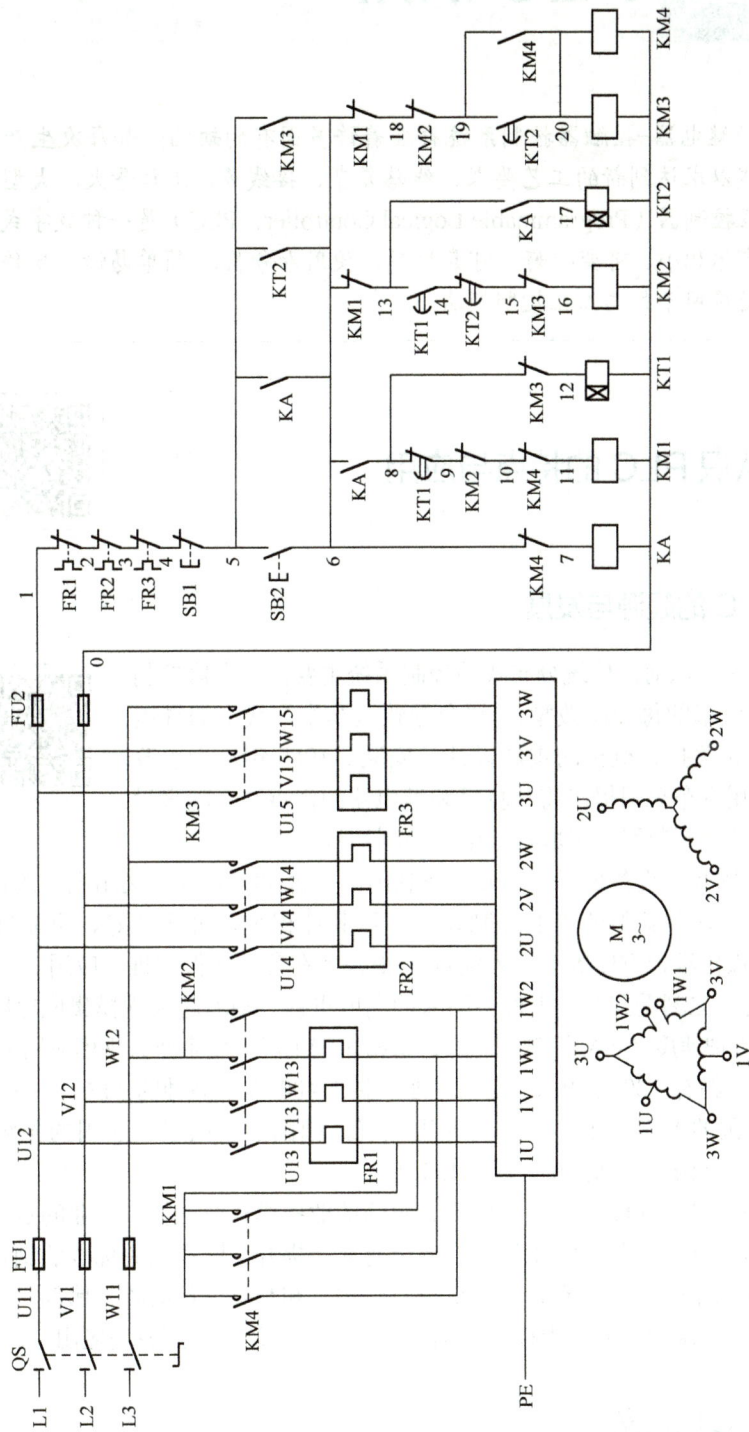

题图 1-4 习题 35 图

模块 2 | PLC 认知

较大规模的继电器-接触器控制系统存在着许多固有的缺陷：如每次生产工艺的变更都需要更改生产线以求达到新的工艺要求，线路复杂、接线多、工作量大，大型的生产线修改周期长。可编程控制器（Programmable Logical Controller，PLC）是一种数字式的电子控制、执行装置，具有体积小、可变性好、可靠性高、使用寿命长、简单易懂、操作维护方便等一系列优点，广泛应用于各类工业控制领域。

任务 2.1 认识 PLC 的特点与应用

码 2-0
模块 2 简介

2.1.1 PLC 的起源与发展

20 世纪 60 年代以前，传统分布式的控制系统主要由继电器控制系统构成。当时汽车的每一次改型，都会导致汽车生产线上的继电器控制装置及其相关执行机构的重新设计、安装。1968 年，为了改变这一现状，通用汽车公司提出将计算机和继电器的优点结合起来设计一种新型的工业控制装置，来取代继电器控制系统。

码 2.1-1
PLC 品牌、定义与特点

1969 年，美国数字设备公司（DEC）研制出第一台 PLC，并在通用汽车的自动装配线上试用且获得了成功。这种新型的工业控制装置，以其体积小、可变性好、可靠性高、使用寿命长、简单易懂、操作维护方便等一系列优点，很快就在各行业得到推广应用。

PLC 的出现，立刻受到世界上许多国家的高度重视。随着超大规模集成电路技术的迅速发展，微处理器的处理速度及可靠性越来越好，价格普遍下降，使企业大规模应用 PLC 成为可能。

目前，世界上约有 200 家 PLC 生产厂商，生产 400 多个品种的 PLC 产品。其中，市场占有率较高的有美国的罗克韦尔、美国的通用电气，德国的西门子、法国的施耐德，日本的三菱、松下、富士、欧姆龙，韩国的三星、LG 等。

近年来，国产品牌 PLC 凭借高性价比、灵活的业务模式及在特定行业的定制化服务等，也有了长足的发展，在中小型 PLC 市场占有率上有显著提升。国家相关标准的制定进一步规范了 PLC 行业的发展。国产 PLC 的有台达、信捷、汇川、和利时、英威腾、伟创、黄石科威、南大傲拓、丰炜、禾川、永宏、浙大中控、合信等，已在工业领域得到成功应用。

2.1.2 PLC 的定义

国际电工委员会（IEC）对 PLC 的定义是：PLC 是一种数字运算操作的电子系统，专为在工业环境下应用而设计。它采用可编程序的存储器，用来在其内部存储执行逻辑运算、顺序运算、定时、计数和算术运算等操作的指令，并通过数字量或模拟量的输入和输出，控制各种类型的机械或生产过程。PLC 及其有关的外部设备，都应按易于工业控制系统连成一个整体、易于扩充其功能的原则设计。

　　总之，PLC 是一台专为工业环境应用而设计和制造的计算机。它具有多种类型的输入/输出接口，并且具有较强的驱动能力。PLC 产品并不针对某一具体工业应用，在实际应用时，其硬件要根据实际需要进行选用配置，其软件要根据用户的控制要求进行设计。

2.1.3　PLC 控制系统的特点

　　PLC 之所以能够迅速发展，是因为它顺应工业自动化的客观要求，较好地解决了工业控制领域中普遍关心的可靠、安全、灵活、方便、经济等问题，它具有以下几个显著特点。

1. 可靠性高，抗干扰强

　　传统的继电器-接触器控制系统，使用了大量的中间继电器、时间继电器，由于机械触点或接线处接触不良，容易出现故障。PLC 用软件代替大量中间继电器和时间继电器，仅剩下与输入、输出有关的较少硬件，从而减少了大量接线，故障率也大为减少。此外，PLC 采用了一系列硬件和软件方面的抗干扰措施，使 PLC 极少出现误动作；它还具有很强的抗振动和抗冲击能力，可以直接用于有强烈干扰的工业生产现场，PLC 已被广大用户公认为最可靠的工业控制设备之一。

2. 功能强大，性价比高

　　一台小型 PLC 内有成百上千的可供用户使用的编程软元件，有很强的功能，可以实现非常复杂的控制功能，与相同功能的继电控制系统相比，具有很高的性价比。

3. 编程简单，现场可修改

　　梯形图是使用得最多的 PLC 编程语言，其图形符号和表达方式与继电器-接触器控制电路相似，形象直观，对于熟悉继电器-接触器控制电路的电气技术人员，易学易懂。

4. 配套齐全，使用方便

　　经过几十年的发展，如今 PLC 产品已经标准化、系列化、模块化，配备有品种齐全的各种硬件和软件供用户选用，用户能灵活方便地进行系统配置，组成不同功能、不同规模的系统。PLC 的安装接线简单，有较强的带负载能力，使用起来极为方便。

5. 寿命长，体积小，能耗低

　　PLC 无故障时间平均可达数万小时以上，使用寿命可达几十年。对于复杂的控制系统，使用 PLC 后，控制柜的体积可以缩小到原来的 1/10 ~ 1/2。

6. PLC 控制系统的设计、安装、调试、维修工作量少，维护方便

　　PLC 用软件取代了大量硬件功能，控制柜的设计、安装、接线工作量大大减少。对于复杂的控制系统，设计梯形图程序的时间比设计继电控制电路的时间要少得多。PLC 可以将现场统调过程中发现的问题通过修改程序来解决，还可以在实验室里模拟调试用户程序，缩短了系统的调试时间。PLC 的故障率低，且有完善的自诊断和显示功能。还可以根据 PLC 上的发光二极管查明故障原因和部位，从而迅速地排除故障，维修极为方便。

2.1.4　PLC 的应用和分类

1. PLC 的应用

目前，PLC 在国内外已广泛应用于钢铁、石油、化工、电力、建材、机械制造、汽车、轻纺、交通运输、环保等各行各业。随着其性价比的不断提高，其应用范围正不断扩大。

（1）开关量逻辑控制　这是 PLC 最基本、最广泛的应用领域。PLC 具有与、或、非等逻辑指令，可以实现触点和电路的串、并联，代替中间继电器和时间继电器进行组合逻辑控制、定时控制与顺序逻辑控制。

（2）运动控制　PLC 使用专用的指令或运动控制模块，对直线运动或圆周运动进行控制，可实现单轴、双轴、三轴和多轴位置控制，使运动控制与顺序控制功能有机地结合在一起。PLC 的运动控制广泛地用于各种机械，如金属切削机床、装配机械、机器人、电梯等。

（3）过程控制　过程控制是指对温度、压力、流量等连续变化的模拟量的闭环控制。PLC 通过模拟量处理模块，实现模拟量（Analog）和数字量（Digital）之间的 A/D 与 D/A 转换，并对模拟量实现闭环 PID（比例积分微分）控制。闭环 PID 控制功能已经广泛地应用于塑料挤压成型机、加热炉、热处理炉、锅炉等设备，以及轻工、化工、机械、冶金、电力、建材等行业。

（4）数据处理　PLC 具有数学运算、数据传送、转换、排序、查表和位操作等功能，可以完成数据采集、分析和处理。

（5）通信联网　控制设备（如计算机、变频器、数控装置）之间的通信。PLC 与其他智能控制设备一起，可以组成"分散控制、集中管理"的分布式控制系统，以满足工厂自动化系统发展的需要。

当然，并不是所有的 PLC 都有上述全部功能，有些小型的 PLC 只有上述的部分功能。

2. PLC 的分类

（1）按 PLC 的结构分类　PLC 按结构形状可分为整体式和模块式。整体式的 PLC 具有结构紧凑、体积小、重量轻、价格低的优势，适合一般电气控制，可以加装扩展模块以扩大其适用范围。模块式的 PLC 是把 CPU、电源、输入/输出接口等做成独立的单元模块，具有配置灵活、组装方便、便于扩展的优势，适合输入/输出点数差异较大或有特殊功能要求的控制系统。

（2）按 PLC 的点数分类　按 PLC 按输入/输出接口（I/O 接口）点数可分为小型机、中型机和大型机。I/O 点数小于或等于 128 点为小型机；I/O 点数在 129～512 点为中型机；I/O 点数在 512 点以上为大型机。PLC 的 I/O 接口越多，其存储量也越大，价格也越贵，因此，在设计电气控制系统时应尽量减少使用 I/O 接口的数目。

2.1.5　三菱 FX 系列 PLC

20 世纪 80 年代，三菱电机推出了 MELSEC-F 系列小型 PLC，其后经历了 F1、F2、FX2 系列，在硬件和软件功能上不断完善和提高，后来推出了诸如 FX₁ₙ、FX₂ₙ 等系列的第二代产品，实现了微型化和多品种化，可满足不同用户的需要。三菱 FX₃ᵤ 系列 PLC 是三菱的第三代小型 PLC，相比于 FX₂ₙ，FX₃ᵤ PLC 在接线的灵活性、用户存储器、指令处理速度等方面性能得到了提高。

码 2.1-2　三菱 FX₅ᵤ PLC 简介

三菱 FX₅ᵤ PLC 属于三菱电机的 MELSEC iQ-F 系列产品，是对 MELSEC-F 系列产品的全

方面革新，新一代的 MELSEC iQ-F 系列具有高速化的系统总线，丰富的内置功能，通过 SSCNET III/H 可实现丰富的运动控制，大幅改善了工程软件 GX Works3 各种功能参数的设定。

与 FX_{3U} PLC 相比，FX_{5U} PLC 在以下几个方面有显著改善与提高。

（1）PLC 基本单元　FX_{5U} PLC 基本单元内置 12 位的 2 路模拟量输入和 1 路模拟量输出；内置以太网接口、RS-485 接口及四轴 200kHz 高速定位功能；支持结构化程序和多程序执行，并可写入结构化文本 ST 语言和 FB 功能块。

（2）系统总线传输速度　FX_{5U} PLC 系统总线传输速度为 1.5KB/ms，约为 FX_{3U} 的 150 倍，同时最大可扩展 16 块智能扩展模块（FX_{3U} 为 7 块）。

（3）内置 SD 存储卡槽　FX_{5U} PLC 内置 SD 存储卡槽，通过该卡可以更加方便地实现固件升级、CPU 的引导运行和数据存储等功能；另外，SD 存储卡上可以记录数据，有助于分析设备状态和生产状况。

（4）编程软件　FX_{5U} PLC 支持 CC-Link IE 通信，使用 GX Works3 编程软件编程；通过开发和使用 FB 功能块，可减少开发时长、提高编程效率；运用简易运动控制定位模块 SSCNET III/H 实现定位控制，可实现丰富的运动控制功能。

任务 2.2　认识 FX_{5U} 的结构原理

码 2.2-1
PLC 的结构组成

2.2.1　PLC 的结构

PLC 的结构主要由中央处理器（CPU）、存储器、输入/输出（I/O）单元、电源单元、扩展接口、存储器接口和编程器接口等部分组成，其结构框图如图 2-1 所示。

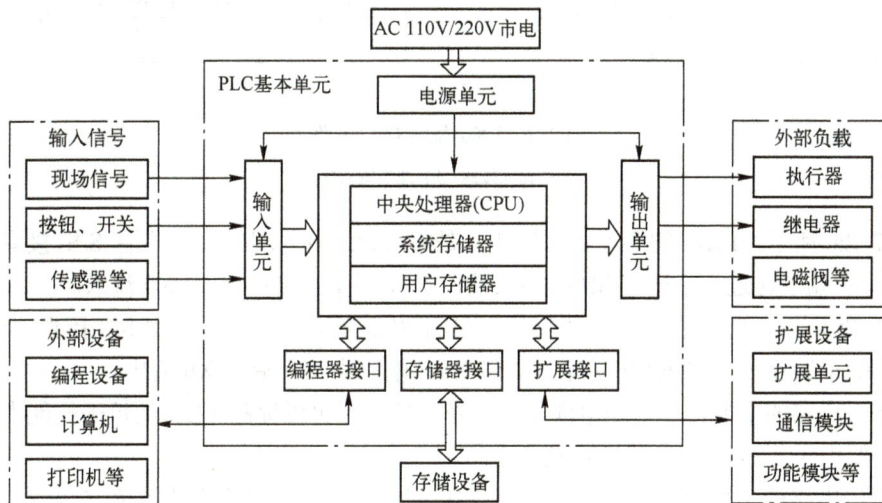

图 2-1　PLC 的结构框图

1. 中央处理器（CPU）

CPU 是整个 PLC 的运算和控制中心，它在系统程序的控制下，完成各种运算和协调系统内部各部分的工作等，主要采用微处理器、单片机、位片式微处理器等构成。PLC 的档次越高，

CPU 的位数就越长，运算速度也越快。

2. 存储器

存储器用于存放程序和数据。PLC 配有系统存储器和用户存储器，前者用于存放系统的各种管理监控程序；后者用于存放用户编制的程序。存储用户程序和参数的存储器有随机存取存储器（RAM）、可擦可编程只读存储器（EPROM）和电擦除可编程只读存储器（EEPROM）等类型。RAM 一般采用锂电池作为后备电源，停电后数据可以保存 1～5 年。EEPROM 采用电可擦除的只读存储器，可在线改写。EPROM 是紫外线擦除的只读存储器，已经很少使用了。

码 2.2-2
PLC 输入输出接口

3. I/O 单元

I/O 单元是 PLC 与外部设备连接的接口。按钮、行程开关、限位开关等主令电器或传感器输出的开关量，需要通过输入单元的转换和处理才可以传送给 CPU。CPU 的输出信号需要通过输出单元来驱动电磁阀、接触器、继电器等执行机构。

（1）输入接口　输入接口用来完成输入信号的引入、滤波及电平转换。

FX$_{5U}$ 输入接口电路如图 2-2 所示，PLC 内部有开关稳压电源，将输入的 100～220V 的交流电，变换成 24V 的直流电，可供外部电路使用。

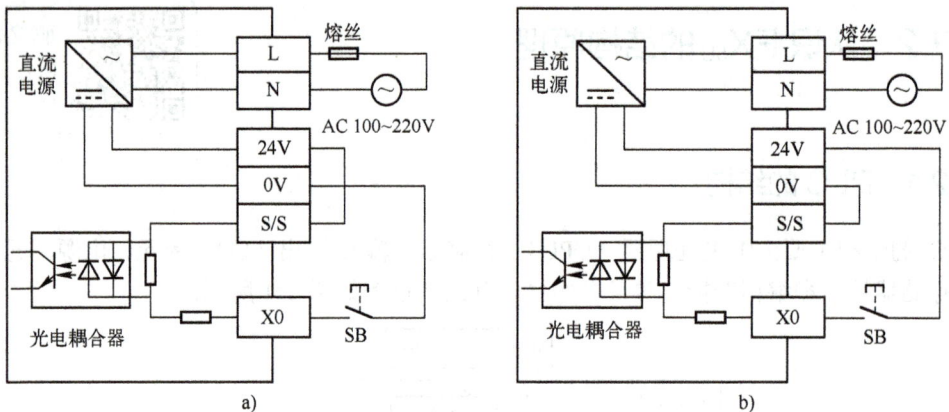

图 2-2　FX$_{5U}$ 输入接口电路

a）漏型输入接线　b）源型输入接线

如图 2-2a 所示，FX$_{5U}$ 的漏型输入接线，是将 PLC 输入端口的公共端 S/S 接直流电源的 24V 端子，0V 端子通过一个按钮 SB 接输入端口 X0，电流由输入端口 X0 流入。

如图 2-2b 所示，FX$_{5U}$ 的源型输入接线，是将 PLC 输入端口的公共端 S/S 接直流电源的 0V 端子，24V 端子通过一个按钮 SB 接输入端口 X0，电流由输入端口 X0 流出。

输入接口电路的主要器件是光电耦合器。光电耦合器可以提高 PLC 的抗干扰能力和安全性能，进行高低电平（24V/5V）转换和光电隔离。

输入接口电路的工作原理：当外接按钮 SB 闭合时，光电耦合器中发光二极管（LED）导通发光（红外线），光电晶体管导通，从而使输入继电器 X0=1（ON），并使输出端子 X0 对应的 LED 指示灯亮。当外接按钮 SB 断开时，光电耦合器中发光二极管不导通不发光，光电晶体管不导通，输入继电器 X0 = 0（OFF），输出端子 X0 对应的 LED 指示灯不亮。

FX$_{5U}$ PLC 内部的光电耦合器由两只反向的发光二极管并联而成（见图 2-2），所以对漏型和源型输入都适用，只是接线方式有所区别。有些型号的 PLC 漏型和源型输入是分开的，这时候如果外接的传感器等器件的电流方向是确定的，这时选用和接线时需要注意。

（2）输出接口 PLC 的输出接口有 3 种形式：继电器输出型（见图 2-3a）、晶体管输出型（见图 2-3b、c）和晶闸管输出型等。FX$_{5U}$ PLC 有前两种类型。

1）继电器输出型。FX$_{5U}$ 继电器输出型的接线如图 2-3a 所示，各输出端口在 PLC 内部有对应的微小继电器，端子与公共端之间外接交/直流电源和负载（如接触器线圈）。对于图 2-3a，其工作原理是当 Y0=1（ON）时，PLC 内部对应的继电器线圈通电吸合，其常开触点闭合，外电路接通，负载（如接触器线圈）通电。当 Y0=0（OFF）时，PLC 内部对应的继电器线圈失电释放，其常开触点断开，则负载不通电。其内部继电器的机械触点响应时间较长、开关频率低，只能满足一般的低频率控制需要。

2）晶体管输出型。FX$_{5U}$ 晶体管输出型的接线如图 2-3b、c 所示，各输出端口在 PLC 内部对应专用的晶体管，因为晶体管的单向导电性，所以图中的 Y0 端子与公共端之间只能用直流电源。其工作原理是当 Y0=1（ON）时，对应的晶体管导通，外电路接通，负载（如接触器线圈）通电。当 Y0=0（OFF）时，晶体管不导通，负载不通电。

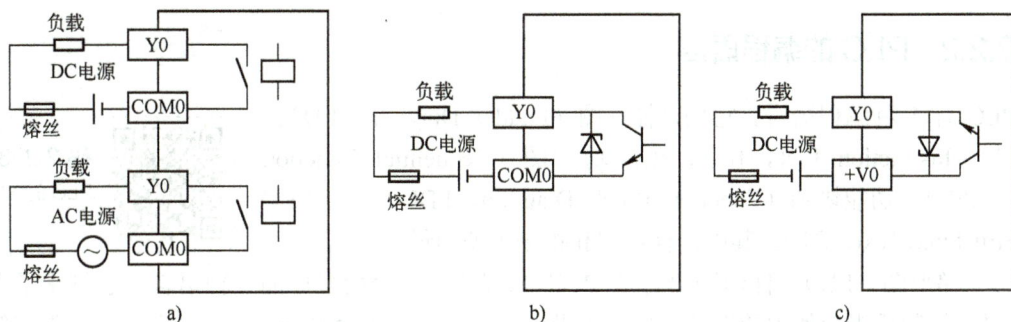

图 2-3 PLC 输出接口及其接线

a) 继电器输出型的接线 b) 晶体管输出型-漏型的接线 c) 晶体管输出型-源型的接线

晶体管输出型只能接直流负载，开关速度高，适合高速控制的场合。FX$_{5U}$ 继电器输出型和晶体管输出型输出接口的主要规格参数见表 2-1，选用时根据负载的性质、主要规格参数等方面进行选用。

表 2-1 FX$_{5U}$ 系列 PLC 输出接口的主要规格参数

项 目	继电器输出型	晶体管输出型
负载电源	AC 5～240V、DC 5～30V	DC 5～30V
电路绝缘	机械绝缘	光电耦合绝缘
负载电流（最大）	2A/点 8A/公共端	0.5A/点 输出 4 点公共端：0.8A/公共点 输出 8 点公共端：1.6A/公共点
通断响应时间	约 10ms	2.5μs（Y0～Y3） 0.2ms（Y4 以后）

3）晶闸管输出型。晶闸管输出型的各输出端口在 PLC 内部对应专用的晶闸管，一般只能接交流负载，开关速度高，适用于高速控制的场合。

4. 电源单元

PLC 的供电电源一般为市电，有的也用 DC 24V 电源供电。FX_{5U} PLC 内部有稳压电源，用于 CPU 和 I/O 单元供电。小型 PLC 的电源往往和 CPU 单元合为一体，大中型 PLC 都有专门的电源模块。

5. 扩展接口

PLC 的扩展接口为总线形式，可以连接开关量 I/O 单元或模块，也可连接如模拟量处理模块、位置控制模块以及通信模块或适配器等。在大型机中，扩展接口采用插槽扩展基板的形式。

6. 存储器接口

为了存储用户程序以及扩展用户程序存储区、数据参数存储区，PLC 上还设有存储器接口，可以根据使用的需要扩展存储器，其内部也是接到总线上的。

7. 编程器接口

PLC 基本单元通常不带编程器，为了能对 PLC 进行现场编程及监控，PLC 的基本单元专门设置有编程器接口，可以外接编程器，还可以用于监控等。

2.2.2 PLC 的编程语言

PLC 有 5 种编程语言。它们是梯形图（Ladder Diagram，LD）、指令表（Instruction List，IL）、顺序功能图（Sequential Function Chart，SFC）、功能块图（Function Block Diagram，FBD）及结构文本（Structured Text，ST）。其中，梯形图和指令表使用最多。

码 2.2-3
PLC 的编程语言

（1）梯形图（LD）　梯形图语言是 PLC 编程语言中使用最广的一种语言。它继承了继电器-接触器控制逻辑中使用的框架结构、逻辑运算方式和输入输出形式，如具有常开、常闭触点及线圈；线圈的得电及失电将导致触点的动作；用母线代替电源线；用能量流概念来代替继电器线路中的电流概念等。

图 2-4a 为三相交流异步电动机起保停继电器-接触器控制电路，图 2-4b 为相应的 FX_{5U} PLC 梯形图程序。由此可见，梯形图的编程思路和继电器电路图类似。

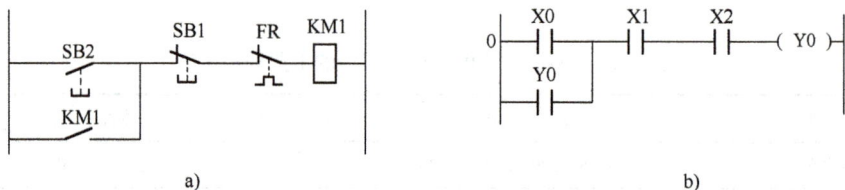

图 2-4　继电器-接触器控制电路与 PLC 梯形图
a) 继电器-接触器控制电路　b) PLC 梯形图

（2）指令表（IL）　指令表一般由助记符和操作数两部分组成，有的指令只有助记符没有操作数，称为无操作数指令。图 2-4b 所示的 PLC 梯形图程序对应的 FX_{5U} GX Works3 指令表如下：

```
0        LD      X0
2        OR      Y0
```

4	AND	X1
6	AND	X2
8	OUT	Y0
10	END	

（3）顺序功能图（SFC）　顺序功能图常用来编制顺序控制程序。它包含步、动作、转换条件 3 个要素。顺序功能图编程法可将一个复杂的控制过程分解成若干个不同的工作状态（步），每个工作状态（步）完成一定的动作，转换条件满足就转移到下一个工作状态，是以一定的顺序控制要求连接组合成整体的控制程序，如图 2-5 所示。

（4）功能块图（FBD）　功能块图用类似与、或、非门的方框来表示逻辑运算关系，方框的左侧为逻辑运算的输入变量，右侧为输出变量，信号自左向右流动。图 2-6 所示的功能块程序实现的功能是：$Y0 = (X0 + Y0) \cdot X1 \cdot X2$。

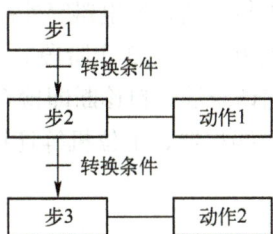

图 2-5　顺序功能图的示意图

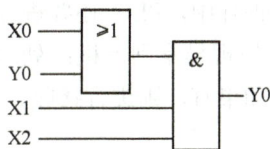

图 2-6　功能块程序

（5）结构文本（ST）　结构文本是为 IEC 61131-3 标准创建的一种专用的高级编程语言，如 PASCAL、BASIC、C 语言等。它能实现复杂的数学运算，编写的程序简洁和紧凑。

ST 语言是符合国际标准 IEC 61131-3 的高级编程语言，ST 语言具有与 C 语言等相似的语法结构和文本形式，特别适用于梯形图语言难以解决的复杂处理进行编程的情况。

2.2.3　PLC 的运行原理

PLC 在每次电源接通或进行复位操作时，以及 STOP 变为 ON 状态时，会进行初始化处理。初始化处理主要包括输入输出模块的初始化，输入输出模块的输入输出编号的分配，以及各 CPU 参数、系统参数、模块参数的设置与检查等。

码 2.2-4
PLC 循环扫描的工作方式

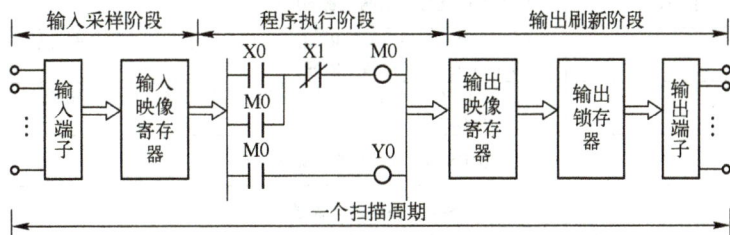

PLC 在运行时，采用循环扫描的工作方式。

PLC 循环扫描的工作方式包括输入采样、程序执行和输出刷新 3 个阶段，如图 2-7 所示。

图 2-7　PLC 循环扫描工作过程

1. 输入采样阶段

在输入采样阶段，PLC 扫描各个输入端子，把各个输入端子的状态送入输入映像寄存器，即当某端子外电路接通时，输入继电器为 ON，当某端子外电路没接通时或没接任何外部设备时，输入继电器为 OFF。将全部输入端子的状态读入到输入映像寄存器，然后关闭输入接口通道，准备程序执行。

2. 程序执行阶段

在程序执行阶段，PLC 根据最新读取的输入映像寄存器的状态，按先左后右、从上向下的顺序逐条执行用户程序，并将程序运算和处理结果写入输出继电器（输出映像寄存器），改变输出映像寄存器的内容。

3. 输出刷新阶段

执行完用户程序后，将各输出继电器（输出映像寄存器）的状态（ON 或 OFF），在输出刷新阶段统一送至输出锁存器，再输出至输出端子，驱动外接的接触器、继电器等外接输出设备。

在整个运行期间，PLC 的 CPU 以一定的扫描速度循环执行上述 3 个阶段。

在每个扫描循环中，PLC 还要进行自诊断和处理通信请求等。自诊断即检查 I/O 接口、存储器、CPU 等，发现异常则停机；处理通信请求是检测与编程器、上位机等连接的通信接口是否有通信要求，如果有，则进行接收、处理、显示等。

任务 2.3　认识 FX₅ᵤ 外部结构

码 2.3-1　FX₅ᵤ 正面各部分名称和功能

2.3.1　外部结构

1. 正面带盖板的各部位名称

三菱 FX₅ᵤ-32MR/ES 正面带盖板的各部位名称及其功能如图 2-8 和表 2-2 所示。

表 2-2　FX₅ᵤ-32MR/ES 正面带盖板的各部位名称与功能

序号	名称	功能
1	DIN 导轨安装用卡扣	用于将 CPU 模块安装在 DIN46277（宽度：35mm）的 DIN 导轨上的卡扣
2	扩展适配器连接用卡扣	连接扩展适配器时，用此卡扣固定
3	端子排盖板	保护端子排的盖板，接线时打开盖板，运行（通电）时关上盖板
4	以太网通信用连接器	用于连接支持以太网设备的连接器
5	上盖板	保护盖板，盖板下有：RS-485 通信用端子排、模拟量输入/输出端子排、RUN/STOP/RESET 开关、SD 存储卡槽等
6	CARD LED	显示 SD 存储卡是否可以使用指示灯，灯亮为可以使用或不可拆下，灯闪烁为准备中，灯灭为未插入或可拆下
	RD LED	用内置 RS-485 通信接收数据时灯亮
	SD LED	用内置 RS-485 通信发送数据时灯亮
	SD/RD LED	用内置以太网通信收发数据时灯亮

（续）

序号	名称	功能
7	连接扩展板用的连接器盖板	保护连接扩展板的连接器、电池等的盖板，电池安装在此盖板下
8	输入显示 LED	输入接通时灯亮
9	次段扩展连接器盖板	保护次段扩展连接器的盖板，将扩展模块的扩展电缆连接到位于盖板下的次段扩展连接器上
10	PWR LED	显示 CPU 模块的通电状态，灯亮为通电中，灯灭为停电中或硬件异常
	ERR LED	显示 CPU 模块的错误状态，灯亮为发生错误中或硬件异常，灯闪烁为出厂状态、发生错误中、硬件异常或复位中
	P. RUN LED	显示程序的动作状态，灯亮为正常动作中，灯闪烁为 PAUSE 状态、停止中或运行中写入时（运行中写入时 PAUSE 或 RUN），灯灭为停止或发生停止错误
	BAT LED	显示电池的状态，灯闪烁为发生电池错误，灯灭为正常动作中
11	输出显示 LED	灯灭为正常动作中，某输出端子接通（为 ON）时灯亮

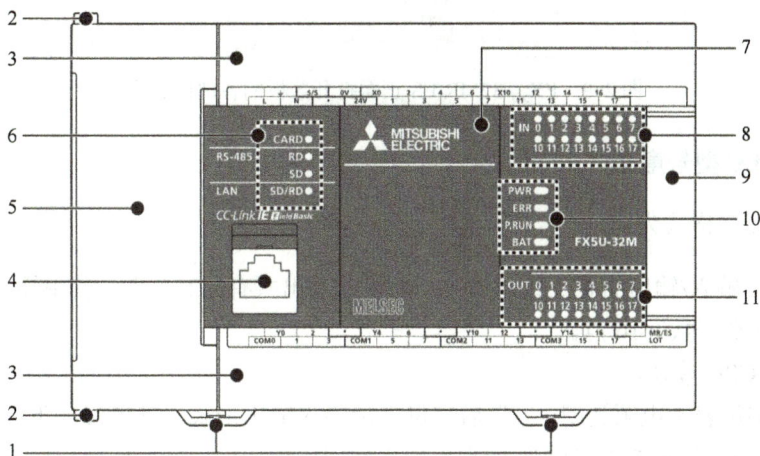

图 2-8　FX$_{5U}$-32MR/ES 正面带盖板的各部位名称

2. 正面盖板下各部位名称

三菱 FX$_{5U}$-32MR/ES 正面打开盖板的各部位名称及其功能如图 2-9 和表 2-3 所示。

码 2.3-2
FX$_{5U}$ PLC 正面盖板下各部位

表 2-3　FX$_{5U}$-32MR/ES 正面打开盖板的各部位名称与功能

序号	名称	功能
1	内置 RS-485 通信用端子排	用于连接支持 RS-485 设备的端子排
2	RS-485 终端电阻切换开关	切换内置 RS-485 通信用的终端电阻开关
3	RUN/STOP/RESET 开关	操作 CPU 模块动作状态的开关，RUN 为执行程序，STOP 为停止程序，RESET 为复位 CPU 模块（扳至 RESET 侧保持约 1s）
4	SD 存储卡使用停止开关	拆下 SD 存储卡时停止存储卡访问的开关
5	内置模拟量输入输出端子排	使用内置模拟量功能的端子排
6	端子名称	电源、输入、输出端子的名称
7	SD 存储卡槽	安装 SD 存储卡的槽
8	连接扩展板用的连接器	用于连接扩展板的连接器
9	次段扩展连接器	连接扩展模块的扩展电缆的连接器

（续）

序号	名称	功能
10	电池座	存放选件电池的支架
11	电池用接口	用于连接选件电池的连接器

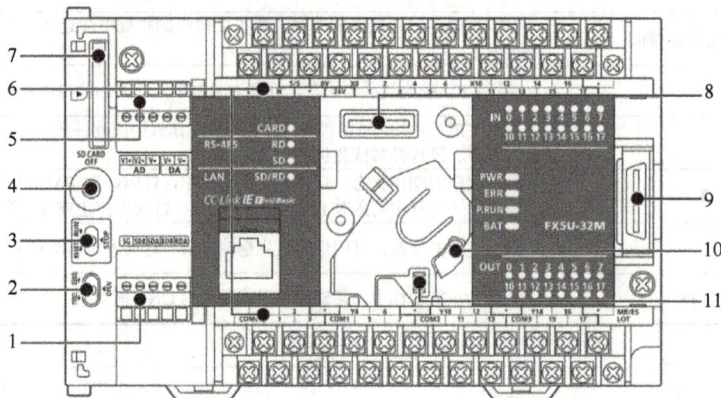

图 2-9　FX₅ᵤ-32MR/ES 正面打开盖板的各部位名称

3. FX₅ᵤ PLC 型号意义

$$\text{FX}_{5\text{U}} - \square\square\ \text{M}\ \square/\square$$

FX₅ᵤ PLC 命名格式为：　　　　　　　　　1　　2　　3

1）数字表示输入/输出的总点数，如 32 为输入输出共有 32 个点，其中输入点（端子数）16 点，输入点（端子数）16 点。

2）M 表示 CPU 模块。

3）"/" 前字母表示电源类型，"/" 后字母表示输入输出形式。其意义如下：

R/ES 指 AC 电源/DC 24V（漏型/源型）输入/继电器输出；

T/ES 指 AC 电源/DC 24V（漏型/源型）输入/晶体管（漏型）输出；

T/ESS 指 AC 电源/DC 24V（漏型/源型）输入/晶体管（源型）输出；

R/DS 指 DC 电源/DC 24V（漏型/源型）输入/继电器输出；

T/DS 指 DC 电源/DC 24V（漏型/源型）输入/晶体管（漏型）输出；

T/DSS 指 DC 电源/DC 24V（漏型/源型）输入/晶体管（源型）输出。

如型号为 FX₅ᵤ-32MR/ES 的 PLC，其输入输出共有 32 个点，使用 AC 100～260V 或 DC 24V 电源，输入端子兼容漏型/源型输入，输出端是继电器输出型。

码 2.3-3
FX₅ᵤ 输入输出
端子排列

2.3.2　输入/输出端子

图 2-10 是 FX₅ᵤ-32MR/ES 的输入/输出端子排列图。

（1）电源端子　FX₅ᵤ-32MR/ES PLC 使用单相交流电，电压范围是 AC 100～260V，频率为 50/60Hz，L、N 和 ⏚ 分别接相线、零线和地线。如果使用直流电源的 PLC，其直流电压额定值是 24V，变动范围是-20%～+30%。

（2）DC 24V 供给电源　指 PLC 内部开关电源产生的 24V 直流电源，24V 是内部直流电源 24V 的正极端，0V 是内部 24V 的负极端。常用于 PLC 的输入端子，也可用于输出端子或外部的传感器等使用,其最大输出电流不能超过 480mA。

(3) 输入端子 FX₅U-32MR/ES PLC 有 16 点的输入端子,S/S 为其公共端。输入端子内部的光电耦合器由双向发光二极管并联而成,所以既可以接漏型输入,也可以接源型输入。

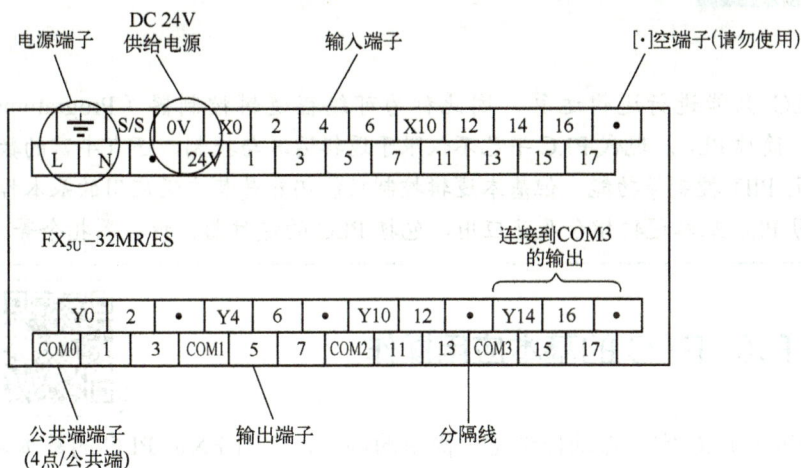

图 2-10 FX₅U-32MR/ES 的输入/输出端子排列图

(4) 输出端子 FX₅U-32MR/ES PLC 有 16 点的输出端子,COM0 为 Y0~Y3 的公共端,COM1 为 Y4~Y7 的公共端,COM2 为 Y10~Y13 的公共端,COM3 为 Y14~Y17 的公共端。

标注"•"的为空端子为不可用。

习题

1. 简述 PLC 的定义。
2. 自己查阅网上资料,说明 3 个国产优秀品牌 PLC 的优势、发展前景。
3. PLC 控制系统的特点有哪些?
4. 用你自己熟悉的事例说明 PLC 的实际应用及其优势。
5. 整体式 PLC 与模块式 PLC 有什么区别?
6. PLC 的硬件由哪几个部分组成?各有什么作用?
7. 为什么通常 PLC 的输入接口电路采用光电耦合隔离方式?
8. 输出接口电路有哪几种形式?各有什么特点?
9. 按钮和接触器分别与 PLC 什么端子连接?
10. PLC 的编程语言有哪几种类型?
11. 简述 PLC 循环扫描的工作方式。

工匠精神的精髓。工匠精神代表的是一丝不苟、精益求精的工作态度,追求孜孜不倦精雕细琢的职业精神。精益求精,指把一件产品或一种工作,做得更好,达到极致。精益求精的品质精神是工匠精神的核心,一个人之所以能够成为"工匠",就在于他对产品品质的不懈追求。

模块 3 基本逻辑指令的应用

早期 PLC 只能进行逻辑运算，因此称为可编程逻辑控制器（Programmable Logical Controller），简称 PLC。现代 PLC 早已不仅限于逻辑运算与控制，还有丰富的数学运算、模拟量控制以及 PID 控制等功能，但基本逻辑控制功能仍然是其广泛应用的基本控制功能。本学习模块练习 PLC 基本逻辑指令及其应用，包括 PLC 的定时器、计数器指令等。

任务 3.1 FX₅U PLC 的基本应用操作

码 3-0
模块 3 简介

本任务通过用 PLC 实现点动控制这个简单的例子，学习 FX₅U PLC 的基本接线、程序录入、PLC 通信调试与运行，通过点动控制的不同实现方式，认识 PLC 控制系统与继电器-接触器控制系统的区别，初步学习 PLC 程序、指令和外围接线硬件电路等。

3.1.1 LD、LDI、OUT、END 指令

码 3.1-1
LD、LDI、
OUT、END
指令

LD、LDI、OUT、END 指令的名称、助记符、梯形图符号与指令及其功能的说明等见表 3-1。

表 3-1 LD、LDI、OUT、END 指令及其功能说明

指令名称	助记符	梯形图符号	功能	操作元件
取常开触点	LD	(s) ┤├	常开触点 s 运算开始	X、Y、M、SM、S、T、C
取常闭触点	LDI	(s) ┤/├	常闭触点 s 运算开始	X、Y、M、SM、S、T、C
软元件输出	OUT	(d) ─○─	将 OUT 指令之前的运算结果输出到指定的软元件 d 中	Y、M、SM、S、T、C
结束	END	─[END]─	程序结束，执行输出处理，并开始下一扫描周期	无

LD、LDI、OUT、END 指令说明如下：

1）LD 是从左母线取常开触点 s（ON）指令。如 X0、Y2、SM402、T0。

2）LDI 是从左母线取常闭触点 s（OFF）指令。s 举例同上。

3）OUT 是将 OUT 指令之前的运算结果输出到指定的软元件 d 中，即该指令前经过逻辑运算，结果为 ON 时，d 为 ON，反之为 OFF。d：如 Y0、M2、Y11。

4）END 表示程序结束。梯形图编辑模式下进行编程时，END 指令会自动输入，不需要进行编辑。

LD、LDI、OUT、END 指令的应用举例如图 3-1 所示。

程序步 0～3，常开触点 X0 控制输出继电器 Y0 的通断，即 X0 为 ON 时，Y0 为 ON，X0 为 OFF 时，Y0 为 OFF。

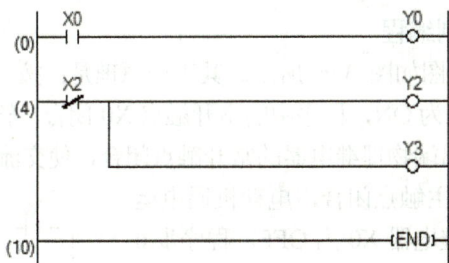

图 3-1　LD、LDI、OUT、END 指令应用举例

程序步 4～9，常闭触点 X2 控制输出线圈 Y2 和 Y3 的通断，即 Y2 和 Y3 与 X2 相反。

3.1.2　点动控制电路与程序

码 3.1-2
用 PLC 实现电动机点控制的运行与工作原理

电动机点动控制要求如下：按下按钮 SB，电动机运转；松开按钮 SB，电动机停止，电动机点动控制继电器-接触器控制系统如图 1-27 所示。

1. 用 PLC 实现点动控制输入/输出端口分配

用三菱 FX$_{5U}$ PLC 实现点动控制，其输入/输出端口分配见表 3-2。

表 3-2　点动控制输入/输出端口分配表

输　入　端　口			输　出　端　口		
输入器件	输入继电器	作用	输出器件	输出继电器	控制对象
SB	X0	点动控制	KM	Y0	电动机 M

2. 用 PLC 实现点动控制电路接线图

PLC 控制的电动机点动控制电路接线原理图如图 3-2 所示，实际接线示意图如图 3-3 所示。CPU 模块型号为 FX$_{5U}$-32MR/ES，使用 AC 220V 电源。输入端的公共端 S/S 接到 PLC 电源的 24V 端，PLC 电源的 0V 端通过常开按钮 SB 接输入端子 X0。交流接触器线圈 KM 与 AC 220V 电源串联接入到输出公共端子 COM0 和输出继电器 Y0 端子。

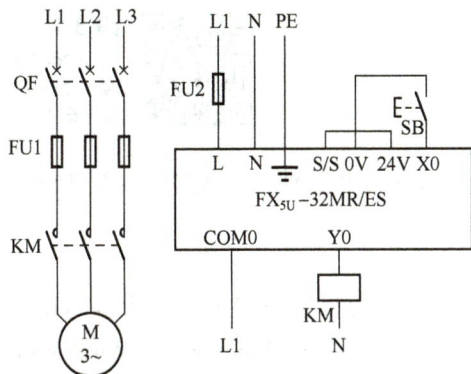

图 3-2　点动控制电路接线原理图

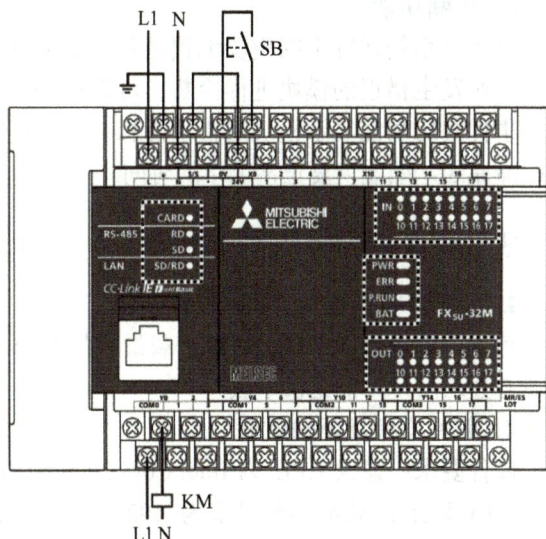

图 3-3　点动控制电路实际接线示意图

3. 用 PLC 实现点动控制编程

电动机点动控制程序梯形图如图 3-4 所示。其工作原理是：按下常开按钮 SB，输入继电器 X0 为 ON，程序中的常开触点 X0 闭合，输出继电器 Y0 为 ON，控制输出端物理继电器的常开触点闭合，使交流接触器 KM 线圈通电，KM 主触点闭合，电动机通电运行。松开点动按钮 SB，输入继电器 X0 为 OFF，程序步 0 中常开触点 X0 断开，输出继电器 Y0 为 OFF，交流接触器 KM 线圈失电，KM 主触点分断，电动机断停止。

码 3.1-3
点动控制——
源程序

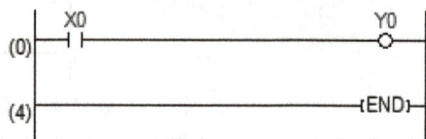

图 3-4　点动控制程序梯形图

3.1.3　GX Works3 功能介绍

三菱 FX₅ᵤ PLC 使用的编程软件为 GX Works3，其功能如下。

1. 程序创建功能

GX Works3 软件中，FX5 系列 CPU 支持使用梯形图（LD）、功能块梯形图（FBD/LD）和结构文本（ST）3 种语言编写程序，而且支持混合使用。通过合理运用不同编程语言的编程优势，可以大幅提高项目开发效率。

2. 参数设置功能

在 GX Works3 中，可以在软件中组态与实际使用系统相同的系统配置，并在模块配置图中配置模块部件（对象）；可以设置 CPU 模块的参数、输入/输出及智能模块的参数，使参数设置与程序编写更加简洁。

3. 写入/读取功能

通过"写入至可编程控制器"或"从可编程控制器读取"的功能，可以对 CPU 进行写入或读取；通过 RUN 中写入功能，可以在 CPU 模块为运行（RUN）状态时更改顺控程序。

4. 监视/调试功能

可以对运行中的软元件数值进行在线监视，实现程序的监控和调试，即使未与实体 CPU 模块连接，也可使用仿真调试已编写的程序。

5. 诊断功能

可以对系统运行中的模块配置及各模块的详细信息进行监视，在出现错误时，确认错误状态，并对发生错误的模块进行诊断；可进行网络信息的监视以及网络状态的诊断、测试；可以通过事件履历功能显示模块的错误信息、操作履历及系统信息履历。通过诊断功能可以快速锁定故障原因，缩短恢复正常工作的时间。

码 3.1-4
编程软件 GX
Works3 的下
载与安装

3.1.4　GX Works3 的安装

1. 下载 GX Works3 编程软件

可到三菱电机（中国）官网下载最新版本的 GX Works3 编程软件，下载前需要先在该网站注册并登录后，方能正常下载。

2. 软件安装环境的要求

硬件要求：建议 CPU 为 Intel Core 2 Duo（2GHz 以上）；内存为 2GB 以上；硬盘可用空间为 10GB 以上；显示器分辨率为 1024×768 像素以上。操作系统：Windows 7、Windows 8、Windows 10 的 32 位或 64 位操作系统。

GX Works3 编程软件安装前，还需要安装微软 .net Framework 框架程序的运行库；该软件在 GX Works3 软件安装包的 SUPPORT 文件夹下。如已安装，需要在 Windows 操作系统的功能选项中启用该功能。

3. 软件的安装

安装前，要结束所有运行的应用程序并关闭杀毒软件。安装至个人计算机时，要以"管理员"或具有管理员权限的用户进行登录。

软件下载完成后，进行解压缩，然后在软件安装包的 Disk1 文件夹下找到"setup. exe"运行文件右击，在弹出的快捷菜单中选择"以管理员身份运行"命令，单击后开始安装，然后按其安装向导提示一步步进行。

码 3.1-5
建立保存项目、编辑界面介绍、模块配置

3.1.5 编程界面与模块配置

1. 建立和保存项目

双击桌面上的 GX Works3 编程软件的快捷方式图标🖼️或在计算机"开始"栏找到"MELSOFT"下 GX Works3 软件及其图标，单击打开软件，GX Works3 编程软件启动界面如图 3-5 所示。

图 3-5 GX Works3 编程软件启动界面

在编程软件界面单击菜单栏的"工程"→"新建"命令，或直接单击左上角工具栏上的🗋，或按〈Ctrl+N〉键，这时会弹出选择 CPU 系列、机型和程序语言的对话框，在 CPU 系列下拉菜单中选择"FX5CPU"，在机型下拉菜单中选择"FX5U"，在程序语言下拉菜单中选择"梯形图"，然后单击"确定"按钮，如图 3-6 所示。注意选择的 PLC 系列和机型必须与实际使用的 PLC 一致。

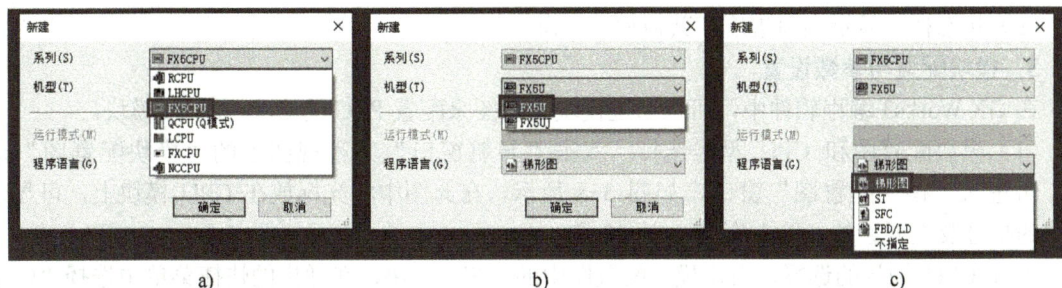

图 3-6 选择 CPU 系列、机型、程序语言对话框

a) 选择系列 b) 选择机型 c) 选择程序语言

2. 编程界面

GX Works3 编程软件编辑界面如图 3-7 所示。编辑界面主要由标题栏、菜单栏、工具栏、导航窗口、工作窗口、部件选择窗口、监看窗口、状态栏等构成。

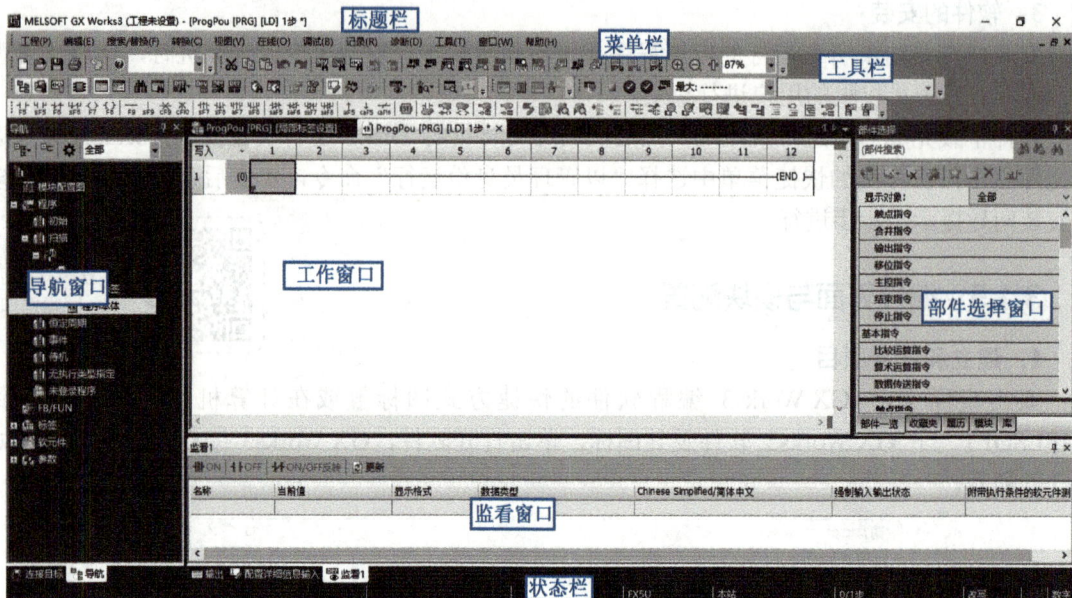

图 3-7　GX Works3 编程软件的编辑界面

（1）标题栏　显示正在编制的项目名称和程序步数。

（2）菜单栏　显示执行各功能的菜单。

（3）工具栏　显示执行各功能的工具按钮。

（4）导航窗口　位于整体画面的最左侧，以树状结构形式显示工程内容，通过树状结构可以新建数据或显示所编辑画面等操作。导航窗口用字体颜色显示数据状态，白色表示转换结束，红色表示尚未转换，青绿色表示未使用。

（5）工作窗口　进行编程、参数设置与监视等操作的窗口。

（6）部件选择窗口　该窗口以一览形式显示用于创建程序的指令或 FB 等，可通过拖拽方式将指令放置到工作窗口进行程序编辑。该窗口也可自动折叠（隐藏）或悬浮显示。

（7）监看窗口　从监看窗口可选择性查看程序中的部分软元件或标签，监看运行数据。

（8）交叉参照窗口　可筛选后显示所创建的软元件或标签的交叉参照信息。可单击"视图"→"折叠窗口"→"交叉参照"调出（图中略）。

（9）状态栏　显示当前进度和其他相关信息。

3. 模块配置与参数设置

在 GX Works3 编程软件中，可以通过模块配置图来配置 PLC 的 CPU 及扩展模块。

（1）模块配置图和 CPU 型号选择　双击"导航窗口"工程视图上的"模块配置图"选项，可进入"模块配置图"窗口，如图 3-8 所示，在此图中将光标放在 CPU 模块上，可显示模块的型号及主要参数（输入/输出合计 32 点）。

进行 CPU 型号的选择，右击模块配置图中的 CPU 模块，在弹出的快捷菜单中选择"CPU 型号更改"命令，在弹出的"CPU 型号更改"对话框中选择实际的 CPU 型号，如"FX₅ᵤ-32MR/ES"，如图 3-9 所示。

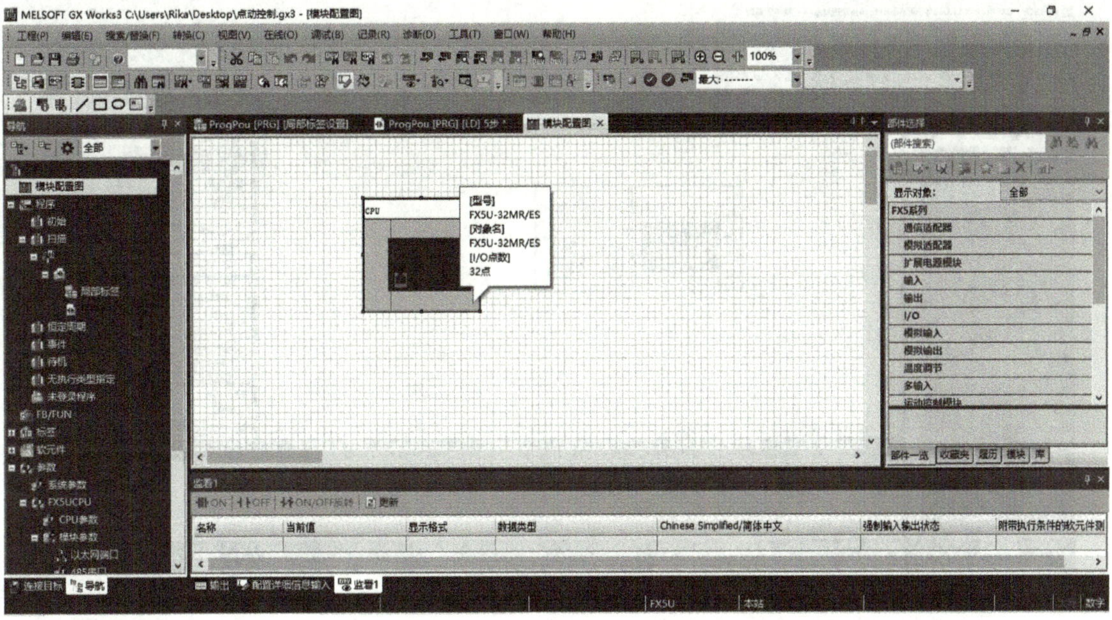

图 3-8　"模块配置图"窗口

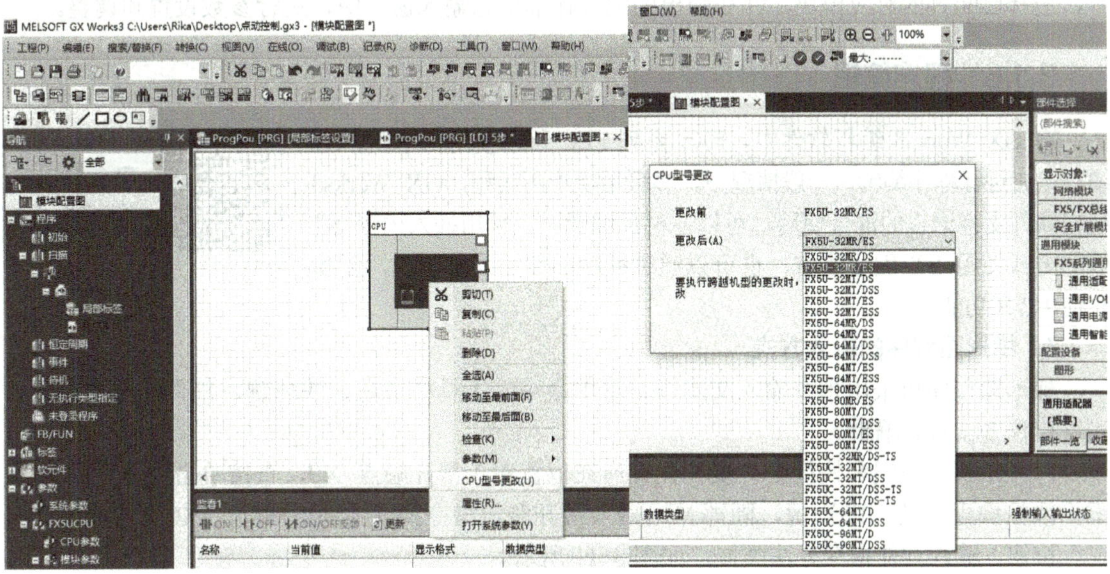

图 3-9　选择 CPU 型号

（2）扩展模块添加　在界面右侧的"部件选择"窗口，显示与所选 CPU 适配的各类模块，可根据实际需要进行选择添加。如实际项目中包含 1 个 4 通道模拟量输入（FX5-4AD）、1 个 4 通道模拟量输出（FX5-4DA），可从"部件选择"窗口，通过单击并拖动所选择的模块，拖拽到工作窗口 CPU 对应位置处松开鼠标。以此类推，完成系统扩展模块或功能模块的配置，如图 3-10 所示。

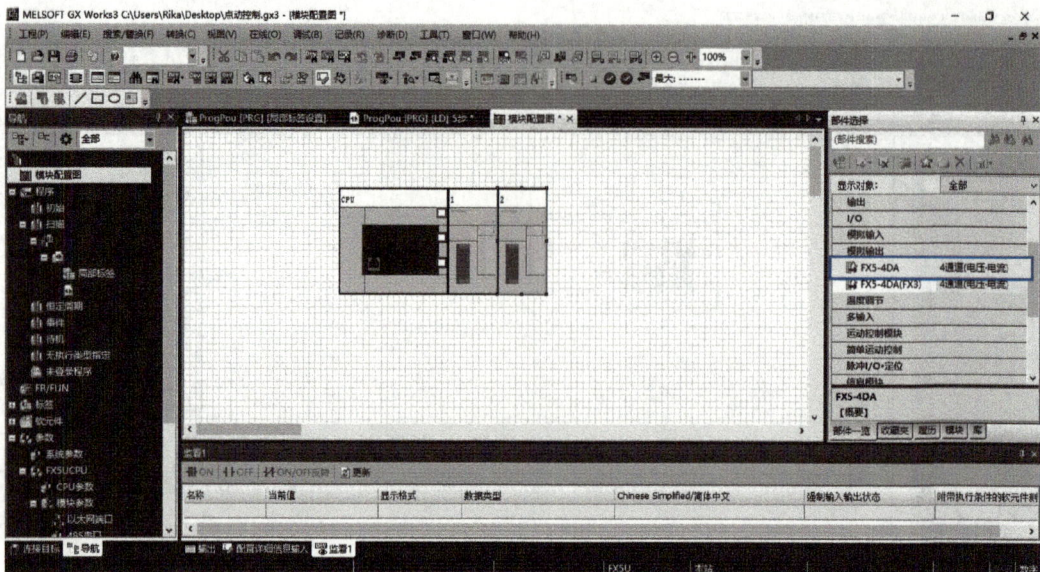

图 3-10　添加扩展或功能模块

（3）参数设置　模块配置完成后，可以通过模块配置图窗口设置和管理 CPU 和模块的参数。首先选择需要编辑参数的模块；可以通过左侧导航窗口下的"参数"→"模块参数"命令，选择已配置的对应模块，并在弹出的配置详细信息输入窗口中，进行参数设置和调整。

3.1.6　程序编辑

在 GX Works3 编程软件中，FX5 系列 PLC 可以使用梯形图、ST 编程语言进行程序编辑。一般情况下，多采用梯形图编程，GX Works3 编程软件支持语言的混合使用，可以在梯形编辑时，采用插入内嵌 ST 框的方式使用 ST 编程语言，也可以通过程序部件插入的方式，创建和使用 FB 功能块。

码 3.1-6
程序编辑

1. 梯形图程序的输入方式

梯形图程序可采用指令输入文本框、菜单命令、工具栏按钮、快捷键、部件选择窗口等方式进行程序输入和编辑。

（1）工具栏按钮和快捷键　要在光标所在位置输入常开触点 X0，直接单击工具栏的 ⊩ 按钮，或按键盘上的〈F5〉键，随即弹出输入常开触点指令的文本框，输入"X0"后单击"确定"按钮，输入其他指令方法类似，如图 3-11 所示。

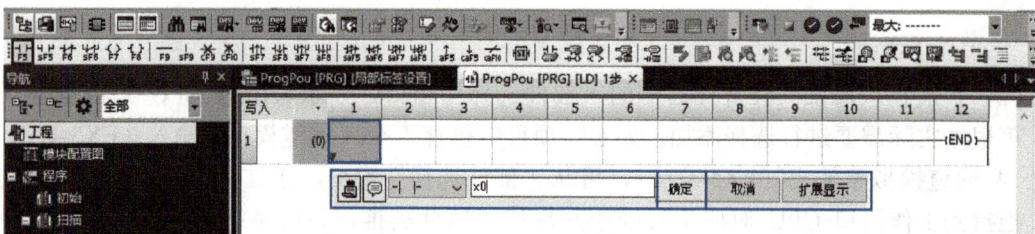

图 3-11　工具栏按钮和快捷键方式录入指令

（2）菜单命令　例如在光标所在位置（青绿色底）输入常开触点"X0"，用菜单命令方式，单击菜单栏的"编辑"→"梯形图符号"→"常开触点"命令，会弹出输入常开触点指令的文本框，输入"X0"，单击"确定"按钮，如图 3-12 所示。

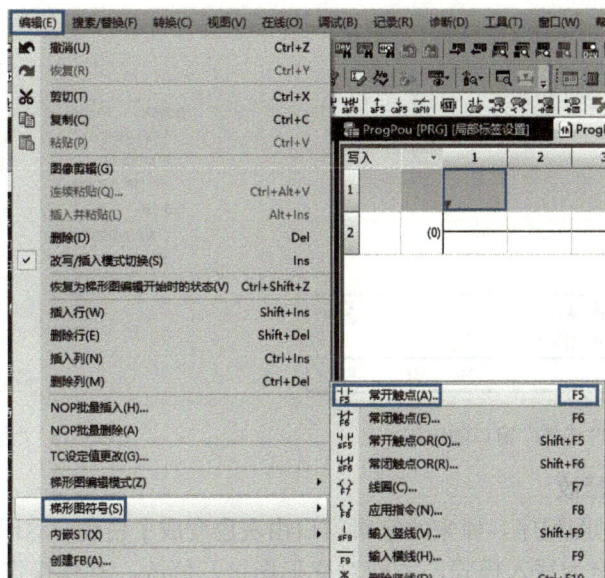

图 3-12　菜单命令方式录入指令

（3）指令输入文本框　在梯形图编辑窗口，将光标放在需编辑的单元格位置，双击或直接通过键盘输入指令，则会弹出指令输入文本框，在此输入指令和元件参数，即可完成指令的录入。如在图 3-13 中，在弹出的指令输入文本框中输入"OUT Y0"（大小写通用），即可完成输出 Y0 的录入。

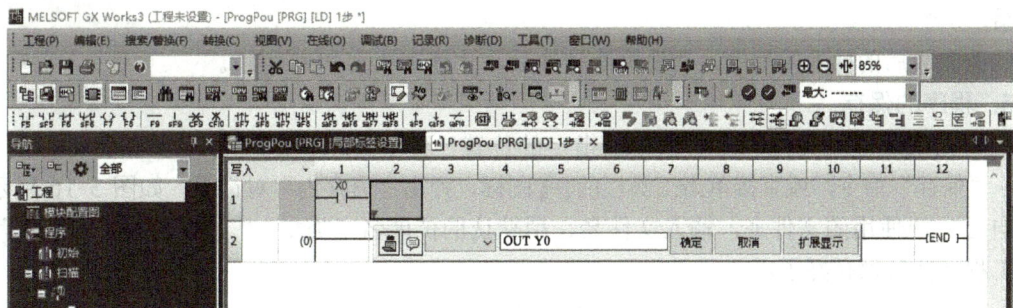

图 3-13　指令输入文本框方式录入指令

（4）"部件选择"窗口　在编辑窗口右侧的"部件选择"窗口中，单击需要编辑的触点、线圈或指令，并将其拖放到梯形图编辑器上；指令插入后，再双击该插入指令，在弹出的对话框中编辑指令的参数，如图 3-14 所示。

2. 梯形图程序的转换

已创建的梯形图程序需要经过转换处理才能进行保存和下载。单击菜单栏中"转换"→"转换"命令或工具栏中的按钮，也可以直接按〈F4〉键进行转换。转换后可看到编程内容由灰色转变为白色显示，如转换中有错误出现，出错区域将继续保持灰色，可在下方的输出窗口中，寻找到程序错误语句，检查并修改正确后可再次转换。

3. 程序的检查

单击菜单栏的"工具"→"程序检查"命令，弹出图 3-15 所示的"程序检查"对话框，选择检查内容、检查对象，单击"执行"命令，可以对编写好的程序进行检查。检查可选项包括指令语法、双线圈输出、梯形图、软元件、一致性等方面。如存在编写错误，将会给出提示以便于修改。

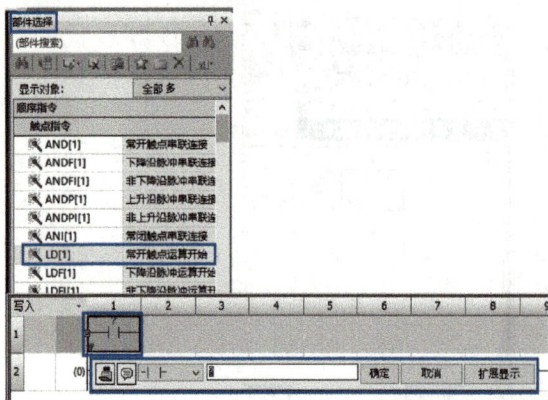

图 3-14 "部件选择"窗口的应用

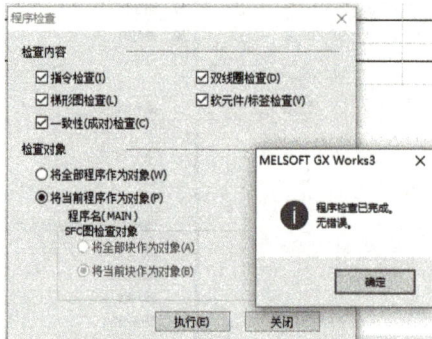

图 3-15 "程序检查"对话框

4．梯形图程序的修改

已经转换后的梯形图程序，原来的编辑窗口由灰色变成了白色，这时如果还需要修改，则首先应将编辑模式设定为写入模式，才能对梯形图进行修改。具体操作是单击菜单栏的"编辑"→"梯形图编辑模式"→"写入模式"命令，或单击工具栏的 图标，或直接按下〈F2〉键后，就可以再次对程序进行编辑和修改了。

对梯形图的插入或改写，可使用软件的插入、改写功能，可通过计算机键盘上的〈Insert〉键进行切换，也可通过"编辑"菜单栏的"改写/插入模式切换"切换；剪切、复制可删除或移动部分程序；竖线、横线输入按钮 和竖线、横线删除按钮 可调整程序结构和各软元件的连接关系。

修改完成后的梯形图程序，需要再次转换后，才能下载到 PLC 主机。

5．程序的保存

编辑完成的程序文件，需要保存到指定的位置，便于再次调出使用。单击菜单栏的"工程"→"保存"命令，或直接单击工具栏的 图标，弹出"另存为"对话框，如图 3-16 所示，选择自己方便使用的文件夹，输入文件名、用默认的扩展名（类型）".gx3"，单击"保存"按钮，工程文件就保存好了。

图 3-16 程序保存对话框

3.1.7 程序下载与上传

用 GX Works3 编程软件编写好的程序，需要下载到 PLC 的 CPU 模块，有时需要将 PLC 内的程序上传到编程计算机。通过在线数据操作，可以实现编程计算机向 CPU 模块或存储卡写入、读取、检验数据以及数据删除等操作。

码 3.1-7
PLC 程序的下载和上传

进行数据的传送前，应采用以太网电缆将计算机与 FX$_{5U}$ PLC 内置的以太网端口相连。如图 3-17 所示。

图 3-17　计算机与 PLC 通过以太网电缆连接

1. 连接目标设置

通信电缆连接好后，给 PLC 上电，单击编程软件菜单栏中"在线"→"当前连接目标"命令，弹出"简易连接目标设置"对话框。单击选中"直接连接设置"单选按钮下的"以太网"单选按钮，单击"通信测试"按钮，计算机自动填入适配器及分配 IP 地址，这时如果出现"已成功与 FX$_{5U}$ CPU 连接"提示框，表示计算机与 PLC 通信连接成功，单击"确定"按钮后退出，操作对话框如图 3-18 所示。

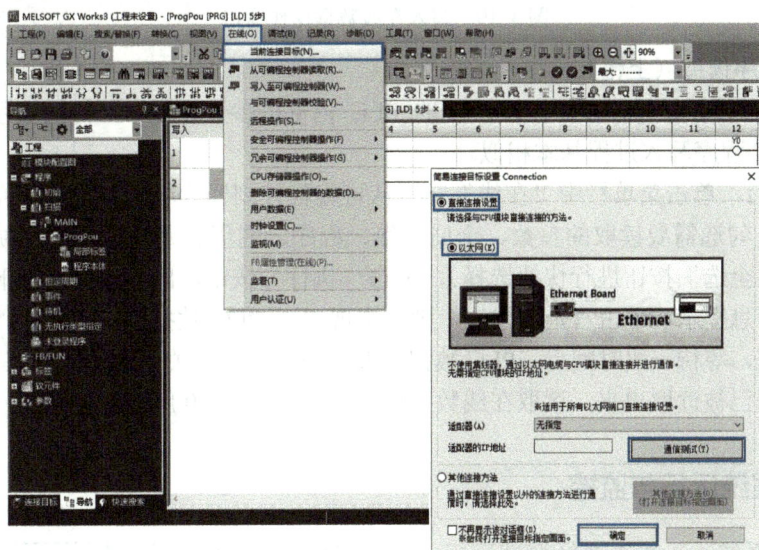

图 3-18　计算机与 PLC 连接设置的对话框

2. PLC 程序的写入（下载）

使用 PLC 程序的写入功能，可将计算机中编辑好的程序及参数下载到 PLC 中。

PLC 上电后，单击菜单栏中的"在线"→"写入至可编程控制器"命令，在弹出的"在线数据操作"窗口（见图 3-19），勾选需要下载的参数、全局标签、程序、软元件存储器等选项后（也可使用窗口左上方的"全选"按钮进行快捷选择），勾选完成后，单击"执行"按钮，出现"远程 STOP 后，是否执行可编程控制器的写入"提示，单击"是"按钮，随后单击"覆盖"按钮，则会出现表示 PLC 程序写进度的"写入至可编程控制器"对话框，等待一段时间后，PLC 程序写入完成，显示已完成信息提示，单击"关闭"按钮后，写入完成。

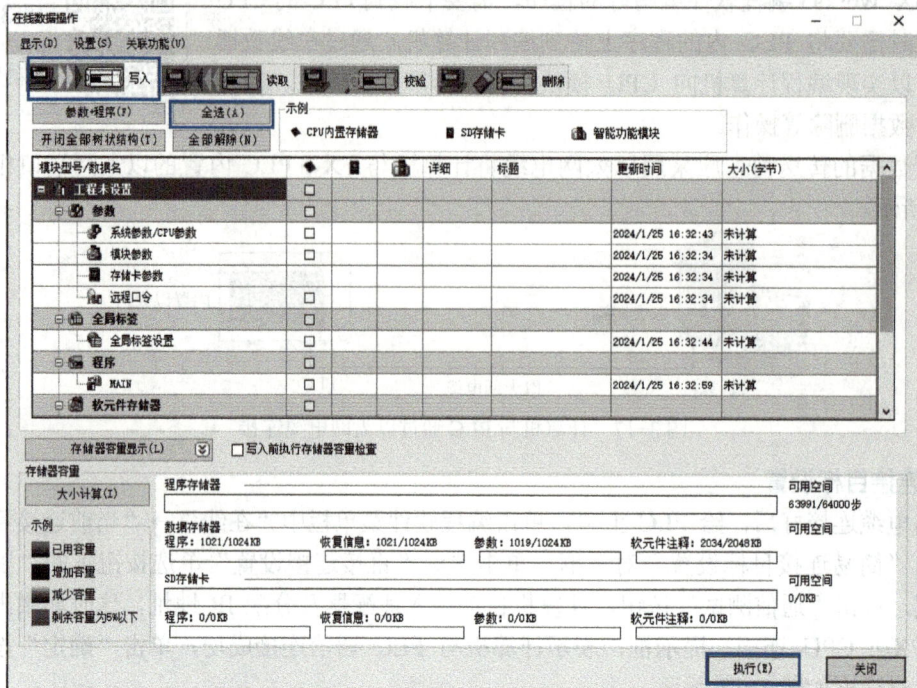

图 3-19　写入在线数据操作窗口

3．PLC 程序读取（上传）

使用 PLC 程序的读取功能，可将连线的 PLC 内部的参数和程序上传到编程计算机中，其操作过程与 PLC 程序写入过程基本相似。

PLC 上电后，单击菜单栏中"在线"→"从可编程控制器读取"命令，在弹出的"在线数据操作"窗口，勾选需要读取的参数、全局标签、程序、通用软元件注释等选项后（也可使用窗口左上方的"全选"按钮进行快捷选择），单击"执行"按钮，出现询问"以下文件已存在。是否覆盖？"信息提示，单击"是"按钮，则会出现启示 PLC 数据读取进度的"从可编程控制器读取"对话框，等待一段时间后，PLC 数据读取完成，单击"关闭"按钮，则 PLC 内部的参数和程序等数据已被读取出来，读取在线数据操作窗口如图 3-20 所示。

3.1.8　系统运行与监控

PLC 控制系统，一般需要经调试运行，以发现程序系统中不合理的地方，进行修改完善，以满足实际控制要求。通过软件的程序监视和监看功能，可以实时监控系统的运行状态和进行在线修改。

码 3.1-8
系统运行、监视与监看

1．程序运行

PLC 控制系统安装完成，并且控制程序编写和下载完成后，下一步是将 CPU 模块调至 RUN 运行状态以执行写入的程序。将 PLC 调至运行状态，可通过 PLC 本体左侧盖板下的 RUN/STOP/PAUSE/RESET 开关进行调整。开关拨至 RUN 位置为可执行程序，拨至 STOP 位置为停止执行程序，拨至 RESET 位置并保持超过 1s 后松开，可以复位 CPU 模块。也可以用计算

机通过在线操作，控制 PLC 运行，具体方法是：单击菜单栏"在线"→"远程操作"命令，如果 PLC 与计算机处于正常通信状态，这时会弹出"远程操作"对话框如图 3-21 所示，选中"RUN"，可将 PLC 设定为 RUN 模式。

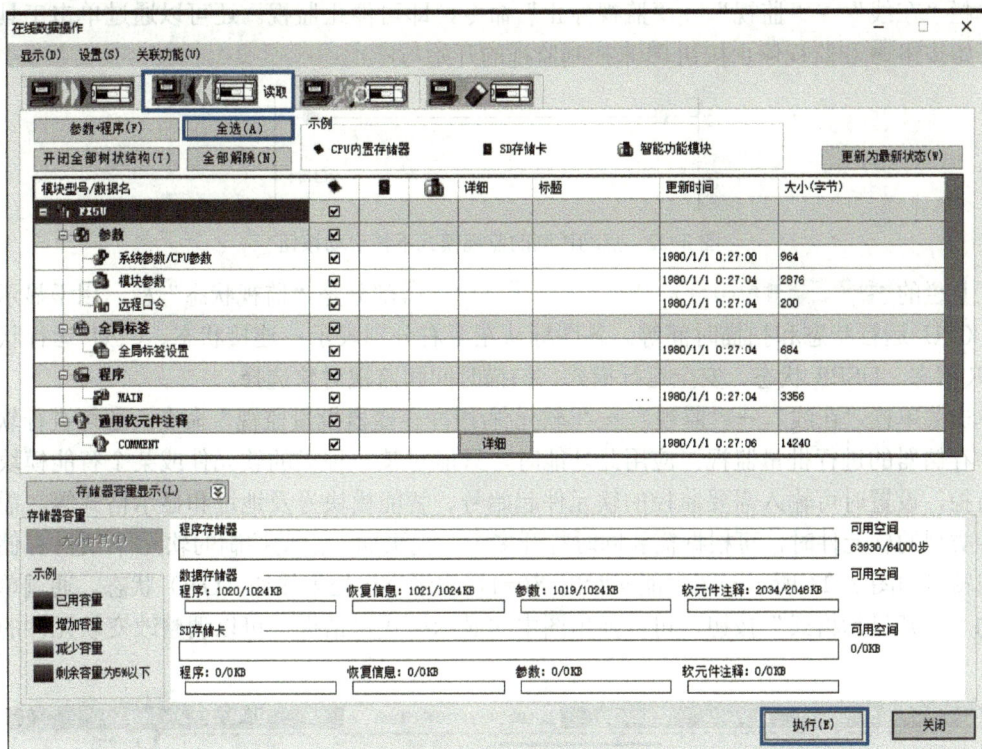

图 3-20　读取在线数据操作窗口

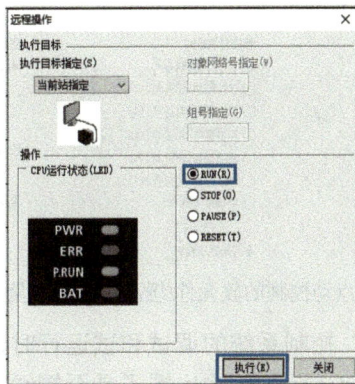

图 3-21　"远程操作"对话框

PLC 经过上述操作调至运行（RUN）状态后，还需要查看 CPU 前面板上的"P.RUN"指示灯，该指示灯长亮为正常运行中，如果该指示灯闪烁表示 PLC 没有运行，可以通过将 CPU 模块的 RUN/STOP/PAUSE/RESET 开关拨至 RESET 位置并保持超过 1s 后，再拨至 RUN 位置，或者将 PLC 电源断开再接通，使 PLC 运行。

2. 程序监视

PLC 运行后，单击菜单栏"在线"→"监视"→"监视模式"命令，可实现梯形图的在线监视。在监视模式下，元件为 ON 时显示为蓝色，定时器、计数器的当前值显示在软元件的下方。图 3-22 为点动控制的监视模式下，按下启动按钮时的显示情况。单击菜单栏"在线"→"监视"→"监视（写入模式）"命令时，在程序监控的同时还可进行程序的在线编辑修改。单击菜单栏"在线"→"监视"→"监视停止"命令，即可停止监视。还可以通过单击工具栏的监视开始按钮👁和监视停止按钮👁来控制监视的开始与停止。

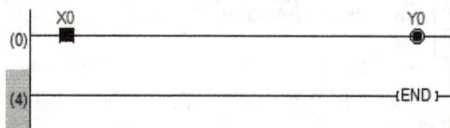

图 3-22　点动控制的监视模式下按启动按钮

工具栏的 部分是"监视状态"栏，用于显示连接状态、CPU 运行状态和扫描时间等。各图标从左至右分别表示：连接状态、CPU 运行状态、ERROR 状态、USER 状态、安全运行模式、扫描时间和监视对象选择。

单击菜单栏"在线"→"监视"→"软元件/缓冲存储器批量监视"命令，还可进行软元件和缓冲存储器的进行批量监视。应用此功能时，只能对某一种类的软元件或某个智能模块进行集中监控，设置时可输入需要监控的软元件起始号、智能模块号及地址和显示格式等。需要监控多种类型的软元件时，可根据需要同时打开多个监视页面。点动控制的软元件/缓冲存储器批量监视窗口如图 3-23 所示，图中能够看出 X0=1，表示 X0 处于接通（ON）状态。通过单击此窗口的"打开显示格式"按钮，可以弹出图中的显示格式对话框，可以调整改变软元件的显示格式。

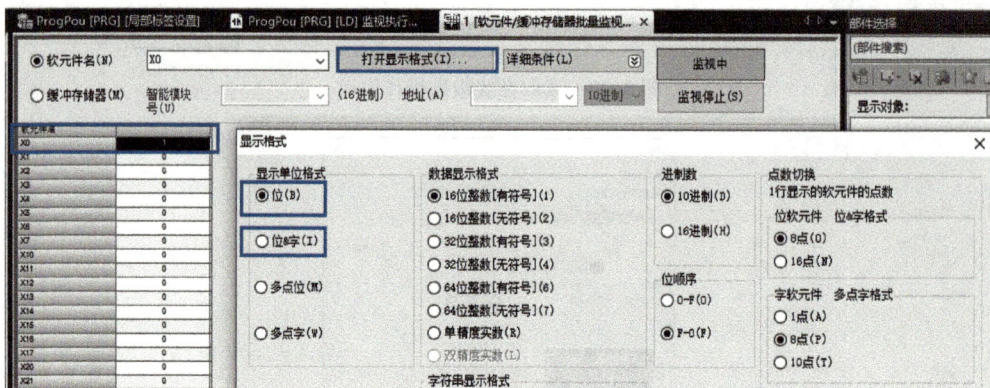

图 3-23　点动控制的软元件/缓冲存储器批量监视窗口

需要注意的是：在进行 PLC 控制系统的调试和试运行时，经常用到程序监视功能。通过程序监视功能，可以直观判断 PLC 各输入/输出端子是否接线正确。例如对于点动控制，在系统运行与程序监视状态下，如果按下或未按下起动按钮 SB 时，X0 的监控没有变化，一般是外部接线错误；同样如果 Y0 显示为 ON，但外接的交流接触器没有动作，一般也是外部接线错误。当然这些判断也可以通过输入/输出端子对应的指示灯来查看出来。程序监视功能还能用来监视定时器、计数器、模拟量、高速计数器等对应软元件状态，在 PLC 控制系统调试时会有很重要的用途。

3. 监看功能

如需监看并修改不同种类的软元件或标签的数值，可通过监看功能实现。GX Works3 软件中，具有 4 个监看窗口。单击菜单栏"在线"→"监看"→"登录至监看窗口"命令，即可选择性打开监看窗口。

在窗口"名称"项目下，依次录入需要监控的软元件或标签，并可修改软元件显示格式和数据类型等参数；设置完成后，即自动更新并显示实际运行情况，如图 3-24 所示，图中 X0 当前值为 TRUE，即 X0=1（ON）。在监看窗口，可通过 ON、OFF 按钮修改选择的位元件状态；可通过"当前值"文本框修改数据软元件或数据标签的当前值。

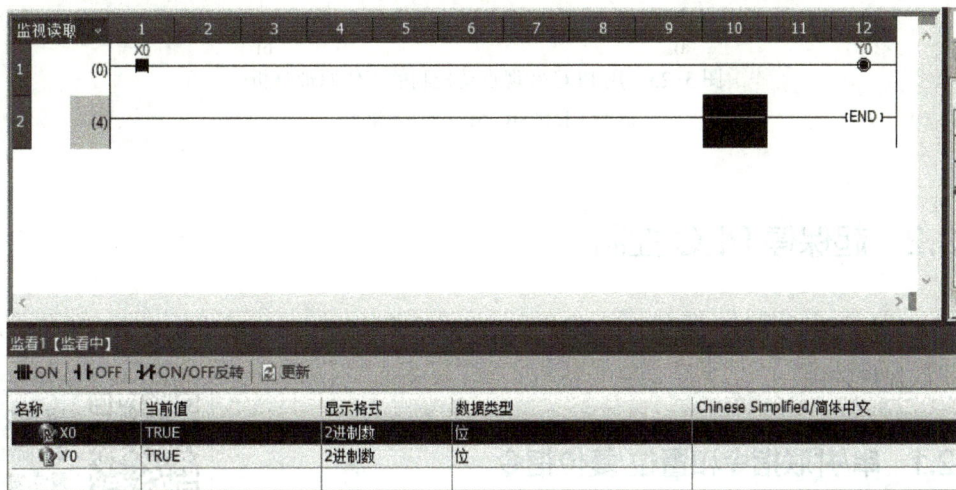

图 3-24　点动控制监看窗口

3.1.9　点动控制任务实施

1. 运行操作步骤

1）按图 3-2 和图 3-3 进行接线，X0 外接常开按钮 SB，Y0 外接交流接触器 KM 的线圈和 220V 交流电源，注意 S/S、24V、0V 几个端子的接法。

2）按 3.1.6 节在计算机上输入图 3-4 所示的电动机点动控制程序的梯形图，并进行程序的转换。

3）PLC 通电，按 3.1.7 节将编写好的 PLC 程序下载到 CPU。

4）按 3.1.8 节进行 PLC 控制系统的运行调试。

5）在运行过程中，注意 PLC 面板 X0 指示灯和 Y0 指示灯的亮暗情况。

6）在运行过程中，注意 PLC 的监看功能应用。

2. 用 PLC 实现点动控制的工作原理分析

通过 PLC 实现点动控制，使初学者初步认识用 PLC 进行自动控制的基本原理。

如图 3-25a 所示，当按下按钮 SB 时，X0 的外电路接通，使 PLC 内部的输入映像寄存器等于 1（ON），PLC 的程序中 X0 显示蓝色。再通过 PLC 程序使 Y0=1（ON）。Y0=1 时交流接触器 KM 通电，再通过主电路使电动机运行。

如图 3-25b 所示，未按下按钮 SB 时，X0 的外电路不接通，PLC 内部的输入映像寄存器等于 0（OFF），PLC 的程序中 X0 不显示蓝色，通过 PLC 程序使 Y0=0（OFF）。Y0=0 时交流接触器 KM 不通电，电动机不运行。

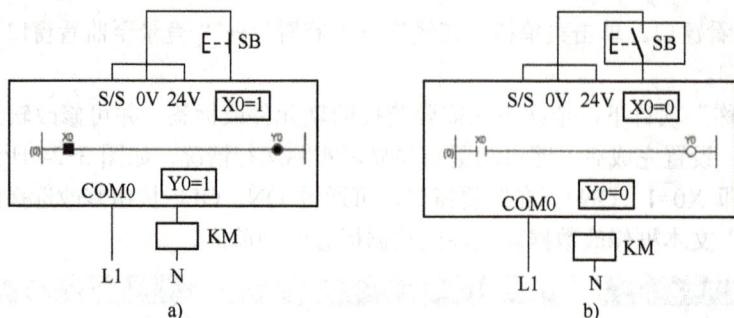

图 3-25　用 PLC 实现点动控制的工作原理分析

a) 按下按钮 SB　　b) 未按下按钮 SB

任务 3.2　起保停 PLC 控制

本任务学习 FX₅U PLC 的串、并联指令和置位、复位指令，并用这些基本位逻辑指令来实现电动机起保停控制。

码 3.2-1
串/并联指令和
置位/复位指令

3.2.1　串/并联指令和置位/复位指令

串/并联指令和置位/复位指令及其功能说明见表 3-3。

表 3-3　串/并联指令和置位/复位指令及其功能说明

指令名称	助记符	梯形图符号	功能	操作元件
常开触点串联	AND		对指定位软元件（s）的 0/1（ON/OFF）状态与其之前的运算结果进行逻辑与运算	X、Y、M、SM、S、T、C
常闭触点串联	ANI		对指定位软元件（s）的 0/1（ON/OFF）状态取反后与其之前的运算结果进行逻辑与运算	X、Y、M、SM、S、T、C
常开触点并联	OR		对指定位软元件（s）的 0/1（ON/OFF）状态与其之前的运算结果进行逻辑或运算	X、Y、M、SM、S、T、C
常闭触点并联	ORI		对指定位软元件（s）的 0/1（ON/OFF）状态取反后与其之前的运算结果进行逻辑或运算	X、Y、M、SM、S、T、C
置位	SET		对指定位软元件（d）进行置位 1（ON）操作	Y、M、S
复位	RST		对指定位软元件（d）进行复位 0（OFF）操作	Y、M、S、T、C、D、V、Z

（续）

指令名称	助记符	梯形图符号	功能	操作元件
批量复位（一）	ZRST	─[ZRST(P)	(d1)	(d2)]─	对（d1）至（d2）的软元件进行批量复位	Y、M、S、T、C、D
批量复位（二）	BKRST	─[BKRST(P)	(d)	(n)]─	对自（d）起始的（n）个软元件进行批量复位	Y、M、S、T、C、D

注：表中梯形图符号，（P）是可选项，带字母 P 是指脉冲执行型，即其输入端接通时只执行一次该指令；不带字母 P 是指连续执行型，指其输入端接通时，一直会执行该指令。

串/并联指令和置位/复位指令说明如下：

1）图 3-26 中的程序步 0～5 中，X1 是串联的常开触点，此段程序的功能是当 X0=1（ON）并且 X1=1（ON）时，Y0=1（ON）。其实际表达的是 X0 和 X1 与（逻辑运算）得 Y0，即 $Y0=X0 \cdot X1$。

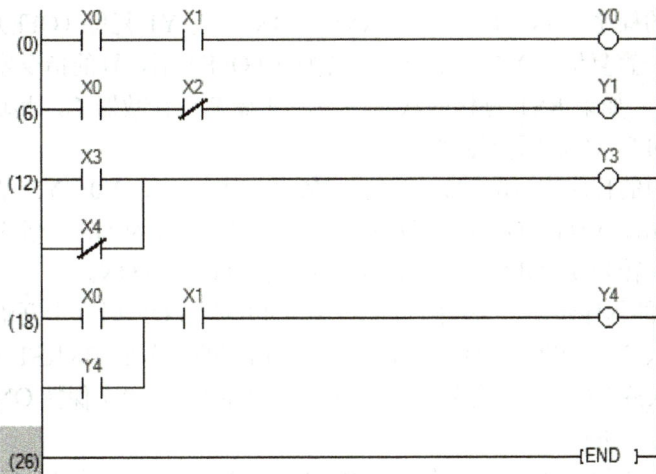

图 3-26　串/并联指令应用举例

2）图 3-26 中的程序步 6～11 中，X2 是串联的常闭触点，此段程序的功能是当 X0=1（ON）并且 X2=0（OFF）时，Y1=1（ON）。其实际表达的是 X0 和 X2 的反（逻辑运算）与（逻辑运算）得 Y1，即 $Y1=X0 \cdot \overline{X2}$。

3）图 3-26 中的程序步 12～17 中，X4 是并联的常闭触点，此段程序的功能是当 X3=1（ON）或者 X4=0（OFF）时，Y3=1（ON）。其实际表达的是 X3 和 X4 的反（逻辑运算）相或（逻辑运算）得 Y3，即 $Y3 = X3 + \overline{X4}$。

4）图 3-26 中的程序步 18～25 中，Y4 的常开触点与 X0 常开触点并联，此段程序的功能是当 X0=1（ON）或者 Y4=1（ON）并且 X1=1（ON）时，Y4=1（ON）。其实际表达的是 X0 或（逻辑运算）Y4 后再与（逻辑运算）X1 得 Y4，即 $Y4=(X0+Y4) \cdot X1$。注意并联 Y4 常开触点的用法，这是实现起保停控制经常用到的。

5）图 3-27 中的程序步 0～3 中，当 X0=1（ON）时，使 Y0 置位（ON）。置位后，Y0 的状态会保持，直到 RST 指令使其复位。

6）图 3-27 中的程序步 4～7 中，当 X1=0（OFF）时，使 Y1 置位（ON）。置位后，Y1 的状态会保持，直到 RST 指令使其复位。

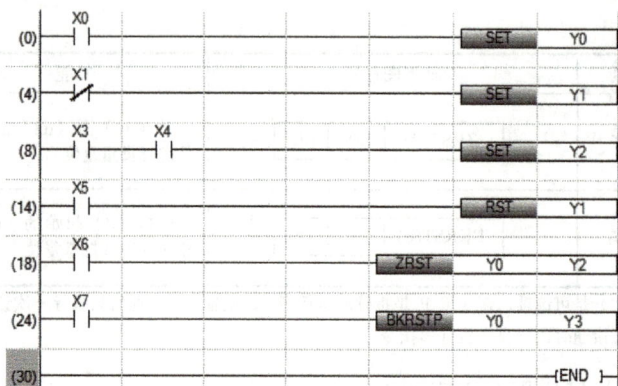

图 3-27　置位/复位指令应用举例

7）图 3-27 中的程序步 8～13 中，当 X3=1（ON）并且 X4=1（ON）时，使 Y2 置位（ON）。置位后，Y2 的状态会保持，直到 RST 指令使其复位。

8）图 3-27 中的程序步 14～17 中，当 X5=1（ON），使 Y1 复位（OFF）。复位后，如果 X5 一直为 ON，则 Y1 一直复位（OFF），直到 X5 转为 0（OFF）后，别的指令才能使其转为 ON。

9）在表 3-3 中，如果 RST 操作的软元件为定时器 T 或计数器 C，其功能是将当前值清除为 0，将触点置为 OFF，在后面会经常用到。

10）图 3-27 中的程序步 18～23 中，当 X6=1（ON），使 Y0～Y2 的所有位软元件，即 Y0、Y1、Y2 位软元件都复位（OFF）。复位后，如果 X6 一直为 ON，则 3 个位软元件一直复位（OFF），直到 X6 转为 0（OFF）后，别的指令才能使其转为 ON。

11）图 3-27 中的程序步 24～29 中，当 X7 由 OFF 变为 ON 时（上升沿），使 Y0 起始的 3 个位软元件，即 Y0、Y1、Y2 都复位（OFF）。这时用到的指令是 BKRST（P），带字母 P，指上升沿起作用，而保持 ON 时不起作用。所以在此段程序中，当 X7 保持 ON 时，别的指令仍然可以对这个 3 个软元件进行置位。

12）对于表 3-3 中的 ZRST（P）指令和 BKRST（P）指令，字母 P 是可选项，有无字母 P 的区别就体现在 10）和 11）举例说明中。

3.2.2　I/O 分配表与电气线路图

电动机的继电器-接触器起保停控制系统如图 1-36 所示。用 PLC 实现起保停控制的功能，输入端需接入的元器件有常开按钮 SB2（用于起动）、常闭按钮 SB1（用于停止）、热继电器的常闭触点 FR（用于过载保护）；输出端接一个交流接触器 KM 的线圈。

码 3.2-2
起保停 PLC 控制

该控制系统的输入/输出端口分配表见表 3-4。

表 3-4　电动机起保停控制输入/输出端口分配表

输 入 端 口			输 出 端 口		
输入器件	输入继电器	作用	输出器件	输出继电器	控制对象
常开按钮 SB2	X2	起动	KM	Y0	电动机 M
常闭按钮 SB1	X1	停止			
热继电器常闭触点 FR	X0	过载保护			

电动机起保停 PLC 控制电气线路图如图 3-28 所示。CPU 模块型号为 FX$_{5U}$-32MR/ES，使用 AC 220V 电源。输入端的公共端 S/S 接到 PLC 电源的 24V 端，PLC 电源的 0V 端通过起动按钮（常开）SB2 接输入端子 X2，0V 端通过停止按钮（常闭）SB1 接输入端子 X1，0V 端通过热继电器常闭触点 FR 接输入端子 X0。交流接触器线圈 KM 与 AC 220V 电源串联接入输出公共端子 COM0 和输出继电器 Y0 端子。

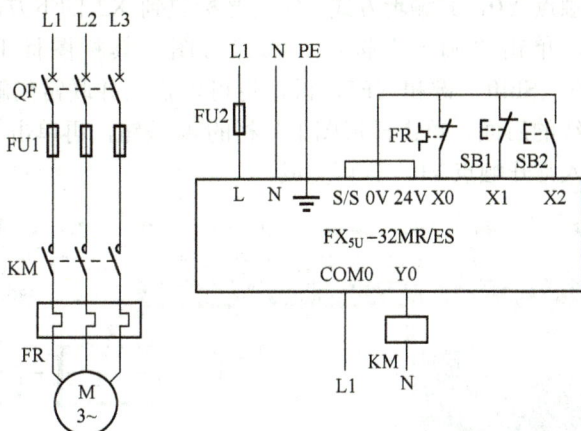

图 3-28 电动机起保停 PLC 控制电气线路图

3.2.3 程序设计

1. PLC 程序及其工作原理

根据前面学习的 FX$_{5U}$ PLC 指令，编制电动机起保停 PLC 控制梯形图程序如图 3-29 所示。工作原理是：停止按钮 SB1 是常闭按钮，未按下时为接通状态，其连接的输入继电器 X1=1（ON）；热继电器 FR 用其常闭触点，未故障时为接通状态，其连接的输入继电器 X0=1（ON）；起动时按下起动按钮 SB2，则其连接的输入继电器 X2=1（ON）。在图 3-29 的程序步 0~9 中，X2、X1、X0 串联，都为 ON 时，使 Y0=1（ON）。Y0 为 ON 时，其与 X2 并联的常开触点接通，其与 X2 是或（逻辑运算）关系。起动完成后，松开起动按钮，X2=0（OFF），则通过 Y0 的常开触点使 Y0 保持 ON 状态。

这段程序的逻辑表达式为

$$Y0=(X2+Y0)\cdot X1\cdot X0 \tag{3-1}$$

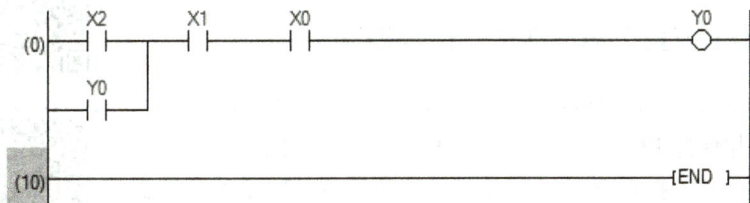

图 3-29 电动机起保停 PLC 控制的梯形图程序

当 Y0=1 时，使交流接触器 KM 通电吸合，其主触点闭合，电动机运行。

停止时，按下停止按钮 SB1，输入继电器 X1=0（OFF），则程序中 X1 的常开触点断开，则使 Y0=0（OFF），则交流接触器 KM 释放，电动机停止。

用逻辑表达式分析，式中，X1=0，Y0=0。

2. PLC 程序编辑

将图 3-29 所示的 PLC 程序录入计算机，图中 X2、X1、X0 都是常开触点，其录入方式有多种，如用梯形图工具栏按钮 、快捷键〈Shift+F5〉键和部件窗口等方式。

与 X2 并联的常开触点 Y0，其编辑方式：①将光标放到 X2 的下方，单击梯形图工具栏的 按钮，输入"Y0"，单击"确定"按钮。②梯形图工具栏图标下方的 SF5 的意思是〈Shift+F5〉，即同时按下〈Shift〉键和〈F5〉键，也可以输入并联常闭触点。③如图 3-30 所示，将光标放到要画竖线的后面，单击梯形图工具栏的 按钮，再单击"确定"按钮后即可画上竖线，再在竖线前输入常开触点 Y0，也可完成。

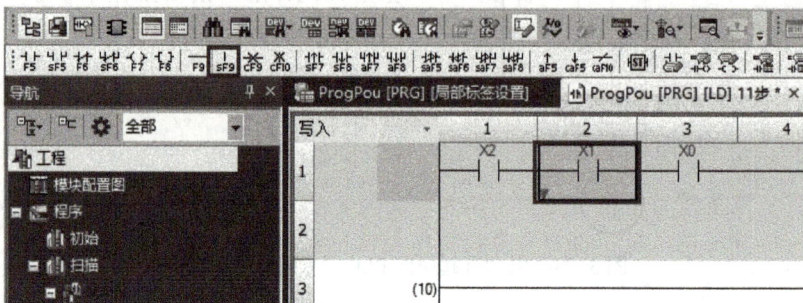

图 3-30 梯形图程序中输入竖线的方法

3.2.4 任务实施

1）按图 3-28 进行电气接线。

2）用 GX Works3 软件输入图 3-29 所示的电动机起保停控制的梯形图程序，并进行程序的转换。

3）PLC 通电，将编写好的 PLC 程序下载到 CPU。

4）按下起动按钮 SB2，电动机起动。

5）按下停止按钮 SB1，电动机停止。

6）系统运行时注意观察 PLC 上的指示灯变化。

7）在计算机与 PLC 联网通信的情况下，将计算机 GX Works3 软件调在程序监视状态，观察监视情况。

码 3.2-4
用 PLC 实现电动机起保停控制运行——实操

码 3.2-5
置位/复位指令起保停控制——源程序

码 3.2-6
置位/复位指令起保停控制的运行——实操

3.2.5 用置位/复位指令实现起保停控制

根据图 3-28 所示的电动机起保停控制的电气线路图，用置位、复位指令编制的起保停 PLC 控制的梯形图程序如图 3-31 所示。

起动时，按下起动按钮 SB2 时 X2=1，程序步 0～3，X2 常开触点接通，使 Y0 置位为 ON。再松开 SB2 时 X2=0，Y0 会保持为 ON 状态，直到 RST 指令使其变为 OFF。

停止时，按下停止按钮 SB1 时 X1=0，程序步 4～9 中的 X1 常闭触点接通，或发生过载外接的 FR 常闭触点断开时 X0=0，程序步 4～9 中的 X0 常闭触点接通，在这两种情况下都会使 Y0 复位为 OFF，从而使电动机停止。

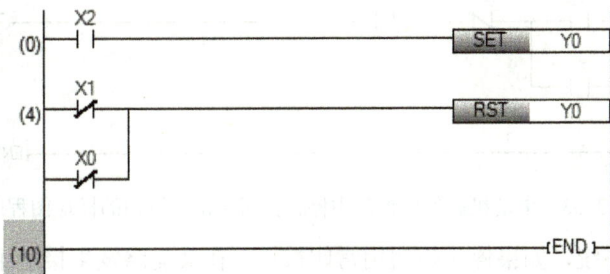

图 3-31　用置位、复位指令实现电动机起保停 PLC 控制的梯形图程序

请按上述的操作步骤，用图 3-31 所示的程序进行电动机起保停控制实训操作，注意深入理解置位、复位指令的应用。

3.2.6　停止按钮用常开按钮的起保停控制

前面学习的电动机起保停 PLC 控制系统，在图 3-28 所示的电气线路图中，停止按钮 SB1 用的是常闭按钮，但是也有许多电气工程师习惯于控制系统的各个按钮都用常开按钮。下面分析停止按钮用常开按钮时的程序设计，目的是使初学者充分理解在 PLC 程序中所谓的常开触点与常闭触点的意义及其与外围硬件电路的联系，理解 PLC 梯形图的编程，认识停止按钮用常开、常闭按钮的哪种方式更好一些。

> 码 3.2-7
> 停止用常开按钮——源程序

> 码 3.2-8
> 停止按钮用常开按钮的起保停控制

电动机起保停控制停止按钮用常开按钮的电气线路图如图 3-32 所示，其他地方与图 3-28 都一样，只是将停止按钮 SB1 换成了常开按钮接到 X1 端子。

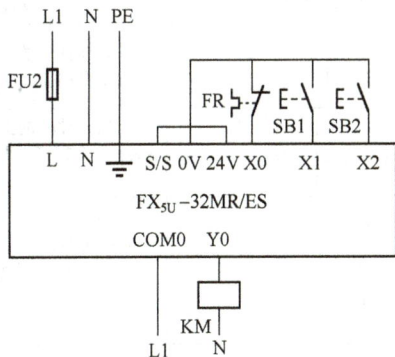

图 3-32　电动机起保停控制停止按钮用常开按钮的电气线路图

如图 3-33 所示的梯形图程序中，起动时，按下 SB2，X2=1，程序中 X2 常开触点接通，这时未按下 SB1，则 X1=0，程序中 X1 常闭触点接通，未发生过载时，FR 接通，X0=1，程序中 X0 常开触点接通，从而使 Y0=1（ON）并保持。

停止时，按下停止按钮 SB1，输入继电器 X1=1（ON），则程序中 X1 的常闭触点断开，则使 Y0=0（OFF），则交流接触器 KM 释放，电动机停止。

通过对起保停控制中停止按钮用常开按钮和常闭按钮的对比，可充分理解梯形图编程时，程序的常开、常闭触点是一种软件的语言形式，用于表达逻辑关系。同时也会理解到输入继电器与外接元器件状态的关系。

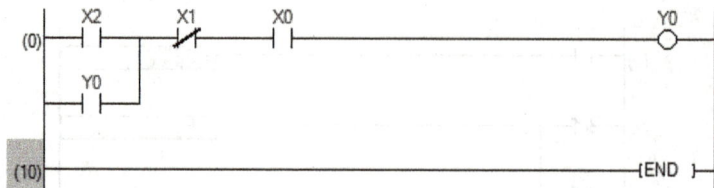

图 3-33　电动机起保停控制中停止按钮用常开按钮的梯形图程序

对于起保停控制系统，如果停止按钮用常闭按钮，在其支路发生接触不良或断线故障时，电动机未运行时会无法起动，在正常运行时会自动停止。如果停止按钮用常开按钮，在其支路发生接触不良或断线故障时，停止按钮会失去作用，显然，停止按钮用常闭按钮会更合理一些。

大家按 3.2.4 节所述的操作步骤，将停止按钮换成常开按钮，进行实训操作，注意总结和提高。

完成后再用置位、复位指令编制 PLC 程序，然后上机调试。

任务 3.3　正反转 PLC 控制

3.3.1　边沿脉冲指令

码 3.3-1
边沿脉冲指令

边沿脉冲指令及其功能见表 3-5。

表 3-5　边沿脉冲指令及其功能说明

指令名称	助记符	梯形图符号	功能说明	操作元件
取上升沿脉冲	LDP	(s) ⟍↑⟋	位软元件(s)的上升沿时(OFF→ON)接通 1 个扫描周期	X、Y、M、S、T、C
上升沿脉冲串联	ANDP	(s) ↑	位软元件(s)的上升沿时(OFF→ON)接通 1 个扫描周期且与前面的软元件串联	X、Y、M、S、T、C
上升沿脉冲并联	ORP	(s) ↑	位软元件(s)的上升沿时(OFF→ON)接通 1 个扫描周期且与前面的软元件并联	X、Y、M、S、T、C
取下降沿脉冲	LDF	(s) ↓	位软元件(s)的下降沿时(OFF→ON)接通 1 个扫描周期	X、Y、M、S、T、C
下降沿脉冲串联	ANDF	(s) ↓	位软元件(s)的下降沿时(OFF→ON)接通 1 个扫描周期且与前面的软元件串联	X、Y、M、S、T、C
下降沿脉冲并联	ORF	(s) ↓	位软元件(s)的下降沿时(OFF→ON)接通 1 个扫描周期且与前面的软元件并联	X、Y、M、S、T、C

边沿脉冲指令举例说明如下：

1）图 3-34 中的程序步 0～5，X0 是取上升沿脉冲指令，此段程序的功能是当 X0 上升沿（即从 OFF→ON）时接通 1 个扫描周期，使 M0 接通（为 ON）1 个扫描周期。其时序图如图 3-35 所示。

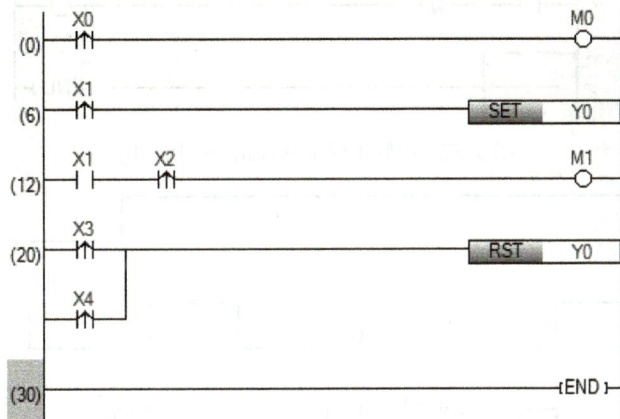

图 3-34　上升沿脉冲指令应用举例

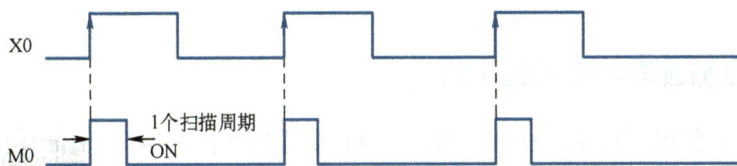

图 3-35　取上升沿脉冲指令接通 1 个扫描周期的时序图

2）图 3-34 中的程序步 6～11，X1 也是取上升沿脉冲指令，此段程序的功能是当 X1 上升沿（即从 OFF→ON）时，其接通 1 个扫描周期，使 Y0 置位（为 ON 并保持），直到另外指令使 Y0 复位（OFF）。

3）图 3-34 中的程序步 12～19，X2 是串联上升沿脉冲指令，此段程序的功能是当 X1 为 ON 并且 X2 上升沿（即从 OFF→ON）时接通 1 个扫描周期，使 M1 接通（为 ON）1 个扫描周期。其时序图如图 3-36 所示。

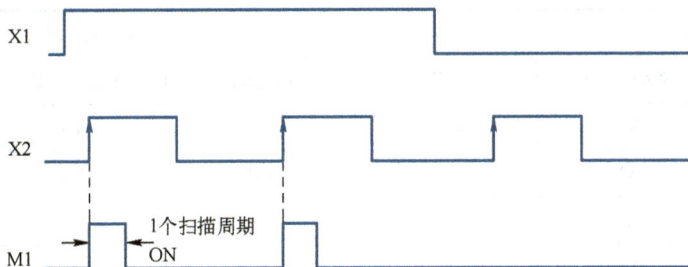

图 3-36　串联上升沿脉冲指令接通 1 个扫描周期的时序图

4）图 3-34 中的程序步 20～29，X3 是取上升沿脉冲指令，X4 是并联上升沿指令，此段程序的功能是当 X3 上升沿（即从 OFF→ON）时或者 X4 上升沿（即从 OFF→ON）时，使 Y0 复位（OFF）。

5）图 3-37 是串联下降沿脉冲指令应用，此段程序的功能是当 X1 为 ON 并且 X2 的下降沿（即从 ON→OFF）时接通 1 个扫描周期，使 M1 接通（为 ON）1 个扫描周期。其时序图如图 3-38 所示。

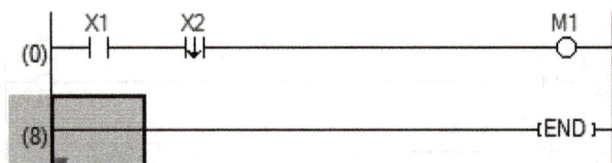

图 3-37　串联下降沿脉冲指令应用举例

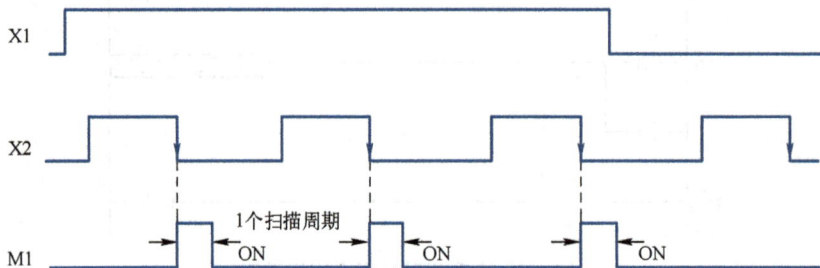

图 3-38　串联下降沿脉冲指令应用时序图

3.3.2　I/O 分配表与电气线路图

电动机继电器-接触器构成的双重互锁正反转控制系统如图 1-41 所示。按下正转起动按钮 SB2，电动机正转，按下反转起动按钮 SB3，电动机反转，按下停止按钮 SB1，电动机停止。

码 3.3-2
用 PLC 实现电动机正反转控制

用 PLC 实现正反转的控制功能，输入端需接入的元器件有常开按钮 SB2（用于正转起动），常开按钮 SB3（用于反转起动），常闭按钮 SB1（用于停止），热继电器的常闭触点 FR（用于过载保护）；输出端接交流接触器 KM1 的线圈（用于控制电动机 M 正转），输出端接交流接触器 KM2 的线圈（用于控制电动机 M 反转）。

输入/输出端口分配表见表 3-6。

表 3-6　电动机正反转控制输入/输出端口分配表

输入端口			输出端口		
输入器件	输入继电器	作用	输出器件	输出继电器	控制对象
热继电器常闭触点 FR	X0	过载保护	KM1	Y0	电动机 M 正转
常闭按钮 SB1	X1	停止	KM2	Y1	电动机 M 反转
常开按钮 SB2	X2	正转起动			
常开按钮 SB3	X3	反转起动			

电动机正反转控制电气线路图如图 3-39 所示。CPU 模块型号为 FX₅U-32MR/ES，使用 AC 220V 电源。输入端的公共端 S/S 接到 PLC 电源的 24V 端，PLC 电源的 0V 端通过正转起动按钮（常开）SB2 接输入端子 X2，0V 端通过反转起动按钮（常开）SB3 接输入端子 X3，0V 端通过停止按钮（常闭）SB1 接输入端子 X1，0V 端通过热继电器常闭触点 FR 接输入端子 X0。

交流接触器线圈 KM1 与 AC 220V 电源串联后接入输出公共端子 COM0 和输出继电器 Y0 端子，KM2 接 Y1 端子。

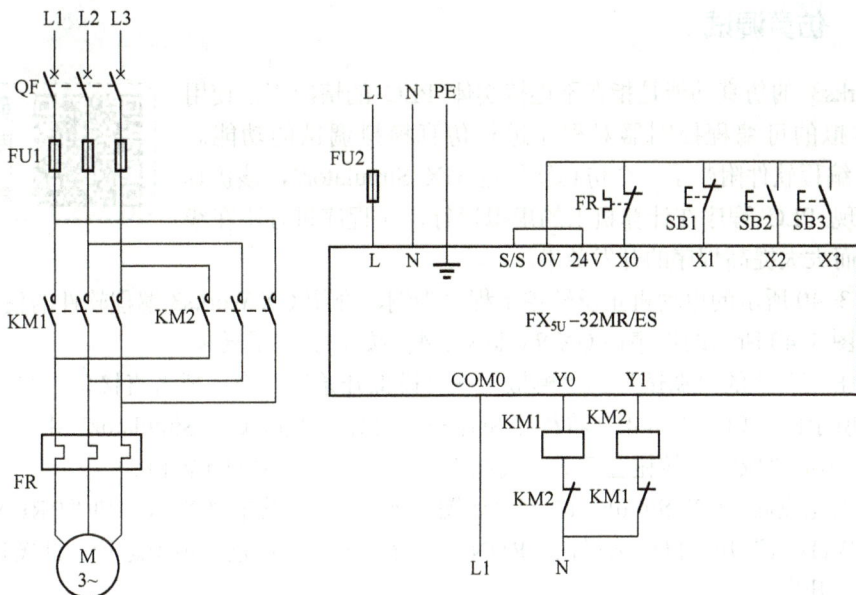

图 3-39　用 PLC 实现正反转控制电气线路图

3.3.3　程序设计

码 3.3-3
电动机正反转
控制——源程序

如图 3-40 所示的 PLC 程序中，正转起动对应的输入继电器 X2 和反转起动对应的输入继电器 X3 都用取下降沿脉冲指令。

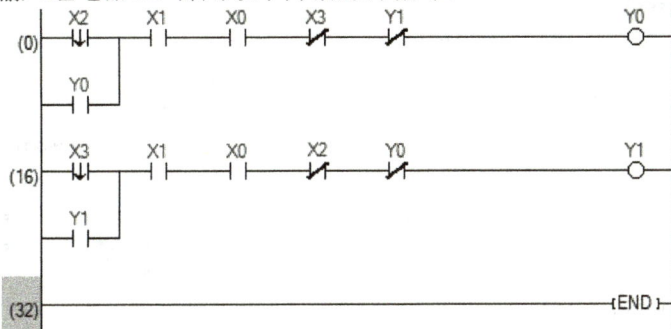

图 3-40　电动机正反转控制的梯形图程序

　　程序步 0～15 表示，按如图 3-39 所示的正转起动按钮 SB2 并再松开时，X2 的下降沿脉冲使 Y0 接通（ON）并自锁，电动机正转。

　　在电动机正转过程中，程序步 16～31 表示，按下图 3-39 所示的反转起动按钮 SB3 时，正转停止，这时并没有立即反转，只有再松开 SB3 时，X3 的下降沿脉冲使 Y1 接通（ON）并自锁，电动机才开始反转。增加这个功能的作用是：当电动机正在正转过程中，直接断开正转电源，接通反转电源，这种状态是反接制动，瞬间电流会很大，这时操作者可以适当增加按下按钮的时间，使电动机速度降下来后再松开，以减小反接制动的电流。这种操作一般不适用于较大容量的电动机。

反转时换到正转的操作类似。

3.3.4　仿真调试

GX Works3 的仿真功能是指在不连接实体 PLC 的情况下，使用计算机上虚拟的可编程控制器对程序进行仿真模拟调试的功能。GX Works3 编程软件附带了一个仿真软件包 GX Simulator3，该仿真软件可以实现 PLC 程序在计算机上的虚拟运行，对程序进行不在线的调试，从而大大提高程序的开发效率。

码 3.3-4
电动机正反转
PLC 控制的仿真运行

现以图 3-40 所示的电动机正反转控制程序为例，介绍 GX Works3 编程软件的使用。

（1）将图 3-40 所示的程序在 GX Works3 上编辑好，并完成转换。

（2）单击菜单栏的"调试"→"模拟"→"模拟开始"命令，或者直接单击按钮🖳，会出现图 3-41 所示的窗口，表示正在将程序和各种参数等写入到 GX Simulator3 中，写入后完成后，图 3-41 中的"取消"按钮会变成"关闭"按钮，单击可关闭此窗口。

（3）写入完成后，GX Simulator3 窗口如图 3-42 所示，其中"PWR"和"P.RUN"LED 绿色灯亮，"SWITCH"开关自动选择在"RUN"位置，表示可以进行模拟运行。此窗口在仿真运行期间会一直开启。

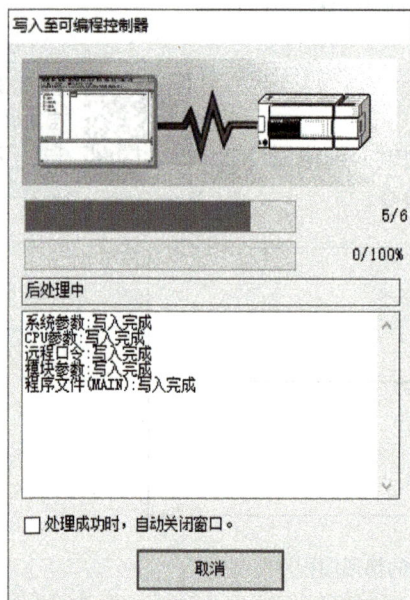

图 3-41　程序与参数写入过程窗口

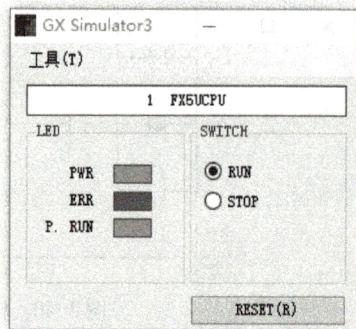

图 3-42　GX Simulator3 正在运行窗口

（4）电动机正反转控制的 PLC 程序的仿真运行。

1）输入继电器 X1、X0 状态更改。输入继电器 X1 接常闭按钮，X0 接热继电器常闭触点，所以起动前先把这两个软元件更改到 ON 状态。

具体有 4 种方法操作：①右击鼠标 X1，在弹出的下拉菜单中单击"调试"→"当前值更改"命令将 X1 从 OFF 状态更改为 ON 状态，如图 3-43 所示；②光标在 X1 上的情况下，单击菜单栏的"调试"→"当前值更改"命令；③光标在 X1 上的情况下，直接单击工具栏的按钮🔣；④光标在 X1 上的情况下，直接用快捷键〈Shift+Enter〉键。同样方法将 X0 也更改到 ON 状态。

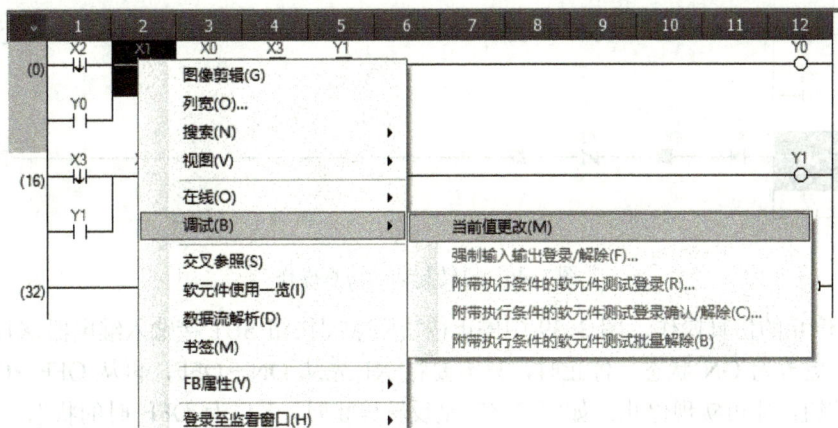

图 3-43　更改软元件当前值的操作

2）正转起动的仿真操作。在图 3-39 的电气线路中，X2 外接正转起动按钮 SB2，没按下时，X2 的起始状态默认为 OFF，按下 SB2 时，X2 由 OFF 变成 ON。状态更改的方法见第 1 步，更改 X2 从 OFF 到 ON 的状态相当于按下了常开按钮 SB2，因为程序中 X2 用的是下降沿指令，所以这时没有变化。再次更改 X2 的状态，使其由 ON 变成 OFF，相当于松开按钮 SB2，这时 X2 出现下降沿，则 Y0 变成 ON 并自锁，如图 3-44 所示。

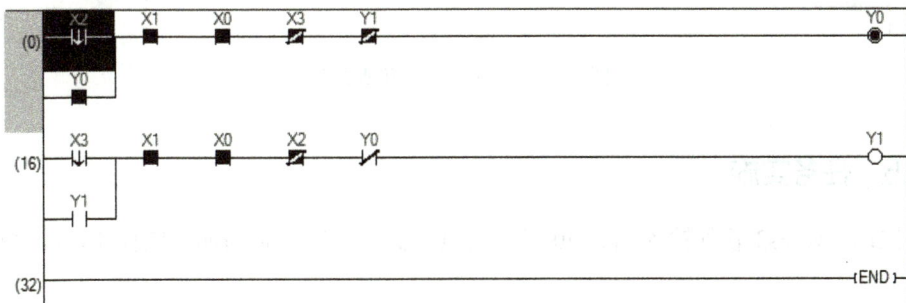

图 3-44　正转起动的仿真操作

3）正转起动直接转换到反转起动的仿真操作。图 3-39 中反转起动按钮 SB3 接输入继电器 X3，仿真操作时，更改 X3 从 OFF 到 ON 状态相当于按下了常开按钮 SB3，这时程序步 0～15 中的串联的 X3 常闭触点断开，使 Y0 变成 OFF 并解除自锁，正转停止（惯性过程中），如图 3-45 所示，这时可以稍等一会儿，相当于等电机转速慢下来直至运行停止。因为程序步 16～31 用的是 X3 的下降沿指令，再次更改 X3 的状态，使其由 ON 变成 OFF，相当于松开按钮 SB3，这时 X3 出现下降沿，则 Y1 变成 ON 并自锁，如图 3-46 所示，电动机反转。

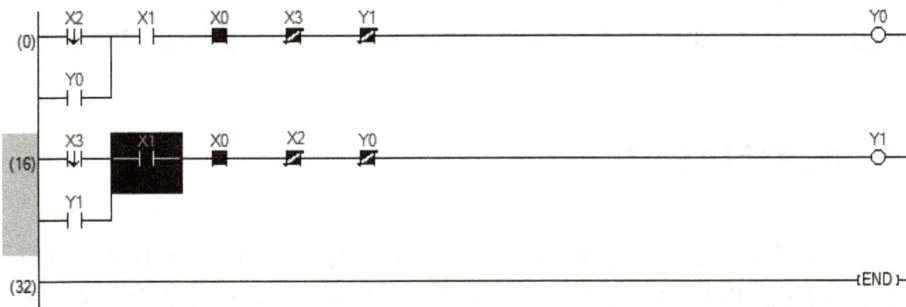

图 3-45　直接反转时正转停止的状态

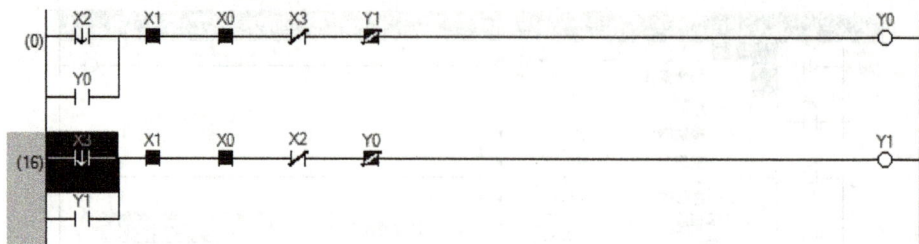

图 3-46 反转起动的仿真操作

4）反转停止的仿真操作。图 3-39 中停止按钮用常闭按钮 SB1 接输入继电器 X1，在第 1 步中，已将 X1 更改为 ON 状态。停止时，只需要将 X1 先从 ON→OFF，再从 OFF→ON，表示按了一下停止按钮，即可实现停止。如图 3-47 是反转停止时，X1 为 OFF 时的状态。需要注意的是：当光标放到某个软元件上时，由于光标位置深蓝色显示，则此元件的状态会反色显示。

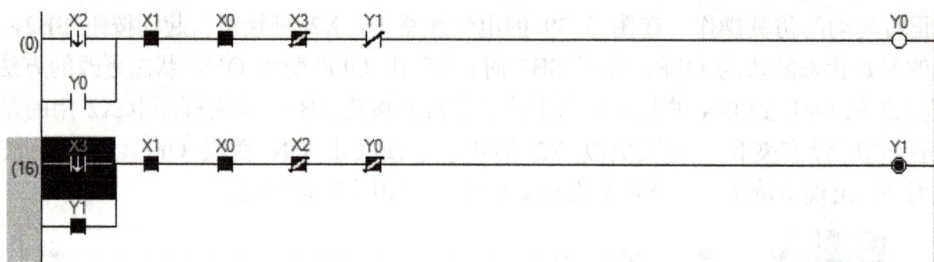

图 3-47 反转停止的仿真操作

3.3.5 任务实施

1）用 GX Works3 软件输入图 3-40 所示的电动机正反转控制的梯形图程序，并进行程序的转换。

2）按 3.3.4 节进行 PLC 程序的仿真运行，对程序进行调试。

3）按图 3-39 进行电气接线。

4）PLC 通电，将编写好的 PLC 程序下载到 CPU。

5）按下起动按钮 SB2，交流接触器 KM1 通电吸合，电动机正转。

6）在正转时，按下反转起动按钮 SB3 不动，KM1 释放，电动机正转停止，再松开 SB3 时，KM2 才接通电吸合，电动机反转。

7）按下停止按钮，接触器释放，电动机停止。

8）按反转→正转→停止过程再操作一遍。

9）用置位 SET、复位 RST 指令编写正反转控制程序，再进行仿真运行和实训操作。

任务 3.4 顺序起动 PLC 控制

在电气控制系统中，很多地方用到延时的概念，如延时起动、延时停止、延时顺序起停等，本任务学习 FX₅ᵤ PLC 的定时器指令，并使用定时器指令，构建 3 台电动机顺序起动控制系统。

3.4.1　定时器指令

码 3.4-1
定时器指令及说明

定时器指令及其功能见表 3-7。

表 3-7　定时器指令及其功能

指令名称	助记符	梯形图符号	分辨率	定时范围	操作元件
通用定时器	OUT_T	OUT　T(n)　Value	100ms	1～3276.7s	Value：D、W、SD、SW、K
	OUTH	OUTH　T(n)　Value	10ms	1～327.67s	
	OUTHS	OUTHS　T(n)　Value	1ms	1～32.767s	
累计定时器	OUT_T	OUT　ST(n)　Value	100ms	1～3276.7s	
	OUTH	OUTH　ST(n)　Value	10ms	1～327.67s	
	OUTHS	OUTHS　ST(n)　Value	1ms	1～32.767s	

定时器指令说明如下：

码 3.4-2
定时器指令的仿真运行

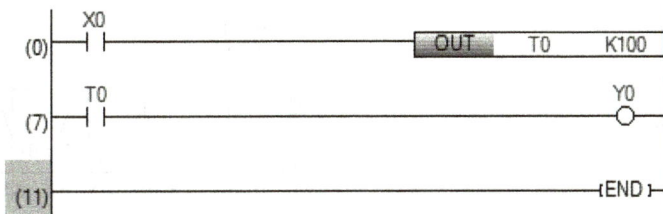

1）定时器的延时时间=设定值（Value）×定时器的分辨率。FX$_{5U}$有 512 个通用定时器，表 3-7 中的 T(n)是其编号，编号范围为 T0～T511；有 16 个累计定时器，ST(n)是其编号，编号范围 ST0～ST15。

2）定时器的实质是对 1ms、10ms、100ms 的脉冲周期进行计数，其计数的最大值是 32767，所以分辨率是 100ms 时，其定时范围是 1～3276.7s，其他的以此类推。

3）每个定时器都有一个位元件，定时时间到，位元件动作。

4）通用定时器的应用举例如图 3-48 所示。当 X0 常开触点接通时，定时器 T0 开始对 100ms 脉冲周期进行计数（即定时时间：100ms×100=10s），在当前值与设定值 100 相等时，其位软元件动作，T0 常开触点闭合，使 Y0 为 ON。当 X0 常开触点分断时，T0 定时器的当前值和位元件复位，T0 常开触点分断，Y0 为 OFF。

图 3-48　通用定时器的应用举例

5）累计定时器的应用举例如图 3-49 所示。当 X0 常开触点接通时，定时器 ST0 开始对 100ms 脉冲周期进行计数（即定时时间：100ms×100=10s），在当前值与设定值 100 相等时，其位软元件动作，ST0 常开触点闭合，使 Y0 为 ON。

在当前值还未到设定值，若 X0 断开，则 ST0 的保持当前值不变，当 X0 重新接通时，ST0 在保存值的基础上继续累加直至设定值时位软元件动作。只要 X0 接通，ST0 当前值会一直累计至 32767 为止。

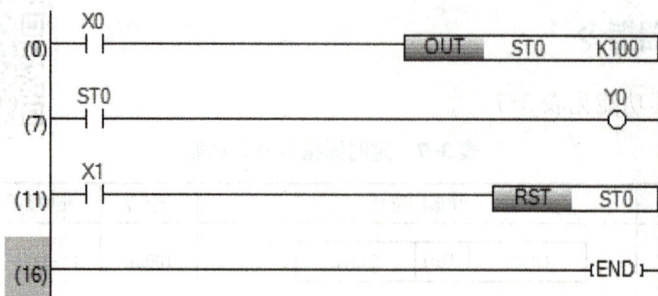

图 3-49　累计定时器的应用举例

当 X1 常开触点接通时，复位指令使累计定时器 ST0 的当前值和位软元件复位，ST0 常开触点分断，Y0 为 OFF。

3.4.2　I/O 分配表与电气线路图

3 台电动机顺序起动的工作过程是：按下起动按钮，第 1 台电动机起动，10s 后第 2 台电动机起动，再过 15s 第 3 台电动机起动。按下停止按钮，3 台电动机均停止。

根据任务要求，PLC 控制系统的输入端需分别接 1 个起动按钮、1 个停止按钮，3 台电机的 3 个热继电器的常闭触点串联接于 1 个输入端（用于过电流保护）。用 3 个输出端口接 3 个交流接触器线圈，分别控制 3 台电动机。

输入/输出端口分配表见表 3-8。

表 3-8　3 台电动机顺序起动控制输入/输出端口分配表

输　入　端　口			输　出　端　口		
输入器件	输入继电器	作用	输出器件	输出继电器	控制对象
常开按钮 SB2	X2	起动	KM1	Y0	电动机 M1
常闭按钮 SB1	X1	停止	KM2	Y1	电动机 M2
热继电器常闭触点 FR	X0	过载保护	KM3	Y2	电动机 M3

3 台电动机顺序起动控制系统 PLC 电气线路如图 3-50 所示。

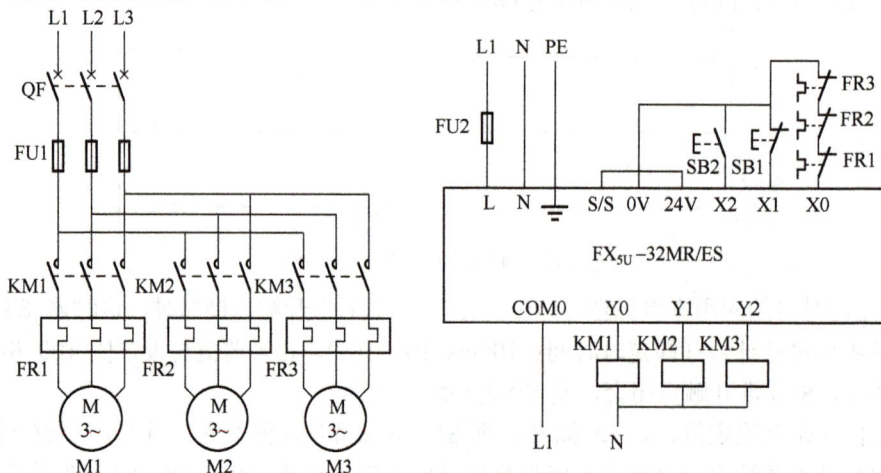

图 3-50　用 PLC 实现 3 台电动机顺序起动控制系统电气线路图

3.4.3　程序设计

码 3.4-3
三台电机顺序起动——源程序

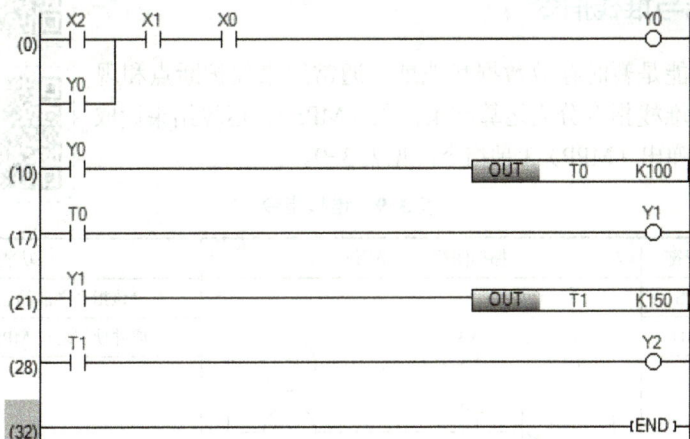

该控制系统梯形图程序如图 3-51 所示。程序说明如下：

图 3-51　3 台电动机顺序起动 PLC 控制系统梯形图程序

（1）第 1 台电动机起动　程序步 0～16，按下起动按钮 SB2，X2=1（ON），接通 Y0 并自锁，第 1 台电动机起动；程序步 10，Y0 接通 T0 开始 10s 定时。

（2）第 2 台电动机起动　程序步 17～27，定时器 T0 延时 10s 时间到，T0 常开触点接通 Y1，第 2 台电动机起动；程序步 21，Y1 接通 T1 开始 15s 定时。

（3）第 3 台电动机起动　程序步 28～31，定时器 T1 延时 15s 时间到，T1 常开触点接通 Y2，第 3 台电动机起动。

（4）停止　按下停止按钮 SB1 或发生过载时断开 FR 常闭触点时，Y0 为 OFF 解除自锁，T0、T1 复位为 0，Y1、Y2 都为 OFF，3 台电动机都停止。

码 3.4-4
三台电机顺序起动控制程序的仿真运行

3.4.4　任务实施

1）用 GX Works3 软件输入图 3-51 所示的 3 台电动机顺序起动控制系统的梯形图程序，并进行程序的转换。

2）根据 3.3.4 节介绍的方法进行 PLC 程序的仿真运行，对程序进行调试。

3）按图 3-50 进行电气接线。

4）PLC 通电，将编写好的 PLC 程序下载到 CPU。

5）按下起动按钮 SB2，3 台电动机顺序起动。

6）按下停止按钮，交流接触器释放，3 台电动机停止。

7）用置位 SET、复位 RST 指令编写 3 台电动机顺序起动控制程序，再进行仿真运行和实训操作。

任务 3.5　Y-△减压起动 PLC 控制

本任务学习 FX$_{5U}$ PLC 的定时器指令，用于 PLC 控制系统的延时控制。堆栈是计算机中的重要概念，它是一种数据结构，主要功能是暂时存放数据和地址，通常用来保护断点和现场。这里运用 FX₅U PLC 相关指令，构建电动机的Y-△减压起动控制系统。

码 3.5-1
堆栈与堆栈指令

3.5.1 堆栈与堆栈指令

堆栈的主要功能是暂时存放数据和地址，通常用来保护断点和现场。FX₅U PLC 的堆栈指令分为运算结果推入（MPS）、运算结果读取（MRD）、运算结果弹出（MPP）3 种指令，见表 3-9。

码 3.5-2
堆栈指令举例

表 3-9 堆栈指令

指令名称	助记符	梯形图符号（举例）	功能说明
运算结果推入	MPS		存储该指令之前的运算结果（ON/OFF）
运算结果读取	MRD		读取并使用通过 MPS 指令存储的运算结果
运算结果弹出	MPP		读取、使用并在使用后清除通过 MPS 指令存储的运算结果

堆栈指令的使用说明如下：

1）FX₅U PLC 有 16 个存储中间运算结果的堆栈存储器，堆栈采用先进后出的数据存取方式。每使用 1 次 MPS 指令，当时的逻辑运算结果压入堆栈的第 1 层，堆栈中原来的数据依次向下一层推移。而每使用 1 次 MPP 指令，当时堆栈的第 1 层的逻辑运算结果弹出，堆栈中原来的数据依次向上一层推移。

2）MPS、MPP 指令必须成对使用，中间用 MRD 指令，最后一次使用 MPS 存储的逻辑运算结果时，必须用 MPP 指令，以清除通过 MPS 指令存储的运算结果。

3）表 3-9 中梯形图符号的举例的功能是：X5 与 X4 串联，MPS 指令用于把 X4 的状态（ON/OFF）推入堆栈存储区的第 1 层（暂存）；第一条 MRD 用于把 X4 的状态（ON/OFF）取出后与 X6 串联；第二条 MRD 用于把 X4 的状态（ON/OFF）取出后直接控制 Y4；MPP 用于把 X4 的状态（ON/OFF）取出后与 X7 串联，并在使用后清除通过 MPS 指令存储的运算结果。

4）图 3-52 是使用与不使用堆栈指令的程序的比较，这两段程序实现的功能完全相同。图 3-52a 就是表 3-9 中的举例，其程序步数要少一些，程序执行速度快，效率更高。这个例子中多次重复使用的中间结果只有一个软元件 X4，如果重复使用的是多条指令串并联的较复杂程序块，则使用堆栈指令会更能体现其优越性。

码 3.5-3
电动机Y-△减压起动 PLC 控制

3.5.2 I/O 分配表与电气线路图

电动机继电器-接触器构成的Y-△减压起动控制系统如图 1-50 所示。其工作过程是：按下起动按钮 SB2，电动机定子绕组接成Y起动并延时，延时时间到后断开Y联结，电动机定子绕组换成△联结正常运行，按下停止按钮 SB1，电动机停止。

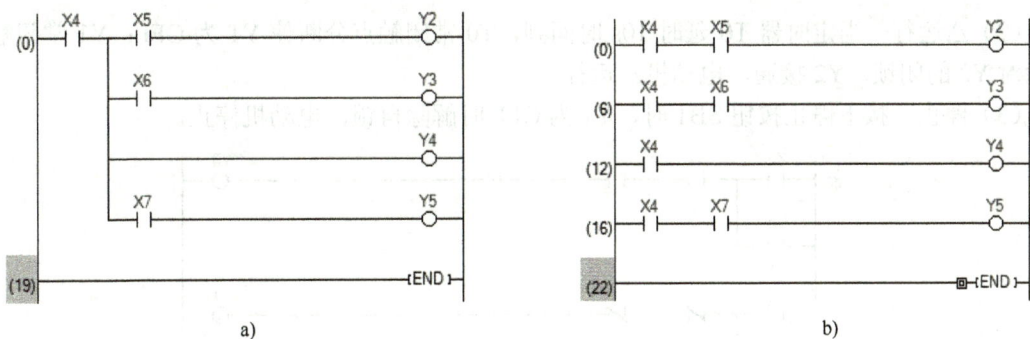

a)　　　　　　　　　　　　　b)

图 3-52　使用堆栈指令的程序比较

a) 使用堆栈指令程序　b) 不使用堆栈指令程序

用 PLC 构建电动机Y-△减压起动控制系统的输入/输出端口分配表见表 3-10。

表 3-10　电动机Y-△减压起动控制系统的输入/输出端口分配表

输 入 端 口			输 出 端 口		
输入器件	输入继电器	作用	输出器件	输出继电器	控制对象
常开按钮 SB2	X2	起动	KM1	Y0	电源
常闭按钮 SB1	X1	停止	KM2	Y1	Y起动
热继电器常闭触点 FR	X0	过载保护	KM3	Y2	△运行

电动机Y-△减压起动控制 PLC 电气线路图如图 3-53 所示。

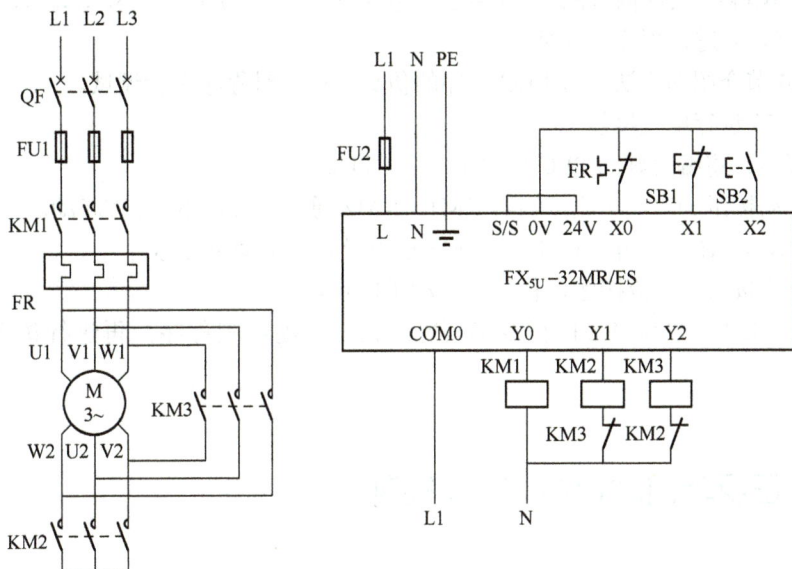

图 3-53　用 PLC 实现Y-△减压起动控制电气线路图

3.5.3　程序设计

该控制系统的梯形图程序如图 3-54 所示。其工作原理如下：

（1）Y起动　按下起动按钮 SB2，X2=1（ON），接通 Y0 并自
锁，接通 Y1 电动机Y起动，接通 T0 并开始 10s 定时。由于程序是自上而下扫描的，所以 Y1=1 其常闭触点分断，使 Y2 不能接通。

码 3.5-4
Y-△减压起动
PLC 控制——
源程序

（2）△运行　当定时器 T0 延时 10s 时间到，T0 常闭触点分断使 Y1 为 OFF；Y1 常闭触点解除对 Y2 的闭锁，Y2 接通，电动机△运行。

（3）停止　按下停止按钮 SB1 时，Y1 为 OFF 时解除自锁，电动机停止。

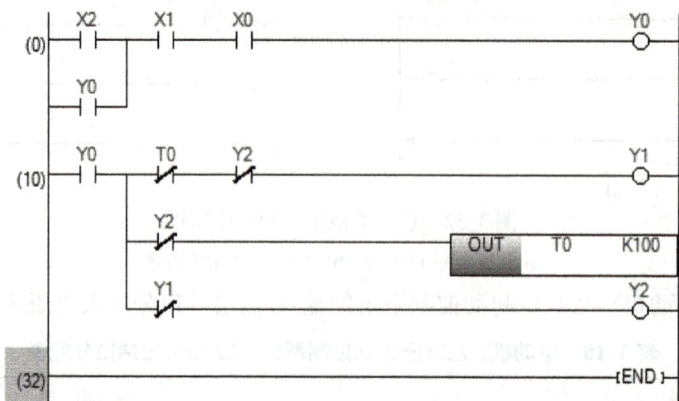

图 3-54　Y-△减压起动 PLC 控制系统梯形图程序

3.5.4　任务实施

1）用 GX Works3 软件输入图 3-54 所示的电动机 Y-△减压起动控制的梯形图程序，并进行程序的转换。

2）按 3.3.4 节介绍的方法进行 PLC 程序的仿真运行，对程序进行调试。

3）按图 3-53 进行电气接线。

4）PLC 通电，将编写好的 PLC 程序下载到 CPU。

5）按下起动按钮 SB2，交流接触器 KM1、KM2 通电吸合，电动机 Y 起动。

6）Y 起动 10s，KM2 断开，KM1 和 KM3 通电吸合，电动机△运行。

7）按下停止按钮，交流接触器释放，电动机停止。

8）用置位 SET、复位 RST 指令编写 Y-△减压起动控制程序，再进行仿真运行和实训操作。

任务 3.6　正反转自动计数 PLC 控制

工业生产中经常用到计数功能，如自动化生产流水线上产品数量自动计数、工业控制系统的运行循环次数计数等。本任务学习 FX₅U PLC 的计数器指令，然后运用计数器指令和定时器指令，实现电动机正反转延时自动计数控制系统。

3.6.1　计数器指令

计数器指令及其功能见表 3-11。

表 3-11　计数器指令及其功能

指令名称	助记符	梯形图符号	计数器使用范围	计数值范围	操作元件
计数器	OUT_C	OUT　C(n)　Value	C0~C255	0~32767	Value: D、W、SD、SW、K
超长计数器	OUT_C	OUT　LC(n)　Value	LC0~LC63	0~4294967295	

计数器指令说明如下：

1）FX$_{5U}$ PLC 有 256 个一般的计数器，梯形图符号中的 C(n)是计数器编号，范围是 C0~C255；有 64 个超长计数器，梯形图符号中的 LC(n)是超长计数器编号，范围是 LC0~LC63。

2）梯形图符号中的 Value 是计数器的设定值，可以是十进制数如 K100，也可用存储器，如 D20 表示 D20 内存储的数为设定值。

3）每个计数器都有一个位软元件，当计数当前值等于设定值时，位软元件动作。

4）OUT 指令之前的运算结果由 OFF→ON 时，将 C(n)指定的计数器的当前值+1，如果计数到设定值，计数器位软元件动作（如常开触点变为导通，常闭触点变为非导通）。

5）计数器的应用举例如图 3-55 所示。当 X0 常开触点由 OFF→ON 时，在其上升沿计数器 C0 的当前值+1。当前值与设定值 100 相等时，其位软元件 C0 常开触点闭合，使 Y0 为 ON。C0 的当前值达到设定值后，即使 X0 再有上升沿，C0 当前值也不再增加。当 X1 常开触点接通时，计数器 C0 的当前值和位软元件复位，C0 常开触点分断，Y0 为 OFF。

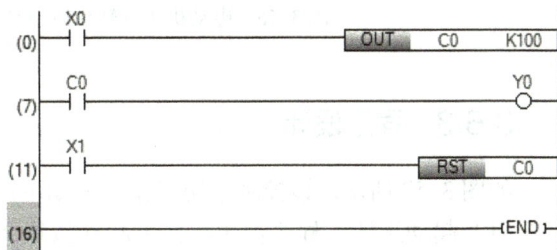

图 3-55　计数器的应用举例

3.6.2　I/O 分配表与电气线路图

某生产工艺要求，一台电动机在按下起动按钮后，先正转 15s，再反转 20s，如此反复 10 次后自动停止，在此运行过程中，按下停止按钮或发生故障时，也会停止。根据要求，控制系统硬件电路的 PLC 输入端需要 1 个起动按钮、1 个停止按钮，还需要过载保护，输出端需要接两个交流接触器（分别控制电动机正反转）。

码 3.6-3
正反转延时自动计数控制

输入/输出端口分配表见表 3-12。

表 3-12　电动机正反转延时自动计数 PLC 控制系统输入/输出端口分配表

输入端口			输出端口		
输入器件	输入继电器	作用	输出器件	输出继电器	控制对象
常开按钮 SB2	X2	起动	KM1	Y0	电动机 M 正转
常闭按钮 SB1	X1	停止	KM2	Y1	电动机 M 反转
热继电器常闭触点 FR	X0	过载保护			

电动机正反转延时自动计数 PLC 控制系统电气线路如图 3-56 所示。

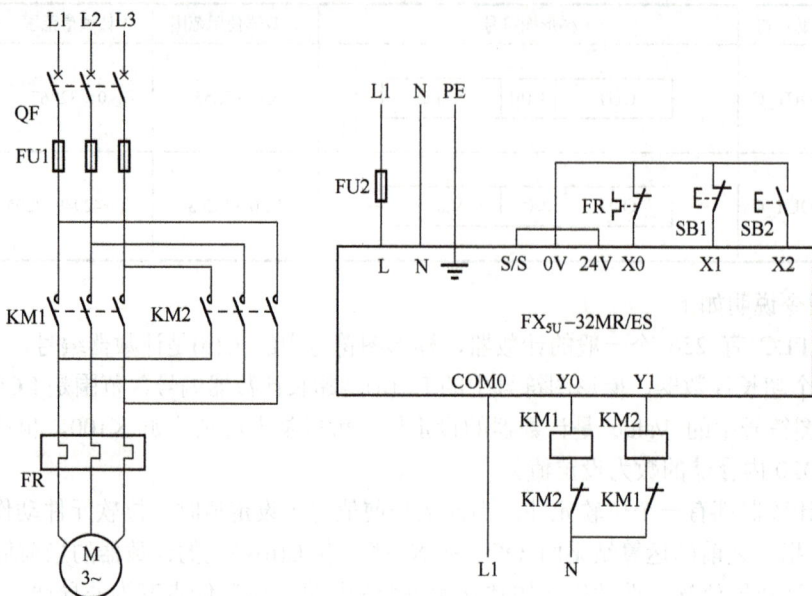

图 3-56　电动机正反转延时自动计数 PLC 控制系统电气线路图

3.6.3　程序设计

如图 3-57 所示，该控制系统工作原理如下：

（1）起动正转　程序步 0，按下起动按钮 SB2，X2=1（ON），Y0 置位（ON），交流接触器 KM1 通电吸合，电动机正转；程序步 8，Y0 接通 T0 进行 15s 定时。

（2）起动反转　程序步 15，定时器 T0 延时 15s 时间到，T0 常开触点接通使 Y0 复位（OFF），Y1 置位（ON），交流接触器 KM2 通电吸合，电动机反转；程序步 21，Y1 接通 T1 进行 20s 定时。

（3）运行计数与转换到正转　程序步 28，在位元件 T1 的上升沿，即每次反转结束时，C1 计数+1；程序步 0，定时器 T1 延时 20s 时间到，T1 常开触点使 Y1 复位（OFF），Y0 置位（ON），电动机正转，如此循环。

（4）停止　程序步 35，①计数 10 次到，C1 常开触点接通；②按下停止按钮 SB1 时，X1=0 常闭触点接通；③发生过载时，X0=0 常闭触点接通。在以上 3 种情况下，分别对 Y0、Y1、C1、T1 复位，电动机停止并为下次运行准备。

码 3.6-4
电动机正反转延时自动计数——源程序

3.6.4　任务实施

1）用 GX Works3 软件输入图 3-57 所示的电动机正反转延时自动计数 PLC 控制系统的梯形图程序，并进行程序的转换。

2）按 3.3.4 节介绍的方法进行 PLC 程序的仿真运行，对程序进行调试。

码 3.6-5
正反转延时自动计数控制的仿真运行

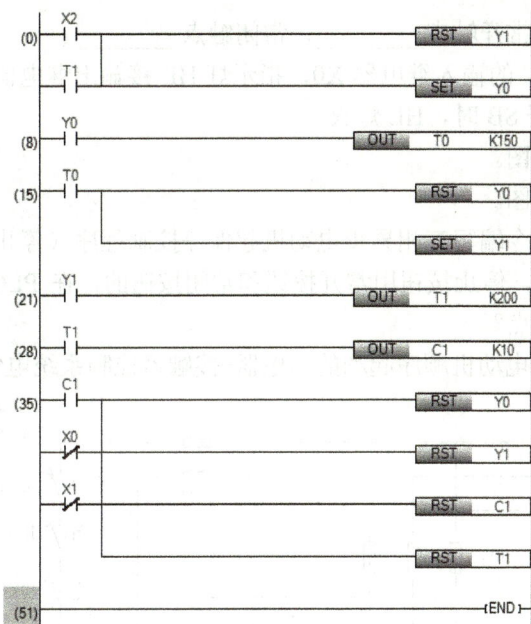

图3-57 电动机正反转延时自动计数PLC控制系统梯形图程序

3）按图3-56进行电气接线。

4）PLC通电，将编写好的PLC程序下载到CPU。

5）按下起动按钮SB2，交流接触器KM1通电吸合，电动机正转。

6）正转15s，KM2通电吸合，KM1失电释放，电动机反转。

7）反转20s，KM1通电吸合，KM2失电释放，电动机再次正转，如此循环。

8）循环10次后自动停止。

9）在未到10次时，按下停止按钮，交流接触器释放，电动机停止。

10）自己编写电动机正反转延时自动计数PLC控制系统程序，并进行仿真运行和实训操作。

习题

1．根据图3-2和图3-3，说明外接按钮SB的操作与输入继电器X0状态的关系。

2．编程软件GX Works3有哪些功能？

3．在自己的计算机上完整安装GX Works3软件。

4．梯形图指令输入的方式有哪几种？

5．程序转换的作用是什么？

6．简述题图3-1中程序的工作原理。

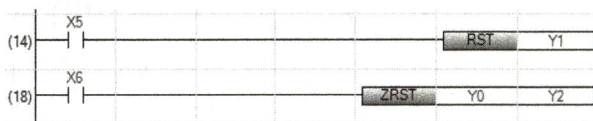

题图3-1 习题6图

7．PLC输入电路接通时，对应的输入继电器为_____状态，梯形图中对应的常开触点_____，常闭触点_____。

8．若梯形中输出端Y的线圈通电，对应的物理继电器的线圈_____，其常开触点

_____；梯形中对应的常开触点_____，常闭触点_____。

9．将按钮 SB 接 PLC 的输入继电器 X0，指示灯 HL 接输出继电器 Y0，控制要求如下：按下 SB 时，HL 灯亮；松开 SB 时，HL 灯灭。

（1）设计出控制电路图。

（2）设计出程序梯形图。

10．用置位、复位指令编写三相异步电动机起保停控制程序（停止按钮使用常闭触点）。

11．比较起保停控制，停止按钮用常开按钮和常闭按钮的，在 PLC 程序和硬件电路上有什么区别，各自有什么优缺点？

12．题图 3-2 是 2 台电动机顺序起动的继电器-接触器控制系统电气原理图，将此电路改成用 PLC 实现其控制功能。

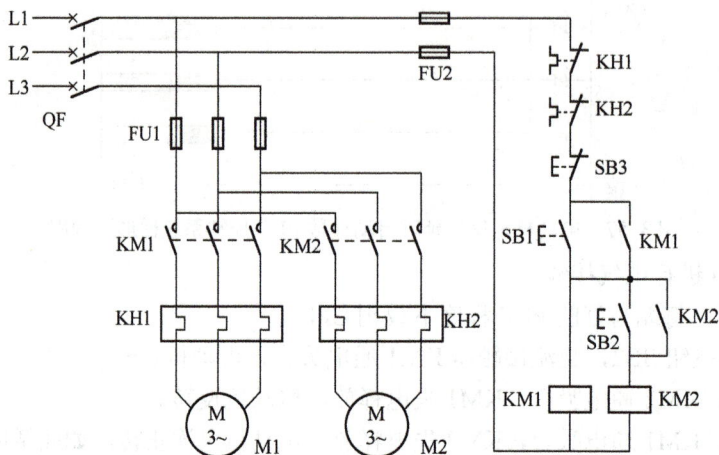

题图 3-2　习题 12 图

（1）设计出控制电路图。

（2）设计出程序梯形图。

（3）进行安装调试运行。

13．题图 3-3 是两台电动机顺序起动逆序停止的继电器-接触器控制系统电气原理图，将此电路改成用 PLC 实现其控制功能。

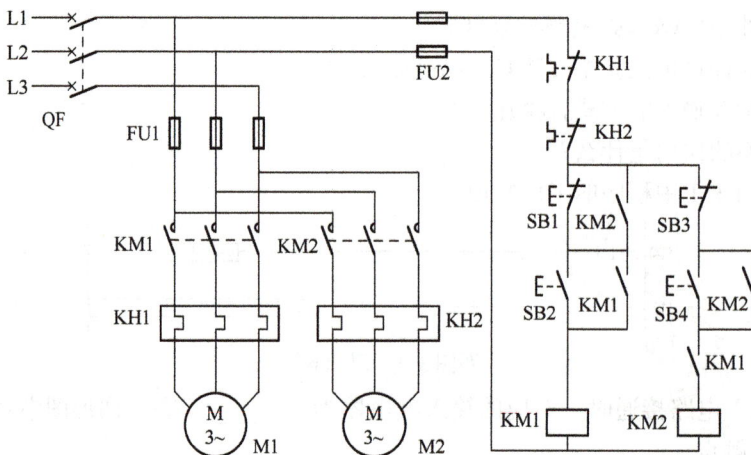

题图 3-3　习题 13 图

（1）设计出控制电路图。

（2）设计出程序梯形图。

（3）进行安装调试运行。

14．题图 3-4 是滑台两点自动往返控制线路的继电器-接触器控制系统电气原理图，将此电路改成用 PLC 实现其控制功能。

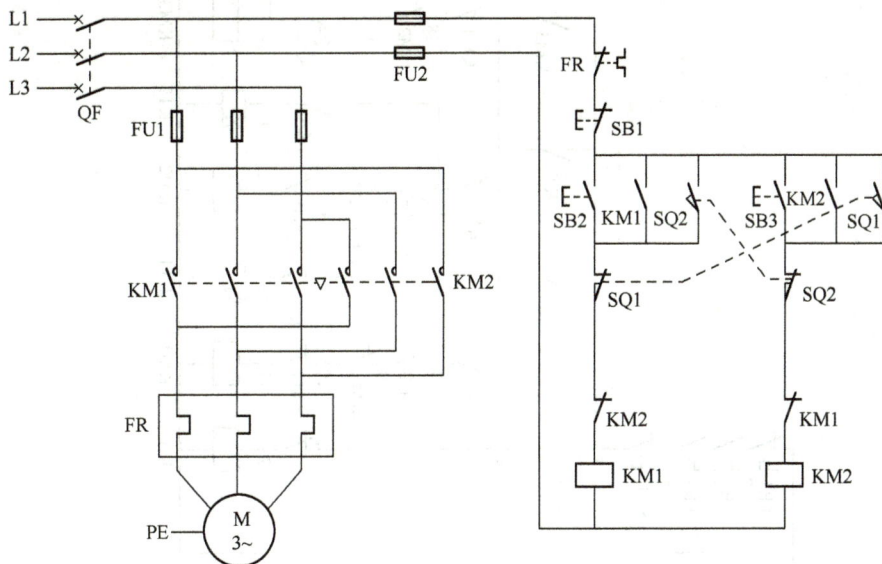

题图 3-4　习题 14 图

（1）设计出控制电路图。

（2）设计出程序梯形图。

（3）进行安装调试运行。

15．简述定时器 T 的分类和用途。

16．通用定时器的编号范围是_____，其定时范围有 3 种，分别是_____、_____、_____。

17．两台电动机顺序起动，第 1 台电动机起动 10s 后，第 2 台起动；逆序停止，第 2 台电动停止 15s 后，第 1 台电动机停止，用 PLC 实现其控制功能。

（1）设计出控制电路图。

（2）设计出程序梯形图。

（3）进行安装调试运行。

18．题图 3-5 是三速电动机自动运行的继电器-接触器控制系统电气原理图，其工作过程是：按下起动按钮 SB2，交流接触器 KM1 吸合，电动机低速运行并延时 7s；延时时间到自动转换成 KM2 吸合，电动机中速运行并延时 6s；延时时间到自动转换成 KM3、KM4 吸合，电动机高速运行。将此电路改成用 PLC 实现其控制功能。

（1）分析此电路工作原理。

（2）设计出控制电路图。

（3）设计出程序梯形图。

（4）进行安装调试运行。

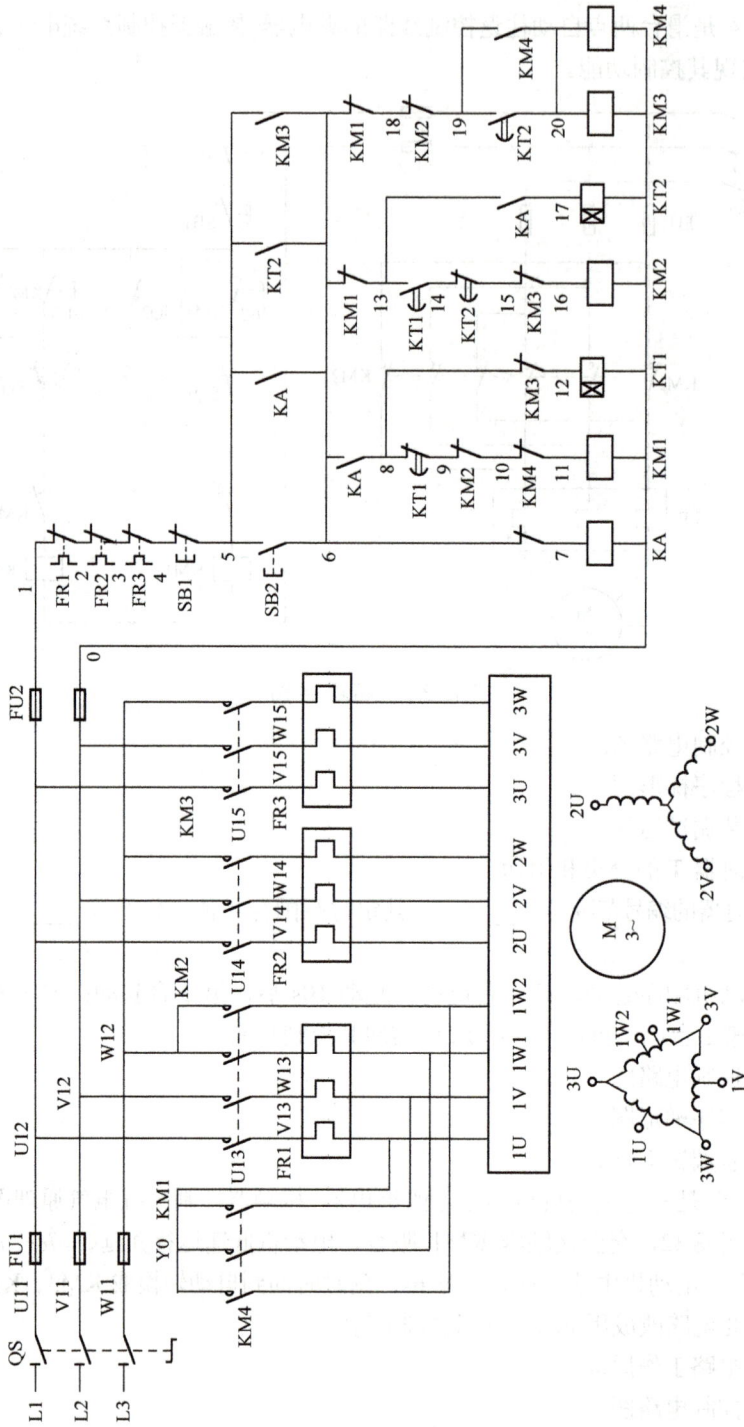

题图 3-5 习题 18 图

19．题图 3-6 是三相交流异步电动机双重联锁、正反转再加能耗制动的继电器-接触器控制系统电气原理图，用 PLC 实现其控制功能。

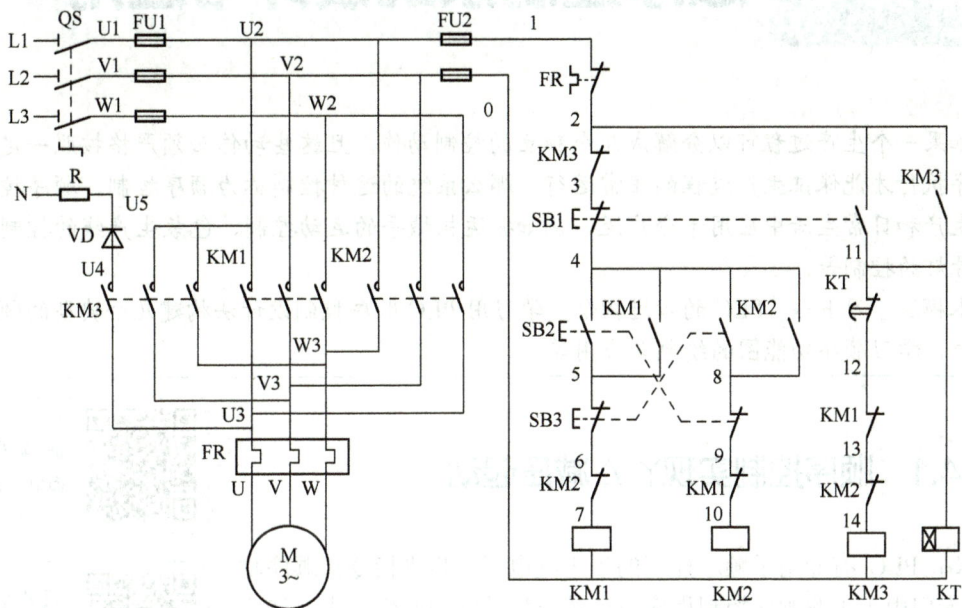

题图 3-6　习题 19 图

（1）设计出控制电路图。

（2）设计出程序梯形图。

（3）进行安装调试运行。

　　职业技能是我们将来实现就业和服务社会经济发展所需要的技术和能力，掌握职业技能是高职学生成为高素质劳动者和技术技能人才的立身之本。技能越多，能力越强，越有利于就业，越能适应新时代、新劳动岗位。

如果一个生产过程可以分解成几个独立的控制动作，且这些动作必须严格按照一定的先后次序执行才能保证生产过程的正常运行，那么系统的这种控制称为顺序控制。顺序控制在工业生产和日常生活中应用十分广泛，例如搬运机械手的运动控制、包装生产线的控制、交通信号灯的控制等。

本模块学习 FX$_{5U}$ PLC 的步进指令，学习用 PLC 顺序控制设计法构建几个典型的顺序控制系统，学习顺序功能图的绘制与应用等。

任务 4.1　顺序控制实现丫-△减压起动

码 4-0
模块 4 简介

FX$_{5U}$ PLC 有专用于顺序控制的步进继电器和步进指令。顺序功能图是专门用于工业顺序控制程序设计的一种功能说明性图表，能完整地描述控制系统的工作过程、功能和特性，是分析、设计顺序控制系统程序的重要工具，它能清晰地表示出控制系统的逻辑关系，从而大大提高编程的效率。

码 4.1-1
步进继电器与
步进指令

4.1.1　步进继电器

步进继电器有 4096 位，编号为 S0～S4095。它们的用途见表 4-1。

表 4-1　步进继电器

类别	步进继电器	用途
初始状态	S0～S9，10 点	用于顺序控制的初始状态
返回状态	S10～S19，10 点	用于顺序控制返回原点状态
中间状态	S20～S499，480 点	用于顺序控制的中间状态
停电保持状态	S500～S4095，3596 点	用于保持停电前状态（可设置）

设置了"锁定"的步进继电器（默认 S500～S4095）的动作状态通过非易失存储器备份。如果 PLC 在运行中发生停电，重新接通电源时，这些步进继电器会保持停电前状态，因此，再次执行 RUN 后，将从停电之前的状态开始运行。

4.1.2　步进指令

步进指令有两个，分别是步进开始指令 STL 和步进结束指令 RETSTL，见表 4-2。

表 4-2　步进指令

指令名称	助记符	梯形图符号	功能	操作软元件
步进开始	STL	STL　S(n)	步进指令的开始行,建立临时左母线	S
步进结束	RETSTL	RETSTL	步进指令结束,返回主母线	无

1. 步进指令说明

1)表 4-2 中的梯形图符号 S(n)是步进继电器的编号,如 S0、S20 等。

2)步进程序的最后一定要有 RETSTL 指令,连续进行步进梯形图编程时,在程序中间可省略 RETSTL 指令。

2. 步进指令和步进继电器的应用举例说明

指令应用的举例如图 4-1 所示。

1)从 1 个 STL 指令开始至下 1 个 STL 或 RETSTL 为止,称为 1 个状态或工序。如图 4-1 中的 S0 工序、S20 工序和 S21 工序。

2)S0 工序的意义是:当 S0=1(ON)时,此状态为活跃状态,即这段程序被执行,反之当 S0=0(OFF)时,此状态为非活跃状态,即这段程序不会被执行。图 4-1 中的 S20 和 S21 工序也有同样的意义。

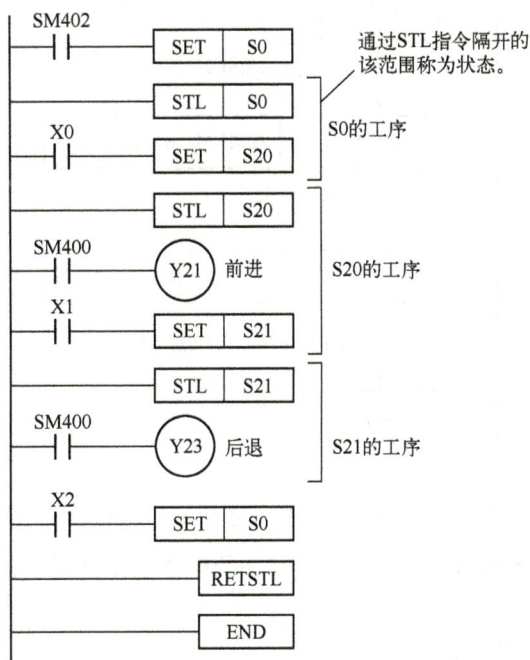

图 4-1　步进指令与步进继电器的应用举例

3)SM402、SM400 是特殊继电器,SM402 的功能是只在程序运行的第 1 个扫描周期时为 ON;SM400 的功能是在 PLC 运行时一直为 ON。

4)在程序刚开始运行时,SM402 使 S0 置位为 ON,则 S0 的工序程序被执行。S0 工序实现的功能是当 X0 由 OFF→ON 时,使 S20 置位为 ON,同时使 S0 复位(没有对应的程序,自动实现此功能),即关闭 S0 工序,切换到 S20 工序,也就是 S0 工序段程序转为非活跃不被执行,S20 工序为活跃状态被执行。所以 X0 是 S0 工序到 S20 工序的转移条件。

5）S20 工序的作用是在其工序为活跃状态时，Y21 为 ON 使电动机正转前进。同时等待 X1 为 ON，关闭当前工序切换到 S21 工序。

6）X1 是 S20 工序到 S21 工序的转移条件，当 X1=1（ON）时，自动使 S20=0（OFF），S20 工序段程序转为非活跃不被执行，而 S21 工序状态为 ON，执行 S21 工序段程序。

4.1.3 工序流程图

工序流程图是将一个工作或工程从头到尾依先后顺序分为若干道工序，每一道工序用矩形框表示，并在该矩形框内注明此工序的名称与代号，两个相邻工序之间用流程线相连，当满足转移条件时即转入下一步工序。工序流程图用于清晰表达整个工作过程，便于绘制 PLC 的顺序控制功能图或编制 PLC 程序。

码 4.1-2
工序流程图与顺序控制功能图

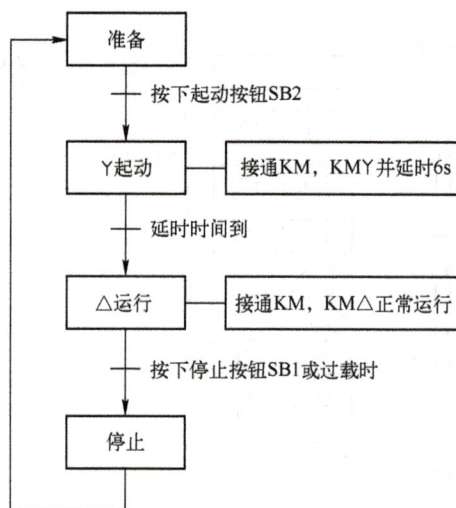

图 4-2 所示为图 1-50 所示电动机Y-△减压起动控制的工序流程图。图中主干的方框表示各工序的名称，电动机Y-△降压起动控制有 4 道工序，分别是准备、Y起动、△运行和停止，各方框在横向分支表示此工序下控制的设备或完成具体工作。主干方框之间的带箭头实线称为流程线，表示工序流向。流程线上横向短线表示转移条件，并在其旁边注明此条件。

图 4-2　电动机Y-△减压起动控制工序流程图

通过工序流程图，能够对电动机Y-△减压起动的整个工作过程一目了然。

4.1.4 顺序控制功能图

顺序控制设计法是根据控制系统工序流程图，绘制出顺序控制功能图，再根据顺序控制功能图编制梯形图程序。顺序控制功能图的三要素是步、动作、转换条件。图 4-3 是电动机Y-△减压起动顺序功能图。

1. 顺序控制功能图的三要素

（1）步　将系统的工作过程分为若干个顺序相连的阶段，每个阶段均称为"步"。每一步可用不同编号的步进继电器 S 或内部继电器 M 进行标注和区分。步用矩形框表示，其中初始步对应系统初始状态，一个控制系统至少有一个初始步，初始步用双线框。

每一步都对应于一个稳定的输出状态，图 4-3 是电动机Y-△减压起动顺序控制功能图，其中 S0 步对应工序流程图的准备阶段，S20 步对应Y起动，S21 步对应△起动，S22 步对应停止。

（2）动作　一个步表示控制过程中的一个稳定状态，它可以对应一个或多个动作。可以在步右边加一个矩形框，在框中简明标注该步的动作。

图 4-3 所示的电动机Y-△减压起动顺序控制功能图：S20 步对应Y起动阶段，其任务是电机接成Y起动并开始 6s 的延时，所以其右侧的两个矩形框的动作是接通 Y1、对 Y0 置位和起动 6s 定时；S21 步对应△起动，此阶段的任务是电动机接成△正常运行，其右侧的矩形框的动作是接通 Y2；S22 步对应停止，此阶段的任务是电动机停止，其右侧的矩形框表达的动作对 Y0 复位。

（3）转换条件　步与步之间用有向线段连接，表示从一个步转换到另一个步。如果表示方向的箭头是从上指向下（或从左到右），箭头可省略。系统当前活动步切换到下一步，所需要满足的信号条件，称之为转换条件。转换条件可以用文字、逻辑表达式、编程软元件等表示，转换条件放置在短线的旁边。

图 4-3 所示的电动机Y-△减压起动顺序控制功能图所示：S0 步至 S20 步的转换条件是 X2，即按下起动按钮，X0 从 OFF→ON 时，从 S0 步切换到 S20 步；S20 步至 S21 步的转换条件是 T0，即延时时间到后，T0 的位元件常开触点接通时，从 S20 步切换到 S21 步；S21 步至 S22 步的转换条件是 X0、X1，即按下停止按钮或发生过载时，从 S21 步切换到 S22 步。

2.　顺序控制功能图的绘制

绘制功能图时需要注意以下几点。

1）步与步之间不能直接相连，必须用一个转换条件将它们隔开。

图 4-3　电动机Y-△减压起动顺序控制功能图

2）转换条件与转换条件之间也不能直接相连，必须用一个步将它们隔开。

3）初始步一般对应于系统等待起动的初始状态，这一步可能没有输出，只是做好预备状态。

4）自动控制系统应能多次重复执行同一工序流程，因此在顺序功能图中一般应有由步和有向线段组成的闭环，即在完成一次工序流程的全部操作之后，应可以从最后步返回初始步，重复执行或停止在初始状态。

5）可以用初始化脉冲 SM402 的常开触点作为转换条件，将初始步预置为活动步，也可以外加一个转换条件来激活初始步；否则因顺序功能图中没有活动步系统将无法工作。

根据以上原则和被控对象工作内容、运行步骤和控制要求，绘制电动机Y-△减压起动顺序控制功能图。

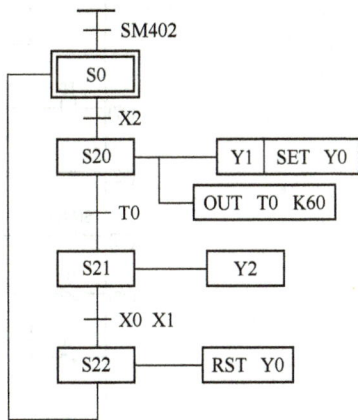

码 4.1-3
用顺序控制实现星三角减压起动——源程序

4.1.5　程序设计

用 PLC 实现电动机Y-△减压起动控制的输入/输出端口分配表见表 3-10，控制电气线路图如图 3-53 所示。其中起动按钮 SB2 用常开按钮接 X2，停止按钮 SB1 用常闭按钮接 X1，热继电器 FR 常闭触点接 X0；Y0 接交流接触器 KM1 线圈用于电源控制，Y1 接 KM2 线圈用于电动机起动的Y联结，Y2 接 KM3 线圈用于电动机起动的△联结。

根据图 4-3 所示的电动机Y-△减压起动顺序功能图，用顺序控制设计法、步进继电器和步进指令编制的电动机Y-△减压起动的梯形图程序如图 4-4 所示。

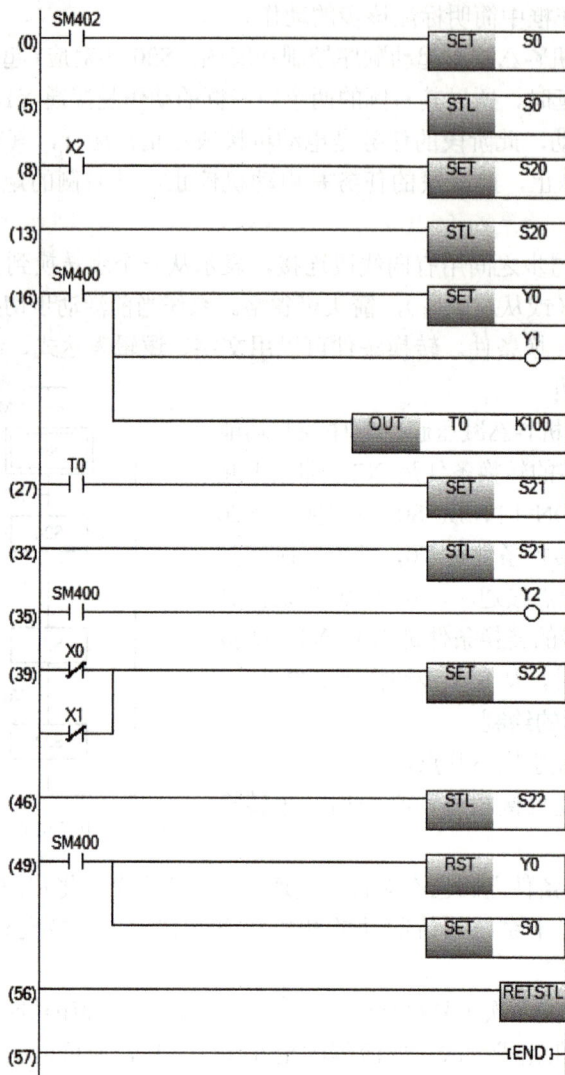

图 4-4　顺序控制设计法实现Y-△减压起动顺序梯形图程序

该程序工作原理如下：

（1）准备阶段　特殊继电器 SM402 只在程序运行的第 1 个扫描周期时为 ON，在此用于将 S0 置位（ON）即将初始步预置为活动步。此工序的作用是等待按下起动按钮 SB2 使 X2 从 OFF→ON。

（2）Y起动　按下起动按钮 SB2 时，X2 从 OFF→ON，使 S20 置位，S0 复位，即从 S0 工序切换到 S20 工序。

在 S20 工序中，特殊继电器 SM400 一直为 ON，在此用它接通 Y1，置位 Y0，并起动 T0 开始 10s 定时，实现Y起动。需要注意的是，Y0 用置位指令，离开 S20 工序后，它会保持为

ON 状态，而 Y1 用的是接通线圈指令，当离开 S20 工序后，它将不能保持为 ON 状态，这是步进控制的重要特点。

（3）△运行 当定时器 T0 延时 10s 时间到，T0 常开触点接通，使 S21 置位，S20 复位，即从 S20 工序切换到 S21 工序。

在 S21 工序中，特殊继电器 SM400 用于接通 Y2，转换成△运行，并等待按下停止按钮 SB1。

（4）停止 按下停止按钮 SB1 时，X1 从 ON→OFF，其常闭触点接通，使 S22 置位，S21 复位，即从 S21 工序切换到 S22 工序。

在 S22 工序中，特殊继电器 SM400 用于复位 Y0，电动机停止，并且立即使 S0 置位，S22 复位，即从 S22 工序切换到 S0 初始化工序，开始下次循环。

4.1.6 任务实施

1）用 Office Visio 软件绘制图 4-2 所示的电动机丫-△减压起动控制工序流程图。

2）用 Office Visio 软件绘制图 4-3 所示的电动机丫-△减压起动顺序控制功能图。

码 4.1-4
用顺序控制实现星三角减压起动——仿真运行

3）用 GX Works3 软件编制图 4-4 所示的用顺序控制设计法实现丫-△减压起动顺序控制梯形图程序，并进行程序的转换。

4）按 3.3.4 节介绍的方法进行 PLC 程序的仿真运行，对程序进行调试。

5）按图 3-53 所示的电气线路图进行电气接线。

6）PLC 通电，将编写好的 PLC 程序下载到 CPU。

7）按下起动按钮 SB2，电动机丫起动，经过 10s 后自动转成△运行。

8）按下停止按钮 SB1，交流接触器释放，电动机停止。

任务 4.2 三台电动机顺序起动逆序停止控制

码 4.2-1
三台电机顺序起动逆序停止控制电气接线、工序流程与顺序控制功能图

任务 4.1 是用顺序控制设计法实现丫-△减压起动控制，由图 4-2 的工序流程图和图 4-3 的顺序功能图可以看出，其工作过程是按照先后顺序单方向的，属于单流程结构。实际工作中，有些顺序控制是多分支结构，根据不同的转移条件来选择其中的某一分支或同时展开多个分支。

4.2.1 I/O 分配表与电气线路图

1. 控制要求

某生产线有 3 台带式输送机，分别由 M1、M2、M3 3 台电动机拖动，其工作示意图如图 4-5 所示，控制要求是：按下起动按钮→电动机 M1 起动，运行 20s 后→电动机 M2 起动，运行 20s 后→电动机 M3 起动；按下停止按钮或过载时，M3 先停止→20s 后 M2 停止→20s 后 M1 停止。

在起动过程中也能完成逆序停止，即 M2 起动后和 M3 起动前按下停止按钮，M2 停止，20s 后 M1 停止。

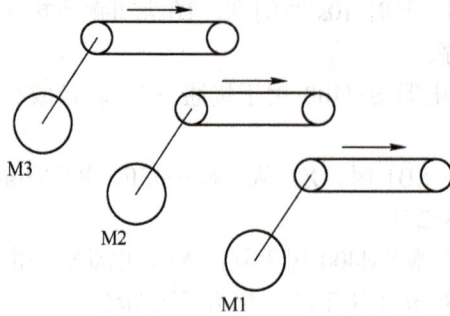

图 4-5　3 台带式输送机工作示意图

2．输入/输出端口分配表

3 台电动机顺序起动逆序停止控制系统的 PLC 的输入信号有 3 个，分别是：起动按钮 SB2（作为常开按钮）接输入端口 X2，停止按钮 SB1（作为常闭按钮）接 X1，3 台电动机的热继电器常闭触点串联接 X0。PLC 的输出信号有 3 个，Y0、Y1、Y2 分别接 3 个交流接触器的线圈 KM1、KM2、KM3，用于控制 3 台电动机。

输入/输出端口分配表见表 4-3。

表 4-3　3 台电动机顺序起动逆序停止控制系统输入/输出端口分配表

输　入　端　口			输　出　端　口		
输入器件	输入继电器	作用	输出器件	输出继电器	控制对象
常开按钮 SB2	X2	起动	KM1	Y0	电动机 M1
常闭按钮 SB1	X1	停止	KM2	Y1	电动机 M2
3 个热继电器常闭触点 FR 串联	X0	过载保护	KM3	Y2	电动机 M3

3．电气线路图

3 台电动机顺序起动逆序停止控制系统电气线路图如图 4-6 所示。

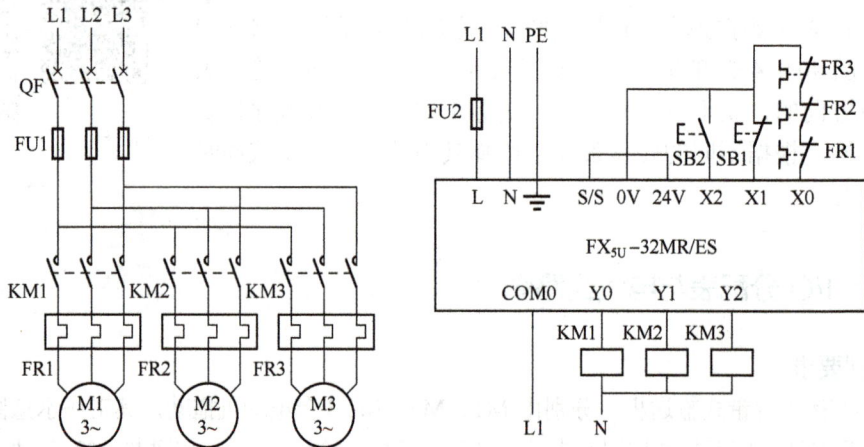

图 4-6　用 PLC 实现 3 台电动机顺序起动逆序停止控制系统电气线路图

4.2.2　工序流程图和顺序控制功能图

1. 工序流程图

图 4-7 所示为 3 台电动机顺序起动逆序停止控制的工序流程图。其中启动阶段有 3 个工序,即 M1 起动、M2 起动、M3 起动;其中停止阶段也有 3 个工序,即 M3 停止、M2 停止、M1 停止;再加上准备阶段共有 7 个工序。

准备阶段到 M1 起动的转移条件是按下起动按钮。开始停止过程(即 M3 起动工序到 M1 停止工序)的转移条件是按下停止按钮或发生了过载使 FR 的常闭触点断开。其他正常流程下都是延时时间到切换。如在 M1 起动完成 M2 还没起动时就按下停止按钮或发生过载,则直接切换到 M1 停止。如在 M2 起动完成 M3 还没起动时就按下停止按钮或发生过载,则直接切换到 M2 停止,再延时后 M1 停止。

通过工序流程图,能够对 3 台电动机顺序起动逆序停止的整个工作过程一目了然。

2. 顺序控制功能图

图 4-8 所示为 3 台电动机顺序起动逆序停止控制的顺序功能图。

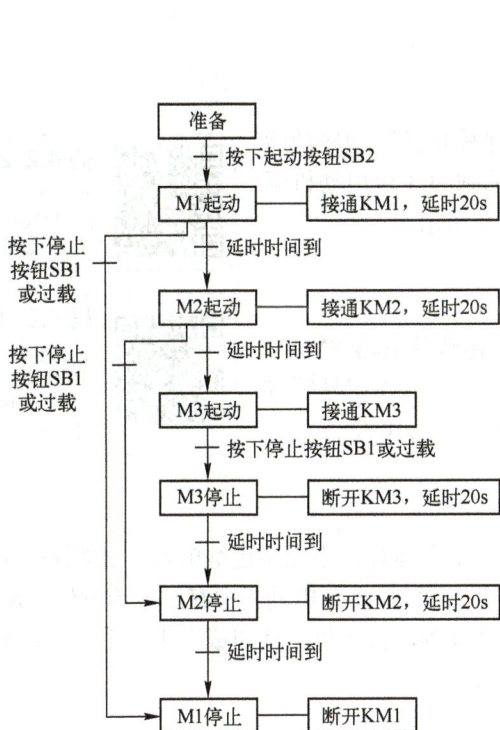

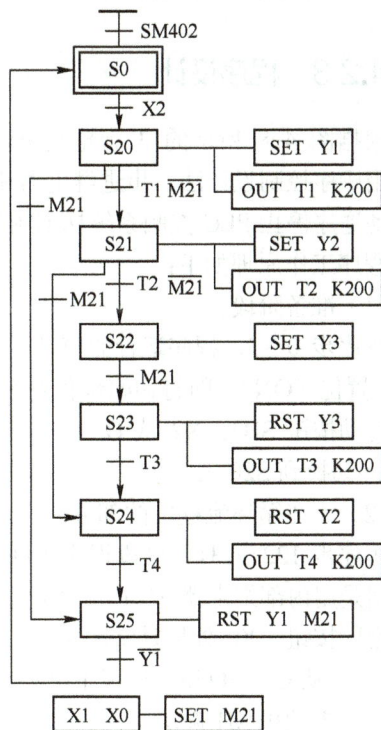

图 4-7　3 台电动机顺序起动逆序停止控制工序流程图　　图 4-8　3 台电动机顺序起动逆序停止控制顺序功能图

S0 步对应工序流程图的准备阶段,其作用是等待按下起动按钮 SB2 使 X2 为 ON,由 S0 步切换到 S20 步开始起动过程。

起动过程中 S20、S21、S22 步分别对应 M1 起动、M2 起动、M3 起动;停止过程 S23、S24、S25 步分别对应 M3 停止、M2 停止、M1 停止。

顺序功能图中有一部分不在循环流程内的,即按下停止按钮或发生过载时,对 M21 置位。M21 叫内部继电器,在这里相当于 1 个中间继电器,用于记下按下了停止按钮或发生了过载。

S20 步用于起动第 1 台电动机（M1），并且起动 20s 定时。S20 步有两个分支流程方向，如果定时 20s 时间到并且 M21 为 OFF，则顺序切换到 S21 步起动 M2，如果在这期间 M21 为 ON，则切换到 S25 步直接停止 M1。

S20 步有两个切换方向，分别是 S21 步和 S25 步，此即为顺序控制的分支结构形式。

S21 步用于起动 M2，并起动 20s 定时。S21 步有两个分支流程方向，如果定时 20s 时间到并且 M21 为 OFF，则顺序切换到 S22 步起动 M3，如果在这期间 M21 为 ON，则切换到 S24 步直接停止 M2。

S22 步用于起动 M3，3 台电动机都起动后大多数情况下会长时间正常运行。S22 只有一个流程方向，即 M21 为 ON 时切换到 S23 步开始停止过程。

S23 步、S24 步分别用于停止 M3、M2 并起动对应的定时器。

S25 步用于停止 M1，因为到此停止过程已经结束，所以还对内部继电器 M21 复位。在电动机全部停止后，转移到 S0 步等待下一过程。

S0 步到 S20 步的转移条件是按下起动按钮。S22 步对应起动过程结束，S23 步对应停止过程开始，它们之间转移条件是 M21。其他步的转移条件都是定时器。

4.2.3 程序设计

根据图 4-8 所示的 3 台电动机顺序起动逆序停止控制顺序功能图，用顺序控制设计法、步进继电器和步进指令编制的 3 台电动机顺序起动逆序停止 PLC 控制系统梯形图程序如图 4-9 所示。

码 4.2-2
三台电动机顺序起动逆序停止——源程序

码 4.2-3
三台电动机顺序起动逆序停止顺序控制 PLC 程序

程序工作原理如下：

（1）准备阶段。

程序步 0～5，程序运行的第 1 个扫描周期，特殊继电器 SM402 将 S0 置位（ON），即将初始步预置为活动步，S0 工序的作用是等待按下起动按钮 SB2，X2 从 OFF→ON，使 S20 置位，S0 复位，即从 S0 工序切换到 S20 工序。

（2）不在循环流程内的部分。

程序步 122～131，这段程序在每一个扫描周期都会运行，不受步进继电器 S 的状态控制。其作用是用内部继电器 M21 来记忆按下了停止按钮 SB1 或 3 台电动机中有过电流发生。X1 外接的常闭按钮，X0 外接是常闭触点，正常运行时为 ON，按下停止按钮或发生过电流时，X0、X1 有一个从 ON→OFF，出现下降沿，对 M21 置位。

（3）电动机 M1 起动。

在 S20 工序中，特殊继电器 SM400 一直为 ON，在程序步 16～24 中，SM400 置位 Y1，第 1 台电动机 M1 启动，同时接通定时器 T1，定时 20s。

定时器 T1 延时 20s 时间到，其位软元件 T1 常开触点接通，如果在 S20 状态下 M21 一直为 OFF（即在这个时间内没按下过停止按钮或没发生过流），则程序步 25～31 对 S21 置位，S20 复位，即从 S20 工序切换到 S21 工序。如果 M21 为 ON，则不能切换到 S21 工序。

程序步 32～36 中，如果在第 1 台电动机起动后就按下了停止按钮，则 M21 为 ON，对 S25 置位，对 S20 复位，由 S20 工序切换到 S25 工序。

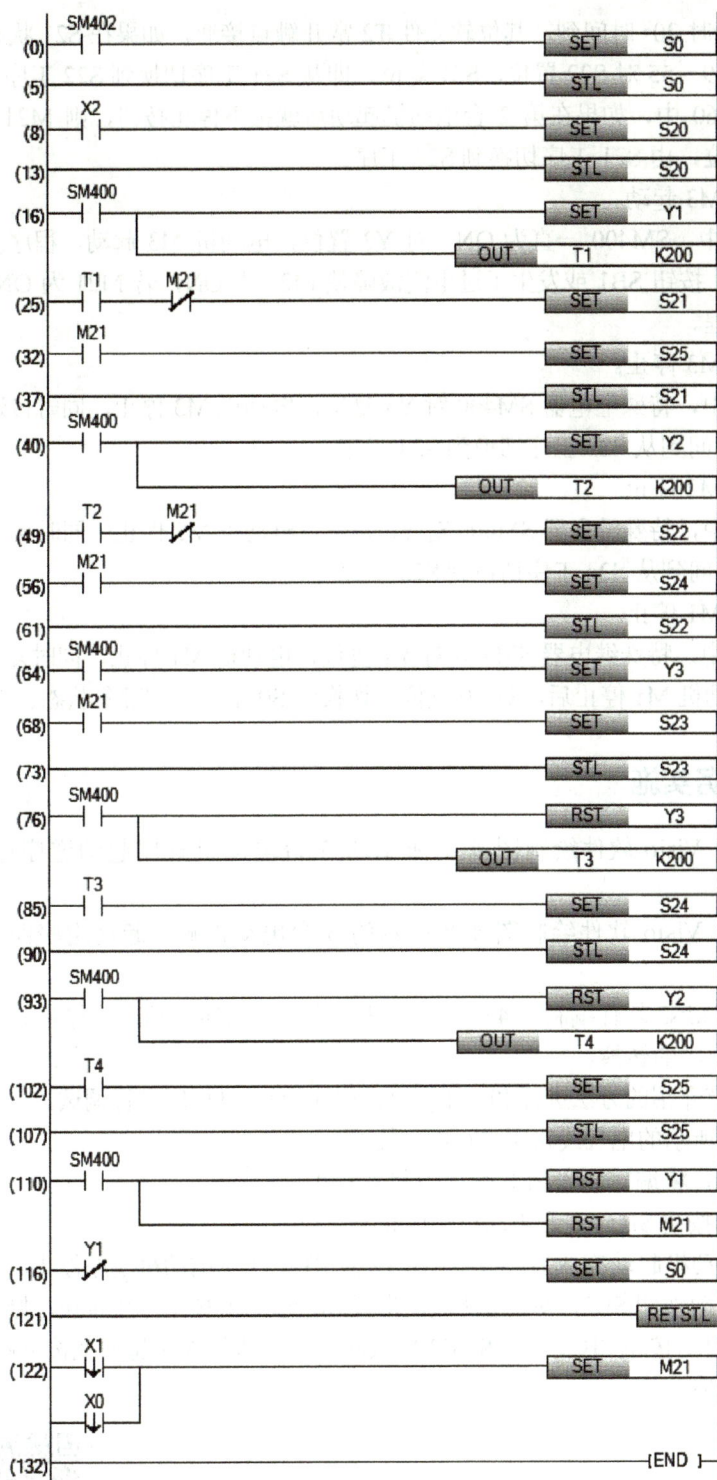

图 4-9　3 台电动机顺序起动逆序停止 PLC 控制系统梯形图程序

（4）电动机 M2 起动。

在 S21 工序中，特殊继电器 SM400 一直为 ON，程序步 40～48 中，SM400 置位 Y2，第 2
台电动机 M2 起动，同时接通定时器 T2，定时 20s。

定时器 T2 延时 20s 时间到，其位软元件 T2 常开触点接通，如果在 S21 状态下 M21 一直为 OFF，则程序步 49～55 对 S22 置位，S21 复位，即从 S21 工序切换到 S22 工序。

程序步 56～60 中，如果在第 2 台电动机起动后就按下停止按钮，则 M21 为 ON，对 S24 置位，对 S21 复位，由 S21 工序切换到 S24 工序。

（5）电动机 M3 起动。

在 S22 工序中，SM400 一直为 ON，对 Y3 置位，电动机 M3 起动。程序步 68～72，其作用是等待按下停止按钮 SB1 或发生了过电流故障使 M21 为 ON，若 M21 为 ON，则切换到 S23 工序开始停止过程。

（6）电动机 M3 停止。

在 S23 工序中，特殊继电器 SM400 对 Y3 复位，电动机 M3 停止，同时接通定时器 T3，定时为 20s。定时时间到从 S23 工序切换到 S24 工序。

（7）电动机 M2 停止。

在 S24 工序中，特殊继电器 SM400 对 Y2 复位，电动机 M2 停止，同时接通定时器 T4，定时为 20s。定时时间到从 S24 工序切换到 S25 工序。

（8）电动机 M1 停止。

在 S25 工序中，特殊继电器 SM400 对 Y1 复位，电动机 M1 停止，同时复位 M21，为下一个循环准备。电动机 M1 停止后，对 S0 置位，切换到 S0 工序回到准备状态。

4.2.4 任务实施

1）用 Office Visio 软件绘制图 4-7 所示的 3 台电动机顺序起动逆序停止控制工序流程图。

2）用 Office Visio 软件绘制图 4-8 所示的 3 台电动机顺序起动逆序停止控制顺序功能图。

3）用 GX Works3 软件编制图 4-9 所示的 3 台电动机顺序起动逆序停止 PLC 控制系统梯形图程序，并进行程序的转换。

4）按 3.3.4 节介绍的方法进行 PLC 程序的仿真运行，对程序进行调试。

5）按图 4-6 所示的电气线路图进行电气接线。

6）PLC 通电，将编写好的 PLC 程序下载到 CPU。

7）按下起动按钮 SB2，3 台电动机顺序起动。

8）在 3 台电动机起动完成后，按下停止按钮 SB1，3 台电动机逆序停止。

9）在按下起动按钮 SB2，M1 起动后，未等 M2 起动就按下停止按钮，则 M1 立即停止。

10）在按下起动按钮 SB2，M1 和 M2 依次起动后，未等 M3 起动就按下停止按钮，则 M2 立即停止，M1 延时停止。

码 4.3-1
运料小车自动往返控制

任务 4.3 运料小车自动往返控制

前面学习了用顺序控制设计法、步进继电器和步指令进行 PLC 控制系统设计，并用这种方法进行了Y-△减压起动和 3 台电动机顺序起动逆序停止 PLC 控制系统设计。本任务学习用普通

的内部继电器 M 来标记顺序控制设计法的"步"，完成运料小车自动往返 PLC 控制系统设计。

4.3.1　I/O 分配表与电气线路图

1．控制要求

运料小车自动往返控制工作示意图如图 4-10 所示，小车在起动前位于原位 A 处，一个工作周期过程是：①按下起动按钮，小车从原位 A 装料，装料 10s 后小车前进至 B 位，到达 B 位后停 5s 卸料，卸料完成后退回 A 位。②小车退回到原位 A 继续装料 10s，再第二次前进驶向 C 位，到达 C 位后停 5s 卸料，卸料完成后退回 A 位。在任何时间按下停止按钮，需完成一个工作周期后才能停止工作，若未按下停止按钮，则一直自动循环往复工作。

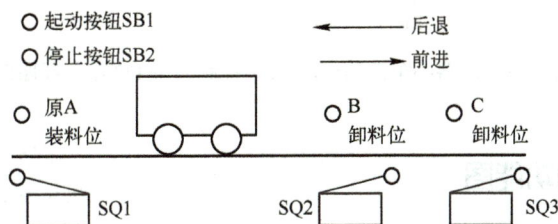

图 4-10　运料小车自动往返控制工作示意图

2．输入/输出端口分配表

用 PLC 实现运料小车自动往返控制，PLC 输入信号有 5 个，分别是起动按钮 SB1、停止按钮 SB2 和 3 个行程开关 SQ1、SQ2、SQ3。PLC 输出信号有两个，分别接交流接触器 KM1、KM2，用于控制运料小车的前进和后退。

用 FX$_{5U}$ PLC 实现运料小车自动往返控制，输入端停止按钮用常闭按钮 SB1 接 X0，起动按钮用常开按钮 SB2 接 X1，A 位行程开关 SQ1 接 X2，B 位行程开关 SQ2 接 X3，C 位行程开关 SQ3 接 X4。PLC 的输出端口 Y0、Y1 分别接交流接触器的线圈 KM1、KM2，用于控制运料小车的前进和后退。输入/输出端口分配表见表 4-4。

表 4-4　运料小车自动往返控制系统输入/输出端口分配表

输 入 端 口			输 出 端 口		
输入器件	输入继电器	作用	输出器件	输出继电器	控制功能
起动按钮 SB1	X0	停止	交流接触器 KM1	Y0	运料小车前进
停止按钮 SB2	X1	起动	交流接触器 KM2	Y1	运料小车后退
行程开关 SQ1	X2	原 A 装料位			
行程开关 SQ2	X3	B 卸料位			
行程开关 SQ3	X4	C 卸料位			

3．I/O 电气线路图

运料小车自动往返 PLC 控制系统 I/O 电气线路如图 4-11 所示。

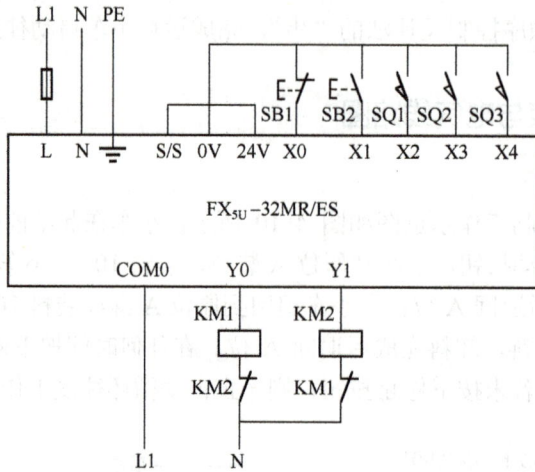

图 4-11　运料小车自动往返 PLC 控制系统 I/O 电气线路图

4.3.2　顺序控制功能图

根据运料小车自动往返控制的工作流程，绘制如图 4-12 所示的顺序控制功能图。在顺序功能图中，用内部继电器 M 代替步进继电器 S 来标记顺序控制的"步"。

M0 步是准备阶段，其作用是等待按下起动按钮 SB1 使 X1 为 ON，从而由 M0 步切换到 M50 步开始装料 10s 过程。还有一个限定条件是小车在原位 A 处行程开关 SQ1 使 X2 为 ON。所以图 4-12 所示的转移条件有两个，分别是 X1 和 X2。

顺序功能图中有一部分不在循环流程内的，即按下停止按钮 SB1，对 M1 置位。运料小车总是运行完一个循环流程后再停止，所以在这里用内部继电器 M1 来记忆在任何时间按下了停止按钮。

M50 步用于起动 10s 定时，在这 10s 时间内，运料小车在原位 A 装料，定时 10s 时间到，即切换到 M51 步。

M51 步用于控制电动机正转，从而拖动运料小车前进，小车前进到 B 位触动行程开关 SQ2。行程开关 SQ2 接通，即切换到 M52 步。

M52 步用于控制 5s 定时进行卸料，定时时间到，即切换到 M53 步。

M53 步用于控制电动机反转，从而拖动运料小车后退，小车退回到原位 A 处触动行程开关 SQ1，使 X2 为 ON，切换到 M54 步。

M54 步用于控制 10s 定时进行装料，定时时间到，即切换到 M55 步。

M55 步用于控制电动机正转，拖动小车前进，小车前进经过 B 位虽然触动行程开关 SQ2，但这时不起作用。小车继续前进到 C 位触动行程开关 SQ3，才使 X4 为 ON，切换到 M56 步。

M56 步用于控制 5s 定时进行卸料，定时时间到，即切换到 M57 步。

M57 步用于控制电动机反转，拖动小车后退，小车退回到原位 A 处触动行程开关 SQ1，使 X2 为 ON，这时有两个分支方向，如果在运行过程的任意时间按下了停止按钮，则顺序功能流程切换 M0 步，等待按下起动按钮开始下一个工作过程；如果未按下停止按钮，则直接切换到 M50 步，开始下一个循环。

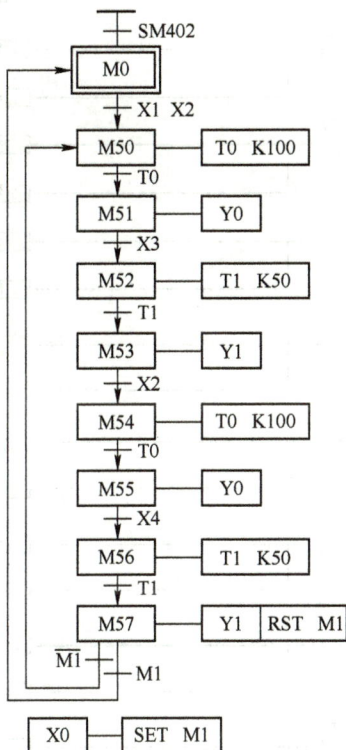

图 4-12　运料小车自动往返控制顺序功能图

4.3.3　程序设计

根据图 4-12 所示的运料小车自动往返控制顺序功能图，用顺序控制设计法编制的梯形图程序如图 4-13 所示。

程序工作原理如下所示。

这里用内部继电器 M 来标记顺序控制的"步"编制的 PLC 程序，程序各段落清晰，各部分完成的功能单一，程序容易理解和修改。

码 4.3-2
运料小车自动往返控制程序——源程序

程序步 0～86 是各工序的切换，程序很规整；

程序步 91～96 的作用是在 M51 和 M55 工序下，电动机正转运料小车前进；

程序步 97～102 的作用是在 M53 和 M57 工序下，电动机反转运料小车后退；

程序步 103～111 的作用是在 M50 和 M54 工序下，运料小车装料，装料时间就是 T0 定时时间 10s；

程序步 112～120 的作用是在 M52 和 M56 工序下，运料小车卸料，卸料时间就是 T1 定时时间 5s。

步进继电器和步进指令有一个重要的特点，即当某个步进继电器为 ON 时，其标记程序被执行，否则不执行，所以对于图 4-9 所示的程序，在程序运行的每一个循环扫描周期，总是有一部分程序被执行，另一部分程序不执行。

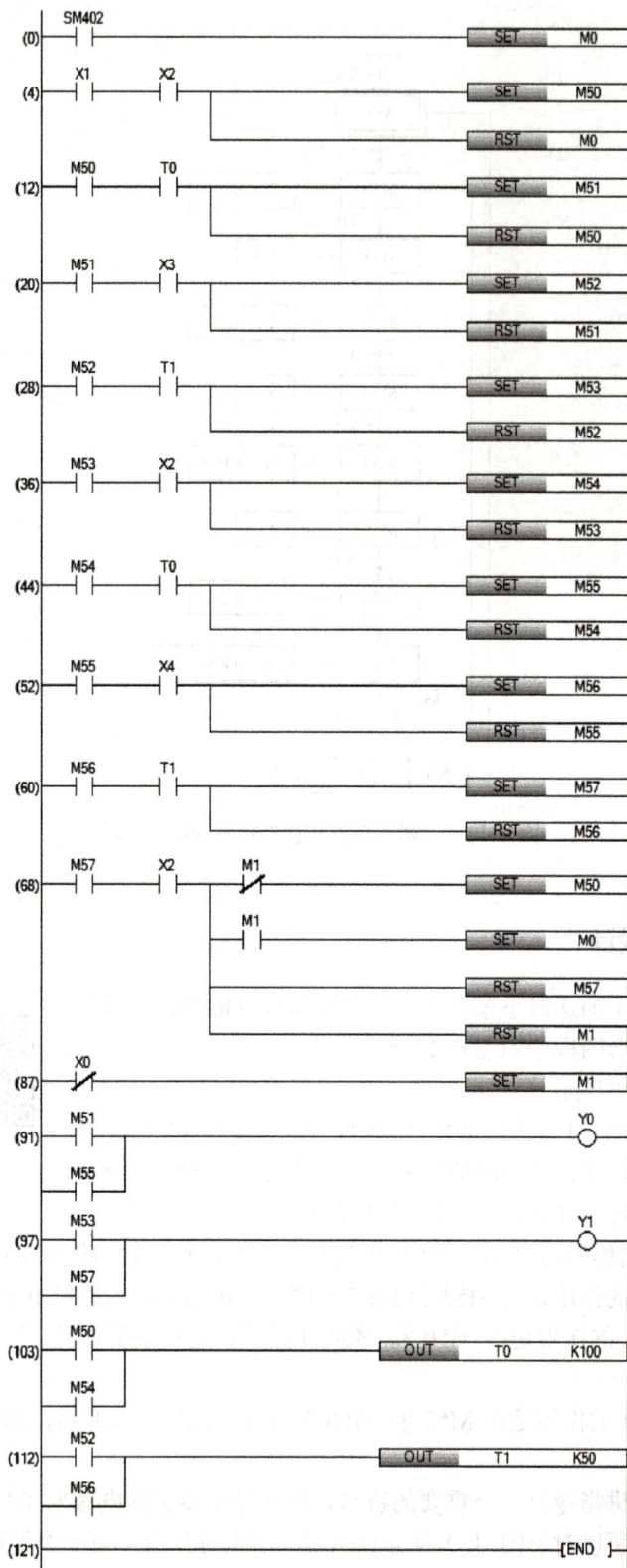

图 4-13　运料小车自动往返 PLC 控制系统梯形图程序

内部继电器 M 显然没有这样的功能，所以对于图 4-13 所示的 PLC 程序，在程序运行的每一个扫描周期，程序会从前向后全部能执行到。使用内部继电器 M 时，为了能够实现顺序控制的各工序正确切换，在每次工序切换时要加上限定条件，如从 M50 工序切换到 M51 工序，其切换功能的实现是对 M51 置位，对 M50 复位，其转移条件是 M50 和 T0 位元件都为 ON，其中转移条件 M50 为 ON 的作用是必须在 M50 工序下才能转到 M51 工序。其他工序的切换也是这样，所以能够看到在切换工序的程序中，都有内部继电器 M 作为转移条件一部分。

4.3.4　任务实施

1）用 Office Visio 软件绘制图 4-12 所示的运料小车自动往返控制顺序功能图。

2）用 GX Works3 软件编制图 4-13 所示的运料小车自动往返 PLC 控制系统梯形图程序，并进行程序的转换。

3）按 3.3.4 节介绍的方法进行 PLC 程序的仿真运行，对程序进行调试。

4）按图 4-11 所示电气线路图进行电气接线，在没有运料小车运行实训模型时，可以用位置开关代替行程开关来模拟实际运料小车的运行。

5）PLC 通电，将编写好的 PLC 程序下载到 CPU。

6）前进到 B 卸料位。在没有实训模型下，手动接通位置开关 SQ1，按下起动按钮 SB2，T0 延时 10s 完成小车装料，10s 时间到 KM1 自动接通小车前进，这时要将 SQ1 断开，相当于小车离开了 A 位。手动接通位置开关 SQ2，相当于小车到达了 B 卸料位，T1 延时 5s 完成小车卸料，5s 时间到 KM2 自动接通小车后退，这时要将 SQ2 断开，相当于小车离开了 B 位。

7）前进到 B 卸料位。手动接通位置开关 SQ1，相当于小车回到 A 位，T0 延时 10s 完成小车装料，10s 时间到 KM1 自动接通小车前进，这时要将 SQ1 断开。手动接通位置开关 SQ3，相当于小车到达了 C 卸料位，T1 延时 5s 完成小车卸料，5s 时间到 KM2 自动接通小车后退，这时要将 SQ2 断开。再接通 SQ1，表示小车回到 A 位。

8）停止或继续循环。在运行过程的任意时刻按下停止按钮，小车会在结束一个循环后停车。如果没按停止按钮，则继续下一个循环过程。

习题

1. FX$_{5U}$ PLC 的步进指令的功能是什么？分析步进结束指令的作用。为什么在步进程序的最后，一定要有步进结束指令？

2. 划分图 4-4 所示的 PLC 程序的各个工序。

3. 用 Office Visio 软件绘制电动机Y-△减压起动控制工序流程图。

4. 用 Office Visio 软件绘制电动机Y-△减压起动控制顺序功能图。

5. 顺序功能图的三要素是什么？

6. 绘制顺序功能图需要注意哪些方面？

7. 用 Office Visio 软件绘制 3 台电动机顺序起动逆序停止 PLC 控制工序流程图。

8. 用 Office Visio 软件绘制 3 台电动机顺序起动逆序停止 PLC 控制顺序功能图。

9. 说明图 4-9 所示的顺序起动逆序停止控制 PLC 程序，在哪些工序时有分支结构？

10．分析步进继电器 S 和内部继电器 M 进行 PLC 顺序控制系统设计时，有哪些方面区别。各自有什么优缺点？

11．用内部继电器 M 和顺序控制系统设计法，重新进行Y-△减压起动 PLC 控制系统设计。

12．用步进继电器 S 和步进指令，进行运料小车自动往返 PLC 控制系统设计。

13．题图 4-1 所示为液体混合搅拌器结构示意图。其工作过程是：按下起动按钮后，打开阀 A，液体 A 流入容器，中液位开关变为 ON 时，关闭阀 A；再打开阀 B，液体 B 流入容器，当液面到达上液位开关时，关闭阀 B；这时电动机 M 开始运行，带动搅拌器搅动液体，60s 后混合均匀，电动机停止；打开阀 C，放出混合液，当液面下降至下液位开关之后延时 5s，容器放空，关闭阀 C；如此循环运行。如果按下停止按钮，在当前工作周期结束后，系统停止工作。用顺序控制系统设计法进行 PLC 控制系统设计。

（1）设计控制电路图。

（2）设计程序梯形图。

（3）实际安装调试运行。

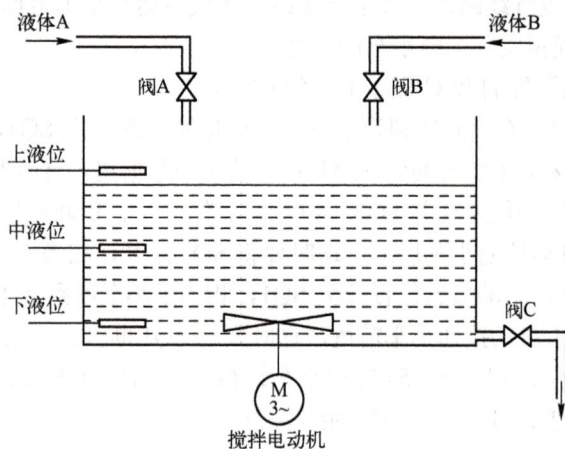

题图 4-1　习题 13 图

是否具备良好的职业技能是大学生能否顺利就业的前提，职业技能的获得对于职业院校大学生来说至关重要，应该贯穿于人才培养的全过程。职业技能知识通常包括基础理论知识和实践操作能力两部分内容，前者通过脑力劳动在课程教学环节教授知识，后者通过体力劳动在实践教学环节传递经验。由于职业技能学习具有一定的复杂性、要求学习者在兼顾脑力劳动和体力劳动时探索高效的学习方法，肯学、愿意吃苦的精神在习得职业技能中占据优势。

模块 5　功能指令的应用

PLC 是一种工业控制计算机，具有计算机特有的运算控制功能。PLC 的功能指令主要包括数据传送和比较、程序流程控制、算术运算与逻辑运算、数码显示及外部输入设备处理等。与基本指令和顺序控制指令的区别是：基本指令和顺序控制指令的主要控制对象是位软元件，功能指令的控制对象主要是字软元件。由于字软元件包含了多个位（最多 32 位）软元件，所以程序编程效率高，控制功能强，可以实现较为复杂的控制任务。

任务 5.1　带信号灯的丫-△减压起动

码 5-0
模块 5 简介

PLC 程序大部分指令要包含软元件，指令的功能是发出命令，软元件是指令的执行对象。数据传送指令用于实现各存储单元之间数据的传送和复制。

码 5.1-1
FX5U 的软元件与特殊继电器

5.1.1　编程软元件

1. 编程软元件及其点数

FX5U PLC 的编程软元件点数见表 5-1。

表 5-1　FX5U PLC 编程软元件点数

类型	软元件		进制	最大点数	
用户软元件	输入继电器　（X）		八进制	1024 点	分配到 I/O 的 X、Y 的合计为最大 256 点/384 点
	输出继电器　（Y）		八进制	1024 点	
	内部继电器　（M）		十进制	32768 点（可通过参数更改）	
	锁存继电器　（L）		十进制	32768 点（可通过参数更改）	
	链接继电器　（B）		十六进制	32768 点（可通过参数更改）	
	报警器　（F）		十进制	32768 点（可通过参数更改）	
	特殊链接继电器　（SB）		十六进制	32768 点（可通过参数更改）	
	步进继电器（S）		十进制	4096 点（固定）	
	定时器类	定时器（T）	十进制	1024 点（可通过参数更改）	
	累积定时器类	累积定时器（ST）	十进制	1024 点（可通过参数更改）	
	变通计数器类	计数器（C）	十进制	1024 点（可通过参数更改）	
		长计数器（LC）	十进制	1024 点（可通过参数更改）	
	数据寄存器（D）		十进制	8000 点（可通过参数更改）	
	链接寄存器（W）		十六进制	32768 点（可通过参数更改）	
	特殊链接寄存器（SW）		十六进制	32768 点（可通过参数更改）	
系统软元件	特殊内部继电器　（SM）		十进制	1000 点（固定）	
	特殊寄存器（SD）		十进制	1200 点（固定）	

（续）

类型	软元件	进制	最大点数
模块访问软元件	智能功能模块	十进制	65536 点 （以 U/G 指定）
变址寄存器	变址寄存器（Z）	十进制	24 点
	超长变址寄存器（LZ）	十进制	12 点
文件寄存器	文件寄存器（R）	十进制	32768 点（可通过参数更改）
嵌套	嵌套（N）	十进制	15 点（固定）
指针	指针（P）	十进制	4096 点
	中断指针（I）	十进制	178 点（固定）
其他	十进制常数（K） 带符号	—	16 位时：-32768～+32767 32 位时：-2147483648～+2147483647
	十进制常数（K） 无符号	—	16 位时：0～65535 32 位时：0～4294967295
	十六进制常数（H）	—	16 位时：0～FFFF 32 位时：0～FFFFFFFF
	实数常数（E） 单精度	—	-3.40282347E+38～-1.17549435E-38 0 1.17549435E-38～3.40282347E+38
	字符串	—	Shift-JIS 代码，半角 255 字符

表 5-1 中的"进制"指软元件地址编号采用的进位计数制，分别有十进制、八进制和十六进制。如输入继电器（X）采用八进制进行地址编号，X0～X22 有 X0～X7、X10～X17、X20～X22 共 19 个点；内部继电器（M）采用十进制进行编号，M0～M22 是连续的十进制数编号，共 23 个点；链接继电器（B）采用十六进制进行编号，B0～B22 是连续的十六进制数编号，有 B0～B9、B0A～B0F、B10～B19、B1A～B1F、B20～B22 共 35 个点。

表 5-1 中"可通过参数更改"是指在 CPU 内置存储器的容量范围内，可通过参数更改其点数。

2. 特殊内部继电器（SM）

表 5-1 中的特殊内部继电器（SM）是 PLC 内部确定的、具有特殊功能的继电器，用于存储 PLC 系统状态、控制参数和信息。FX₅U PLC 有 1000 点的特殊内部继电器，编程时经常用到的 SM 及其功能见表 5-2，第 2 列中的 SM8×××是 FX₅U 系列为了兼容 FX3 系列而保留的特殊内部存储器编号。

表 5-2 常用的特殊内部继电器及其功能

编号		功能描述
SM400	SM8000	程序运行时始终为 ON
SM401	SM8001	程序运行时始终为 OFF
SM402	SM8002	只在程序运行的第一个扫描周期为 ON
SM0	SM8004	自诊断出错为 ON
SM52	SM8005	电池电压过低时为 ON
SM409	SM8011	10ms 时钟脉冲
SM410	SM8012	100ms 时钟脉冲
SM412	SM8013	1s 时钟脉冲
SM413	—	2s 时钟脉冲
—	SM8014	1min 时钟脉冲

（续）

编号		功能描述
—	SM8020	零标志位，加减运算结果为零时为 ON
SM700	SM8022	进位标志位，加运算有进位或运算溢出时为 ON

3．常数（K/H/E）

FX$_{5U}$ PLC 在编程时经常用到常数，常数种类有十进制常数、十六进制常数和实数常数，见表 5-1。常数也需要在存储器中占有一定空间，十进制常数用 K 表示，如前面编程时用到的 K100 表示十进制数 100；十六进制常数用 H 表示，如十进制数 100 用十六进制表示为 H64；在程序中实数常数用 E 来表示，如 E3.14。

4．16/32 位寄存器

表 5-1 中有多种类型的寄存器。有些寄存器本身是 16 位寄存器，如数据寄存器（D）、链接寄存器（W）、变址寄存器（Z）、定时器（T）（当前值）、计数器（C）（当前值）等。有些寄存器本身是 32 位寄存器，如长计数器（LC）（当前值）、超长变址寄存器（LZ）等。

如果编程时在 32 位的操作指令中用到了 16 位的寄存器，则会将编号相连的软元件成对组合成 32 位的数据寄存器。图 5-1 所示的传送指令 DMOV 是 32 位传送指令，指令中用到了数据寄存器 D0、D10、D20 作为操作数，则自动将 D0 和 D1 成对组合、D10 和 D11 成对组合、D20 和 D21 成对组合，分别成为 32 位的数据寄存器使用，其中 D0 中是 16 位，D1 中是高 16 位，另外两个同样。

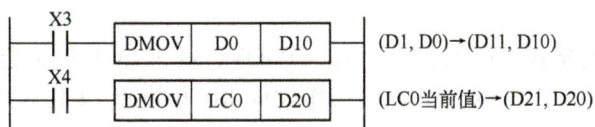

图 5-1　数据传送指令的格式举例

5．位软元件的 16/32 位数据处理

对位软元件 X、Y、M、S 等，通过进行位数指定，可以进行 16/32 位数据处理。其形式如 KnX0，其中 n 的取值范围是 1～8，如 K8X0 指从 X0 开始的 32 位，K6X10 指从 X10 开始的 24 位。表 5-3 为 KnY0 的全部组合及其适用的指令范围，同样适用于 X、Y、M、S 等。

表 5-3　KnY0 的全部组合及其适用指令范围

适用指令范围		KnY0	包含的位软元件（最高位～最低位）	位软元件个数
n 取值 1～8，适用 32 位指令	n 取值 1～4，适用 16 位指令	K1Y0	Y3～Y0	4
		K2Y0	Y7～Y0	8
		K3Y0	Y13～Y0	12
		K4Y0	Y17～Y0	16
	n 取值 5～8，适用 32 位指令	K5Y0	Y23～Y0	20
		K6Y0	Y27～Y0	24
		K7Y0	Y33～Y0	28
		K8Y0	Y37～Y0	32

5.1.2 数据传送指令

码 5.1-2 数据传送指令

数据传送指令及其功能说明见表 5-4。

表 5-4 数据传送指令及其功能说明

指令名称	助记符	梯形图符号	功能	操作元件(s)		
				位	字	常数
16 位数据传送	MOV（P）	─│ MOV(P) │ (s) │ (d) ├─	将(s)中指定的软元件的 BIN16 位数据传送到(d)中指定的软元件	X、Y、M、L、SM、F、B、SB、S	T、ST、C、D、W、SD、SW、R、Z	K、H
32 位数据传送	DMOV（P）	─│ DMOV(P) │ (s) │ (d) ├─	将(s)中指定的软元件的 BIN32 位数据传送到(d)中指定的软元件		双字 LC、LZ	

数据传送指令的说明如下：

1）括号内是可选项，其中带字母 P 指脉冲执行型，即接通一次时只执行一次，不带 P 指连续执行型，即输入端接通会一直执行传送功能。

2）MOV 指令是 16 位数据传送，DMOV 指令是 32 位数据传送。例如，图 5-1 用到了数据寄存器 D0，D0 本身是 16 位的数据寄存器，在用到 32 位数据传送指令中时，则将 D0、D1 成对组合为 32 位的数据寄存器，即图 5-1 的目标操作数是 D0、D1，其中 D0 中是低 16 位，D1 中是高 16 位。

3）（s）是源操作数，（d）是目标操作数，常数（K）、（H）只能是源操作数。BIN16 是 16 位二进制数。

4）数据传送指令的格式：如图 5-2 所示，DMOVP 是 32 位数据传送指令，带字母 "P" 是脉冲执行型，当 X0 从 OFF→ON 时，将源操作数从 X0 开始的 24 位传送到 D0（包含 D1）中去，K6X0 只有 24 位，不足 32 位，高位为 0。

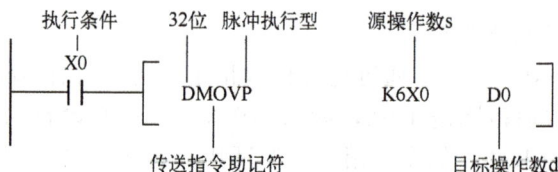

图 5-2 数据传送指令的格式举例

5）数据传送指令应用举例：图 5-3 所示为数据传送指令的应用，其功能是当 X10 为 ON 时，将 X3～X0 这 4 个位元件的值送到 D0 的低 4 位，D0 的其余 12 位补 0，图中 b0、b1、b2 等指的是数据寄存器的各个位。

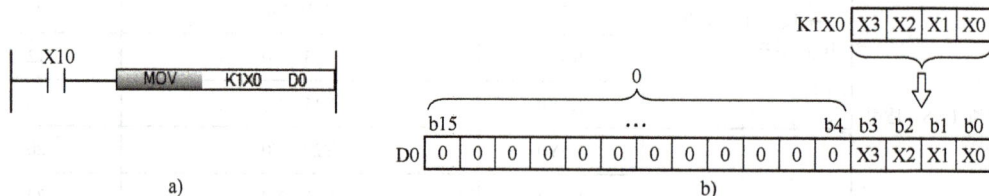

图 5-3 数据传送指令应用举例

a）数据传送指令应用程序　b）数据传送指令程序功能说明

5.1.3　电路与程序

带指示灯的Y-△减压起动控制要求如下：按下起动按钮 SB2，电动机接成Y减压起动并定时 10s，在Y起动时，指示灯亮，定时时间到自动转成△运行，指示灯熄灭，按下停止按钮，电动机停止，发生过载短路故障使热继电器常闭触点断开时，电动机停止，指示灯亮用于故障指示，处理完故障后热继电器复原，指示灯灭。

码 5.1-3
带信号灯的Y-△减压起动

1．输入/输出端口分配见表

用 FX₅ᵤ PLC 实现带指示灯的Y-△减压起动控制，其输入/输出端口分配见表 5-5。

表 5-5　带指示灯的Y-△减压起动控制输入/输出端口分配表

输　入　端　口			输　出　端　口		
输入器件	输入继电器	作用	输出器件	输出继电器	控制对象
热继电器常闭触点 FR	X0	过载保护	KM1	Y0	电源
常闭按钮 SB1	X1	停止	KM2	Y1	Y起动
常开按钮 SB2	X2	起动	KM3	Y2	△运行
			HL	Y3	起动过程与故障指示灯

2．电路接线图

带指示灯的电动机Y-△减压起动 PLC 控制电气线路如图 5-4 所示，其中黄色指示灯 HL 接输出端口 Y3，用于Y起动过程指示和发生故障指示。

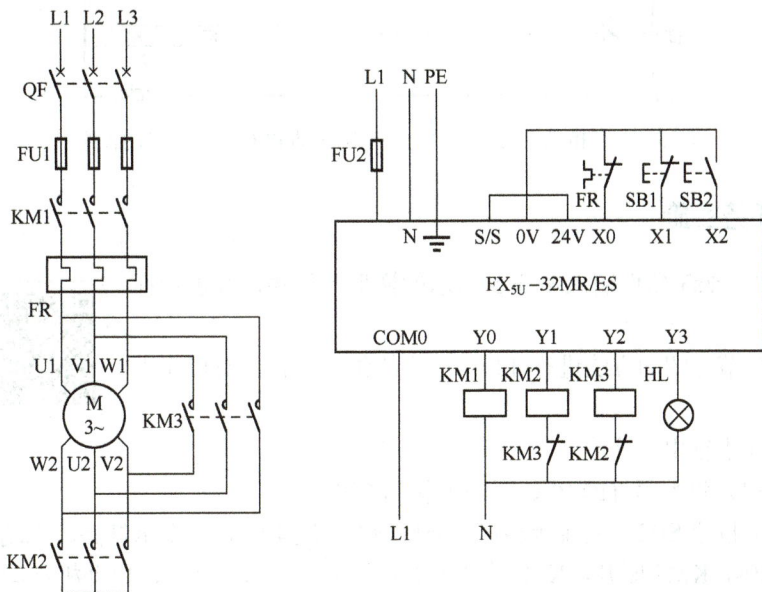

图 5-4　带指示灯的电动机Y-△减压起动 PLC 控制电气线路图

3．程序设计

表 5-6 是带指示灯的电动机Y-△减压起动 PLC 控制过程数据表，当按下起动按钮 SB2 时，X2 为 ON，这时只需要给 K1Y0 传送 K11，

码 5.1-4
带信号灯的Y-△减压起动控制——源程序

121

就可以使 Y3、Y1 和 Y0 为 ON，电动机Y起动并且指示灯亮；定时时间到只需要给 K1Y0 传送 K5，就可以使 Y2 和 Y0 为 ON，电动机△起动；按下停止按钮 SB1，X1 为 OFF，需要给 K1Y0 传送 K0，电动机停止；发生故障使热继电器 FR 常闭触点断开时，需要给 K1Y0 传送 K8，指示灯亮用于故障指示；处理完故障，系统重启后正常运行。

表 5-6　带指示灯的电动机Y-△减压起动 PLC 控制过程数据表

输入元件	作　用	输入继电器	输出继电器/负载				控制数据
			Y3/指示灯	Y2/△	Y1/Y	Y0/电源	
SB2	Y起动	X2	1	0	1	1	K11（H0B）
	△运行		0	1	0	1	K5
SB1	停止	X1	0	0	0	0	K0
FR	过载保护	X0	1	0	0	0	K8

电动机Y-△减压起动 PLC 控制梯形图程序如图 5-5 所示。程序工作原理：X2 为 ON 时传送 K11 到 K1Y0，Y0 为 ON 时启动 10s 定时，定时时间到传送 K5 到 K1Y0，X1 为 OFF 时传送 K0 到 K1Y0，X0 为 OFF 时传送 K8 到 K1Y0。

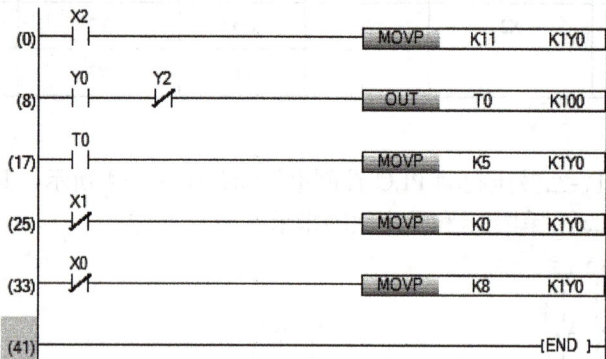

图 5-5　带指示灯的电动机Y-△减压起动 PLC 控制梯形图程序

5.1.4　任务实施

1）用 GX Works3 软件输入图 5-5 所示的梯形图程序，并进行程序的转换。

2）按 3.3.4 节介绍的方法进行 PLC 程序的仿真运行，对程序进行调试。

码 5.1-5
带信号灯的Y-△减压起动控制——实操运行

3）按图 5-4 进行电气接线。

4）PLC 通电，将编写好的 PLC 程序下载到 CPU。

5）按下起动按钮 SB2，交流接触器 KM1、KM2 通电吸合，指示灯亮，电动机Y起动。

6）Y起动 10s，KM2 断开，KM1 和 KM3 通电吸合，指示灯灭，电动机△运行。

7）按下热继电器 FR 试验按钮，模拟电动机故障，指示灯亮，交流接触器释放，电动机停止。

8）重复起动过程后，按下停止按钮，交流接触器释放，电动机停止。

9）将 MOVP 指令改成 MOV 指令，用输入继电器的上升沿或下降沿指令编写 PLC 程序并实训操作。

任务 5.2　十字路口交通信号灯控制

本任务学习 FX₅U PLC 的比较运算指令，并用比较运算指令来构建十字路口交通信号灯控制系统。

5.2.1　比较运算指令

1. 单触点比较运算指令

单触点比较运算指令常用于比较、判断和选择控制。在梯形图程序中，单触点比较运算指令以常开触点的形式出现，当符合比较条件时，常开触点闭合；当不符合比较条件时，常开触点分断。单触点比较运算指令及其功能说明见表 5-7。

码 5.2-1
FX₅U 的比较运算指令

表 5-7　单触点比较运算指令及其功能说明

指令名称	助记符	梯形图符号	功能	操作元件(s1)(s2)		
				位	字	常数
单触点16位数据比较	LD□(_U) AND□(_U) OR□(_U)	—[□(_U) | (s1) | (s2)]—	将(s1)和(s2)中指定的软元件的 16 位二进制数据进行比较，通过单触点输出	X、Y、M、L、SM、F、B、SB、S	T、ST、C、D、W、SD、SW、R、Z	K、H
单触点32位数据比较	LDD□(_U) ANDD□(_U) ORD□(_U)	—[D□(_U) | (s1) | (s2)]—	将(s1)和(s2)中指定的软元件的 32 位二进制数据进行比较，通过单触点输出	X、Y、M、L、SM、F、B、SB、S	T、ST、C、D、W、SD、SW、R、Z 双字 LC、LZ	K、H

单触点比较运算指令应用说明如下：

1）表 5-7 中，"□"为数据比较符号：等于（=）、不等于（<>）、大于（>）、小于（<）、小于或等于（<=）、大于或等于（>=）。指令带"_U"指无符号数，不带"_U"指有符号数，有符号数其最高位表示正负，0 为正数，1 为负数。

2）图 5-6 是单触点比较运算指令应用举例。

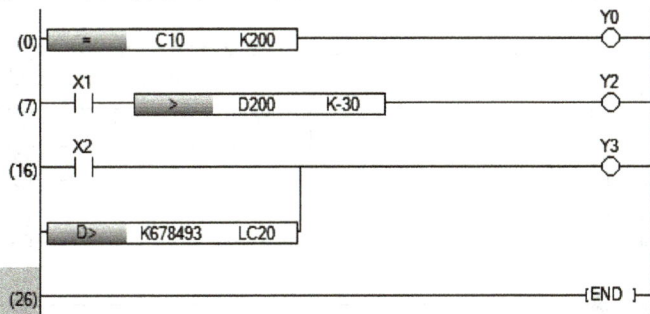

图 5-6　单触点比较运算指令应用举例

程序步 0～6 中用到的是取 16 位数据比较运算常开触点，其功能是当计数器 C10 的当前值等于 200 时，该比较常开触点接通，从而使 Y0 接通为 ON。

程序步 7～15 中用到的是串联 16 位数据比较运算常开触点，其功能是当 X1 为 ON，并且数据寄存器 D200 的值大于-30 时，使 Y2 接通为 ON。

程序步 16～25 中用到的是并联 32 位数据比较运算常开触点，其功能是当 X2 为 ON，或者 678493 大于长计数器 LC20 的当前值时，使 Y3 接通为 ON。

2. 多触点输出的比较运算指令

多触点输出的比较运算指令用于两个软元件的数据进行比较，根据结果（小于、等于、大于），使指定的位元件(d)及(d)+1、(d)+2 中的一项变为 ON。多触点输出的比较运算指令及其功能说明见表 5-8。

表 5-8　多触点输出的比较运算指令及其功能说明

指令名称	助记符	梯形图符号	功能	操作元件(s1)(s2)		
				位	字	常数
多触点 16 位数据比较	CMP(P)(_U)	⊢ CMP(P)(_U) | (s1) | (s2) | (d) ⊢	将(s1)和(s2)中指定的软元件的 16 位二进制数据进行比较，根据结果(小于、等于、大于)，使位元件(d)、(d)+1、(d)+2 中的一项变为 ON	X、Y、M、L、SM、F、B、SB、S	T、ST、C、D、W、SD、SW、R、Z	K、H
多触点 32 位数据比较	DCMP(P)(_U)	⊢ DCMP(P)(_U) | (s1) | (s2) | (d) ⊢	将(s1)和(s2)中指定的软元件的 32 位二进制数据进行比较，根据结果(小于、等于、大于)，使位元件(d)、(d)+1、(d)+2 中的一项变为 ON	X、Y、M、L、SM、F、B、SB、S	T、ST、C、D、W、SD、SW、R、Z	K、H

多触点输出的比较运算指令应用说明如下：

1）表 5-8 中其中带"P"指脉冲执行型，不带"P"指连续执行型；带"_U"指无符号数，不带"_U"指有符号数。

2）表 5-8 中的梯形图符号中的（d）为指定的位软元件，如 M0、Y7。当 X0 为 ON 时，对（s1）、（s2）中数据进行比较：

（s1）>（s2）时，（d）为 ON；

（s1）=（s2）时，（d）+1 为 ON；

（s1）<（s2）时，（d）+2 为 ON。

3）图 5-7 是多触点输出的比较运算指令应用举例，程序步 0～5 表示，程序运行的第 1 个扫描周期，将 120 送到数据寄存器 D0 中。

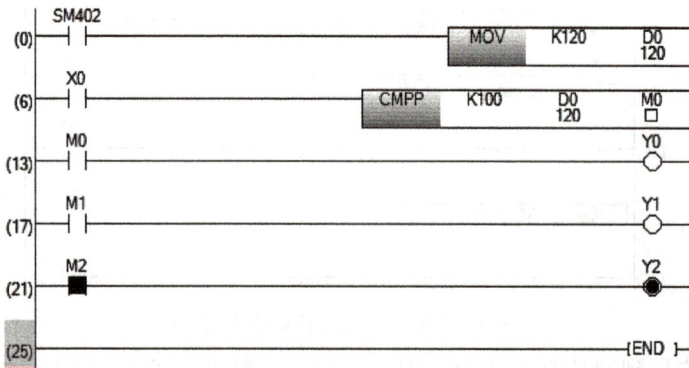

图 5-7　多触点输出的比较运算指令应用举例

程序步 0～5 中用到的是脉冲执行型多触点输出的比较运算指令，其功能是在 X0 的上升沿，比较 K100 和 D0 里的数据（120），当 K100>D0（120）时，M0 为 ON；当 K100=D0（120）时，M1 为 ON；当 K100<D0（120）时，M2 为 ON。很明显结果是 K100<D0（120），M2 为 ON。在程序步 21～24 中，M2 为 ON，接通 Y2 为 ON。

5.2.2 电路与程序

1. 十字路口交通信号灯点亮顺序

码 5.2-2
十字路口交通信号灯控制

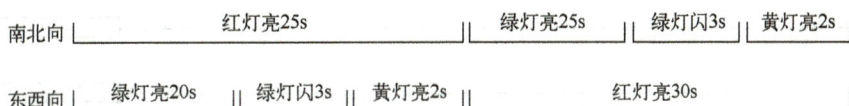

十字路口交通信号灯循环点亮的顺序是：按下起动按钮，首先南北红灯亮并维持 25s，在南北红灯亮的同时，东西绿灯也亮并维持 20s 后，东西绿灯闪烁 3s 后熄灭，然后东西黄灯亮 2s 后熄灭。接着东西红灯亮并维持 30s，同时南北绿灯也亮并维持 25s 后，南北绿灯闪烁 3s 后熄灭，然后南北黄灯亮 2s 后熄灭。如此循环，按下停止按钮，信号灯熄灭，停止运行。信号灯循环点亮顺序如图 5-8 所示。

图 5-8 十字路口交通信号灯循环点亮顺序

2. 输入/输出端口分配表

十字路口交通信号灯 PLC 控制系统的输入/输出端口分配表见表 5-9。

表 5-9 十字路口交通信号灯 PLC 控制系统输入/输出端口分配表

输 入 端 口			输 出 端 口	
输入器件	输入继电器	作用	输出继电器	控制对象
常开按钮 SB1	X0	起动	Y0	南北红灯接触器 KM1
常开按钮 SB2	X1	停止	Y1	东西绿灯接触器 KM2
			Y2	东西黄灯接触器 KM3
			Y3	东西红灯接触器 KM4
			Y4	南北绿灯接触器 KM5
			Y5	南北黄灯接触器 KM6

3. 电气线路图

十字路口交通信号灯循环点亮控制系统电气线路图如图 5-9 所示。PLC 输入端两个常开按钮分别用于循环起动和停止，接触器 KM1～KM6 分别控制各组信号灯。

4. 程序设计

码 5.2-3
十字路口交通信号灯控制——源程序

十字路口交通信号灯控制 PLC 梯形图程序如图 5-10 所示。工作原理是：程序步 0～7，按下起动按钮 SB1，对 M0 置位，按下停止按钮 SB2 对 M0 复位，用 M0 标志信号灯系统正常工作状态。程序步 8～16，用 M0 起动定时器 T0 的循环定时（为 55s 周期）。程序步 17～28，1 个 55s 周期中前 25s 南北红灯亮；程序步 29～53，1 个 55s 周期中前 20s 东西绿灯亮，21～23s 东西绿灯闪烁；程序步 54～65，24～25s 东西黄灯亮；后面的程序用于控制东西红灯和南北绿灯，与前面的原理相同。

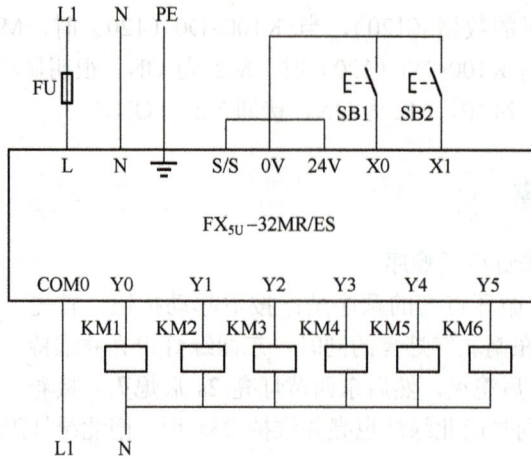

图 5-9 十字路口交通信号灯循环点亮控制系统电气线路图

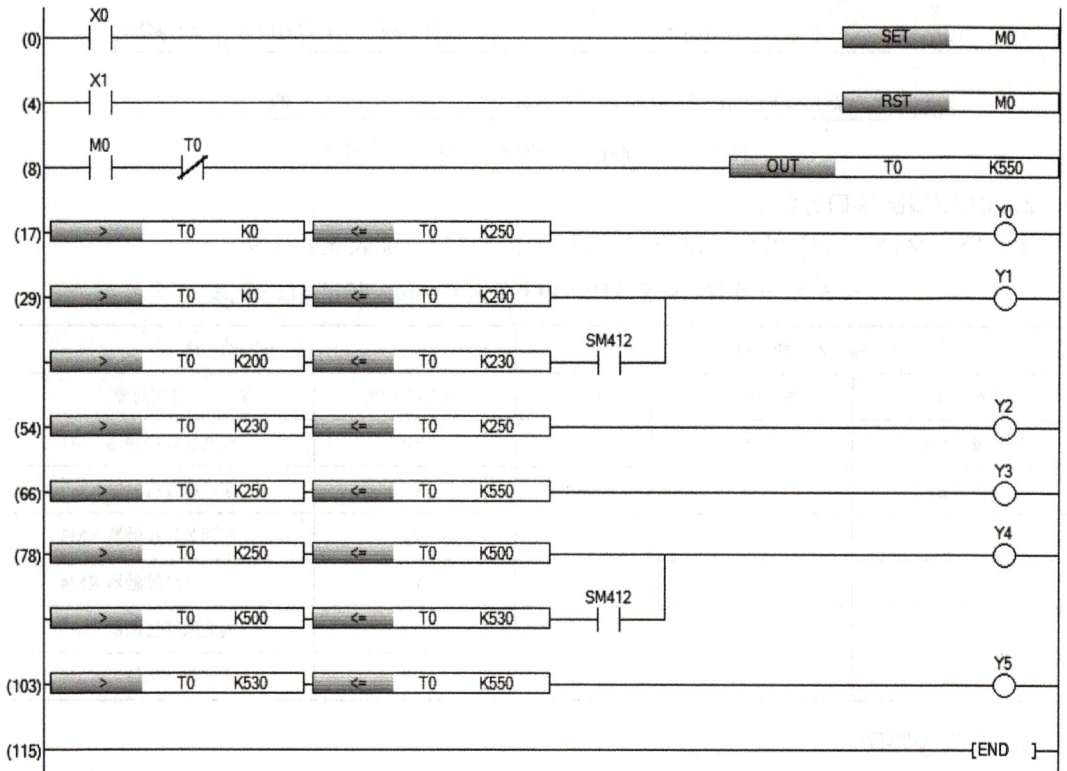

图 5-10 十字路口交通信号灯控制的 PLC 梯形图程序

5.2.3 任务实施

1）用 GX Works3 软件输入图 5-10 所示的十字路口交通信号灯 PLC 控制系统梯形图程序，并进行程序的转换。

2）按 3.3.4 节介绍的方法进行 PLC 程序的仿真运行，对程序进行调试。

3）在没有十字交通信号灯实物模拟系统时，PLC 输入端子接两个常开按钮用于起动和停止，输出部分接几个信号灯。

4）PLC 通电，将编写好的 PLC 程序下载到 CPU。

5）按下起动按钮 SB1，系统信号灯循环正确点亮。

6）按下停止按钮 SB2，系统信号灯系统停止工作。

7）将图 5-10 所示的程序中定时器 T0 改成计数器，对 SM412 的 1s 时钟脉冲进行计数，编制 PLC 程序，重复任务实施的操作。

任务 5.3　停车场车位自动计数控制

本任务学习 FX$_{5U}$ PLC 的加减乘除四则运算指令和增减 1 指令，并构建停车场车位自动计数控制系统。

码 5.3-1
加减运算指令

5.3.1　算术运算指令

1. 加减运算指令

加减运算指令及其功能说明见表 5-10。

表 5-10　加减运算指令及其功能说明

指令名称	助记符	梯形图符号	功能	操作元件(s1)(s2)(d)		
				位	字	常数
16 位加法指令（2 个操作数）	+	─┤ +(P)(_U) | (s) | (d) ├─	将(d)与(s)中指定的 16 位二进制数据进行相加，并将结果存储到(d)中指定的软元件中	X、Y、M、L、SM、F、B、SB、S	T、ST、C、D、W、SD、SW、R、Z	K、H
16 位加法指令（3 个操作数）	+	─┤ ADD(P)(_U) | (s1)|(s2)| (d) ├─	将(s1)和(s2)中指定的 16 位二进制数据进行相加，并将结果存储到(d)中指定的软元件中			
16 位减法指令（2 个操作数）	-	─┤ -(P)(_U) | (s) | (d) ├─	将(d)与(s)中指定的 16 位二进制数据进行相减，并将结果存储到(d)中指定的软元件中			
16 位减法指令（3 个操作数）	-	─┤ SUB(P)(_U) | (s1)|(s2)| (d) ├─	将(s1)和(s2)中指定的 16 位二进制数据进行相减，并将结果存储到(d)中指定的软元件中			
32 位加法指令（3 个操作数）	D+	─┤ D+(P)(_U) | (s1)|(s2)| (d) ├─	将(s1)和(s2)中指定的 32 位二进制数据进行相加，并将结果存储到(d)中指定的软元件中	X、Y、M、L、SM、F、B、SB、S	T、ST、C、D、W、SD、SW、R、Z	K、H
32 位减法指令（3 个操作数）	D-	─┤ D-(P)(_U) | (s1)|(s2)| (d) ├─	将(s1)和(s2)中指定的 32 位二进制数据进行相减，并将结果存储到(d)中指定的软元件中		双字 LC、LZ	

加减运算指令应用说明如下：

1）表 5-10 中的梯形图，带"P"指脉冲执行型，不带"P"指连续执行型；带"_U"指无符号数，不带"_U"指有符号数。

2）(s)、(s1)和(s2)可以是存储数据的寄存器，也可以是常数，如果是常数，必须是十进制数（K）和十六进制数（H）；(d)必须是 16/32 位寄存器。

3）32 位加减法运算同样有两个操作数指令的情况；加减法还有 "ADD（P）（_U）""SUB（P）（_U）""D+（P）（_U）""D-（P）（_U）"等形式的指令，功能和表 5-10 的 3 个操作数加减运算相同。具体可查阅《MELSEC iQ-F FX5 编程手册（指令通用 FUN/FB 篇）》。

4）图 5-11 所示为加减运算指令应用举例。

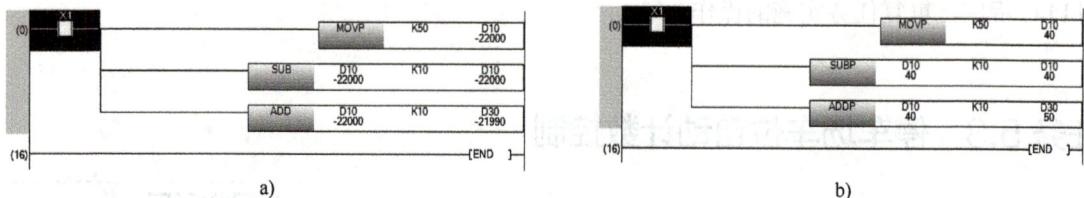

a)　　　　　　　　　　　　　b)

图 5-11　加减运算指令应用举例

a）连续执行型加减运算指令仿真运行　b）脉冲执行型加减运算指令仿真运行

图 5-11a 用到了连续执行型减法运算（SUB）指令和连续执行型加法运算（ADD）指令。其中传送指令 MOVP 是脉冲执行型，在 X1 从 OFF→ON 时，将 50 送给 D10；SUB 指令，在每一个扫描周期，对 D10 减 10 再送到 D10，则 D10 中数变成了-22000，程序中的 ADD 指令则将-22000 加上 10 送到 D30 中去，则 D30 中的数是-21990。

图 5-11b 用到了脉冲执行型减法运算（SUBP）指令和脉冲执行型加法运算（ADDP）指令。其中 MOVP 在 X1 从 OFF→ON 时将 50 送给 D10；SUBP 指令在 X1 从 OFF→ON 时，对 D10 减 10 再送到 D10，则 D10 中数为 40；程序中的 ADDP 指令则将 D10 里的数（40）加上 10 送到 D30 中去，则 D30 中的数是 50。

在编程时要注意脉冲执行型与连续执行型指令的区别，同时也要学会运算指令的灵活应用。

2. 乘除运算指令

乘除运算指令及其功能说明见表 5-11。

码 5.3-2
乘除运算指令

表 5-11　乘除运算指令及其功能说明

指令名称	助记符	梯形图符号	功能	操作元件(s1) (s2) (d)		
				位	字	常数
16 位乘法指令	MUL	─┤ MUL(P)(_U) │ (s1)│(s2)│ (d) ├─	将(s1)和(s2)中指定的 16 位二进制数据进行相乘，并将结果存储到(d)中指定的软元件中	X、Y、M、L、SM、F、B、SB、S	T、ST、C、D、W、SD、SW、R、Z	K、H
16 位除法指令	DIV	─┤ DIV(P)(_U) │ (s1)│(s2)│ (d) ├─	将(s1)和(s2)中指定的 16 位二进制数据进行相除，并将结果存储到(d)中指定的软元件中			
32 位乘法指令	DMUL	─┤ DMUL(P)(_U) │ (s1)│(s2)│ (d) ├─	将(s1)和(s2)中指定的 32 位二进制数据进行相乘，并将结果存储到(d)中指定的软元件中	X、Y、M、L、SM、F、B、SB、S	T、ST、C、D、W、SD、SW、R、Z	K、H
32 位除法指令	DDIV	─┤ DDIV(P)(_U) │ (s1)│(s2)│ (d) ├─	将(s1)和(s2)中指定的 32 位二进制数据进行相除，并将结果存储到(d)中指定的软元件中		双字 LC、LZ	

乘除运算指令应用说明如下：

1）对于 16 位乘法运算，(s1)和(s2)可以是存储数据的 16 位寄存器，也可以是常数，(d)应该用 16 位寄存器。由于两个 16 位二进制数相乘，结果很容易超出 16 位，所以运算结果送到(d)和(d)+1 中，(d)中存放低 16 位，(d)+1 中存放高 16 位，如图 5-12 所示。

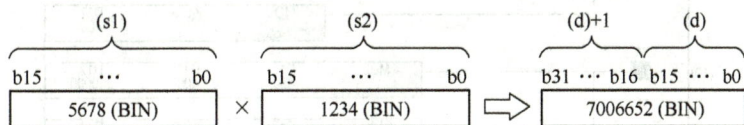

图 5-12　16 位乘法运算应用示例

2）对于 16 位除法运算，(s1)、(s2)和(d)的要求与乘法相同。对除法的运算结果，(d)中存放商，(d)+1 中存放余数，如图 5-13 所示。

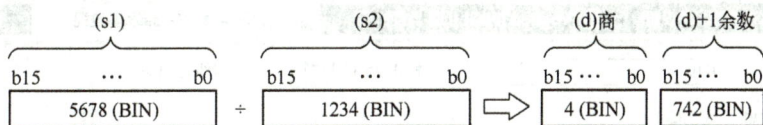

图 5-13　16 位除法运算应用示例

3）对于 32 位乘法运算，(s1)、(s2) 和(d)如果本身是 16 位寄存器，则应包含高位寄存器。同样两个 32 位二进制数相乘，结果很容易超出 32 位，运算结果如图 5-14 的示例。

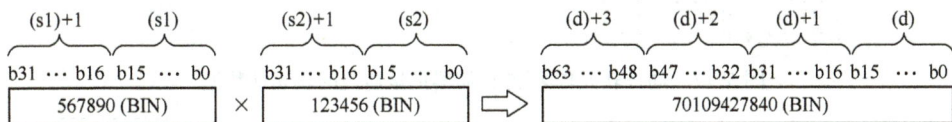

图 5-14　32 位乘法运算应用示例

4）在图 5-15 所示的 32 位除法运算应用示例中，当 X1 为 ON 时，进行除法运算，(s1)用到的 D0 包含（D1，D0）两个 16 位的数据寄存器，对于 D2 也同样，运算结果（D5，D4）存放商，（D7，D6）存放余数。

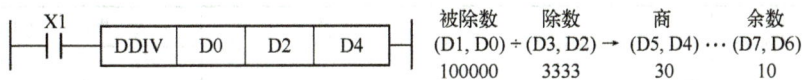

图 5-15　32 位除法运算应用示例

5）乘除法还有"*（P）（_U）""/（P）（_U）""D*（P）（_U）""D/（P）（_U）"等形式的指令，功能和表 5-11 的乘除运算类似，乘除法指令也有两个操作数的形式，其功能是用第 1 个操作数乘（除）第 2 个操作数，结果存到第 1 个操作数指定的存储器中。具体可查阅《MELSEC iQ-F FX5 编程手册（指令通用 FUN/FB 篇）》。

6）乘除法运算指令应用举例。

如图 5-16 所示，数据寄存器 D10 内的数据是 600，D11 是 400，两数乘积是 240000，超出了 D12 的 16 位二进制数的存储范围，所以乘法指令将结果送到 D12 中，实际是 D12 和 D13 组合为 32 位寄存器存放乘法结果 240000。本例中，要想在 D14 中再得到 600，必须用到 DDIV（32 位）指令，如果用 DIV（16 位）指令，则参与运算的存储器只有数据寄存器 D12 本身，就不能得到正确的结果了。

图 5-17 是通过软元件/缓冲存储器批量监视的 D10 到 D14 的数据，D10 是 600，D11 是400，D12 是由于最高位是 1，所以是-22144，它与 D13 合一起才是 240000，所以选择 32 位数

据才能正确显示。

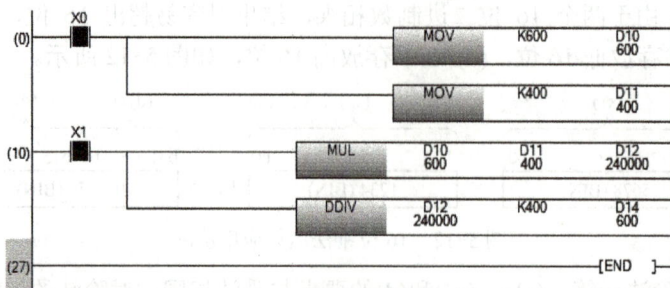

图 5-16   乘除法运算指令应用举例

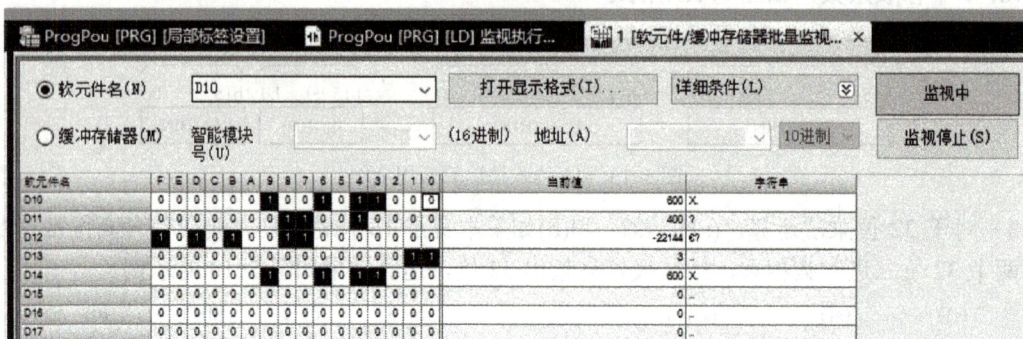

图 5-17   通过软元件/缓冲存储器批量监视的软元件数据

5.3.2   递增/递减指令

递增/递减指令及其功能见表 5-12。

表 5-12   递增/递减指令及其功能

指令名称	助记符	梯形图符号	功能	操作元件(s1) (s2) (d)		
				位	字	常数
16 位递增指令	INC	—[INC(P)(_U) (d)]—	对(d)中指定的 16 位二进制数据进行加 1 操作	X、Y、M、L、SM、F、B、SB、S	T、ST、C、D、W、SD、SW、R、Z	K、H
16 位递减指令	DEC	—[DEC(P)(_U) (d)]—	对(d)中指定的 16 位二进制数据进行减 1 操作	X、Y、M、L、SM、F、B、SB、S	T、ST、C、D、W、SD、SW、R、Z	K、H
32 位递增指令	DINC	—[DINC(P)(_U) (d)]—	对(d)中指定的 32 位二进制数据进行加 1 操作	X、Y、M、L、SM、F、B、SB、S	T、ST、C、D、W、SD、SW、R、Z	K、H
32 位递减指令	DDEC	—[DDEC(P)(_U) (d)]—	对(d)中指定的 32 位二进制数据进行减 1 操作	X、Y、M、L、SM、F、B、SB、S	双字 LC、LZ	K、H

对于递增/递减指令，同样带"P"指脉冲执行型，不带"P"指连续执行型；如果使用连续执行式递增/递减指令，则会在程序运行的每一个扫描周期都将进行加法运算，使用时一定要注意。

5.3.3   电路与程序

有一汽车停车场，最大容量能够停放 200 辆车，用出/入红外传感器检测车辆进出停车场，每进一辆车停车场空车位数减 1，每出一辆车空车位数加 1，采用两个信号灯来显示停车场是否有空车位，有空车位时绿灯亮，车辆已满没有空车位时红灯亮，当空车位数在 5 个以下时，绿灯闪烁，提醒进场车辆即将满场。

1．输入/输出端口分配表

停车场车位自动计数 PLC 控制系统的输入/输出端口分配见表 5-13。输入端入/出场红外传感器分别接输入端口 X0 和 X1，为了校正可能出现的空车位计数错误，两个传感器分别并联常开按钮。输出端口 Y0 和 Y1 分别接绿灯和红灯，用于指示。

表 5-13　停车场车位自动计数 PLC 控制系统输入/输出端口分配表

输入端口			输出端口		
输入器件	输入继电器	作用	输出器件	输出继电器	控制对象
车辆入场传感器 常开按钮 SB3	X0	驶入停车场检测	HLG	Y0	绿灯
车辆出场传感器 常开按钮 SB2	X1	驶入停车场检测	HLR	Y1	红灯

2．电气线路图

停车场车位自动计数 PLC 控制系统电气线路图如图 5-18 所示。

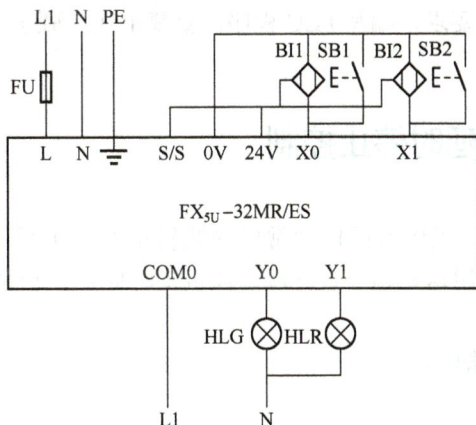

图 5-18　停车场车位自动计数 PLC 控制系统电气线路图

码 5.3-4 停车场车位自动计数控制——源程序

3．程序设计

停车场车位自动计数 PLC 控制系统梯形图程序如图 5-19 所示。

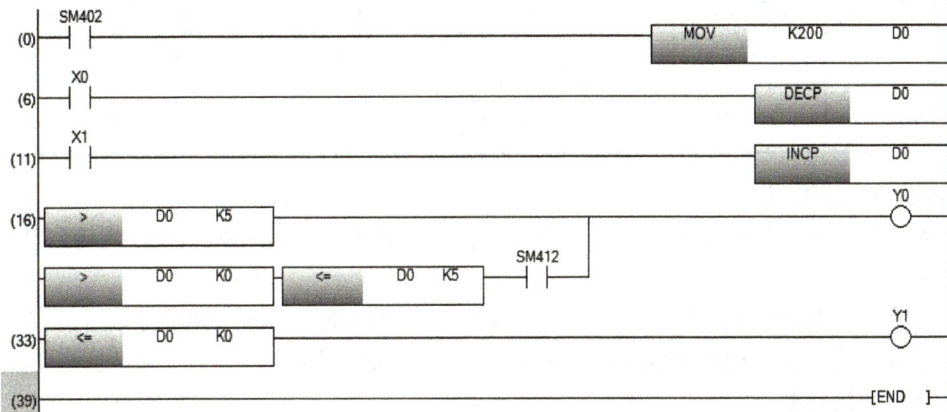

图 5-19　停车场车位自动计数 PLC 控制系统梯形图程序

程序步 0～5，程序开始，将空车位数传送到 D0；

程序步 6～15，每进一辆车，对 D0 减 1，每出一辆车，对 D0 加 1；

程序步 16～32，空车位数大于 5 时绿灯常亮，空车位数在 1～5 时绿灯闪烁，最后没有空车位时红灯亮。

5.3.4　任务实施

1）用 GX Works3 软件输入图 5-19 所示的停车场车位自动计数 PLC 控制系统梯形图程序，并进行程序的转换。

码 5.3-5
停车场车位自动计数控制系统——仿真运行

2）按 3.3.4 节介绍的方法进行 PLC 程序的仿真运行，对程序进行调试，在程序仿真和实际运行时，注意将车位数减小，以方便调试。

3）PLC 输入端子接两个常开按钮用于模拟车辆出/入停车场，输出部分接两个信号灯。

4）PLC 通电，将编写好的 PLC 程序下载到 CPU，实际运行停车场车位自动计数 PLC 控制系统。

5）对停车场的车辆计数，车辆数在 0～195 时绿灯亮，在 196～199 时绿灯闪烁，等于 200 时红灯亮。根据这样的控制要求，编写 PLC 程序，重复上述步骤进行调试运行。

任务 5.4　冷却风机延时停止控制

本任务学习 FX₅U PLC 程序流程控制常用的跳转指令、主程序结束指令、子程序调用指令、子程序返回指令，然后用这些指令设计冷却风机延时停止控制系统。

5.4.1　程序流程控制指令

码 5.4-1
程序流程控制指令

1. 跳转指令

跳转指令 CJ 及其功能说明见表 5-14。

表 5-14　跳转指令 CJ 及其功能说明

指令名称	助记符	梯形图符号	功能
跳转指令	CJ	—[CJ(P) | Pn]—	在其输入端为 ON 时，跳转到同一程序文件内指针编号 Pn 的程序段
跳转至 END 指令	GOEND	—[GOEND]—	跳转至同一程序文件内的 FEND 或 END 指令

跳转指令应用说明如下：

1）跳转指令 CJ 只能跳转到同一程序文件内的指针编号。GOEND 直接跳转到 FEND 或 END 指令。

2）跳转运行中跳转至跳转范围内的指针编号时，执行跳转目标指针编号以后的程序。

3）标号放置在程序梯形图的左母线的左边。一个标号只能出现一次。CJ 是连续执行型，CJ（P）是脉冲执行型。

4）跳转指令应用举例如图 5-20 所示，当 X2 为 ON 时，程序将跳转到标号为 P19 的位置执行其后面的程序。这时跳转指令和标号 P19 之间的程序段将不执行。

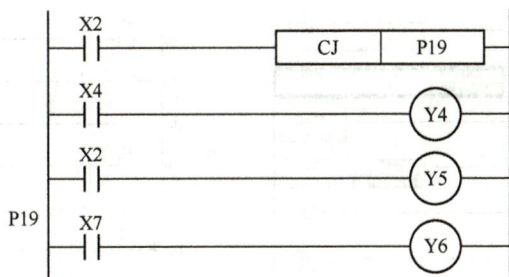

图 5-20 跳转指令应用举例

2. 主程序结束指令

主程序结束指令 FEND 及其功能说明见表 5-15。

表 5-15 主程序结束指令及其功能说明

指令名称	助记符	梯形图符号	功能
主程序结束	FEND	─[FEND]─	表示主程序结束。用于将主程序与子程序、中断程序等分开时使用

在一个程序文件中，遇到 FEND 指令，表示主程序到此结束，其后面是子程序或中断程序等。

3. 子程序调用和返回指令

子程序调用指令 CALL 和子程序返回指令 SRET 及其功能说明见表 5-16。

表 5-16 子程序调用指令和子程序返回指令及其功能说明

指令名称	助记符	梯形图符号	功能
子程序调用指令	CALL	─[CALL(P) | Pn]─	在其输入端为 ON 时，跳转至标签（Pn）的位置，执行标签 Pn 的子程序。CALL 指令用的标签（Pn）需要在 FEND 指令后编程
子程序调用指令（调用结束非执行处理）	XCALL	─[XCALL | Pn]─	在其输入端为 ON 时，跳转至标签（Pn）的位置，执行标签 Pn 的子程序。调用结束后，对子程序进行非执行处理
子程序返回指令	SRET	─[SRET]─	子程序的结束

子程序调用指令应用说明如下：

1）在 CALL 指令的输入为 ON 时，执行 CALL 指令，跳转至标签（Pn）位置，接着执行标签（Pn）的子程序，执行到 RET（SRET），返回至 CALL 指令的下一步。

2）对于 CALL（P）指令，在调用子程序时（中断程序内也同样）置为 ON 的软元件，在子程序调用结束后也将保持，如果对定时器及计数器执行 RST 指令，定时器及计数器的复位状态也将保持。

3）对于 XCALL 指令，在调用子程序时置为 ON 的软元件，在子程序调用结束后也将保持，会进行非执行处理。非执行处理的意思是如果子程序中是 SET 指令的软元件，则会保持，如果是 OUT 指令的软元件，则不保持。

4）子程序允许多重多层嵌套，子程序内的 CALL 指令最多允许使用 4 次，整体而言最多允许 16 层嵌套。

5）子程序调用指令 CALLP 应用举例如图 5-21 所示。

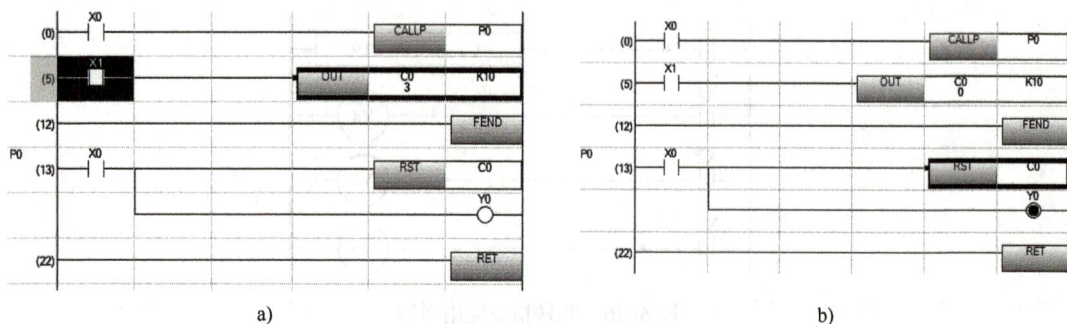

图 5-21　子程序调用指令 CALLP 应用举例

a) 未调用子程序时程序运行　b) 调用子程序后返回主程序运行

在 X0 未接通时不调用子程序，C0 对 X1 的接通次数进行计数，如图 5-21a 所示，计数值为 3，即 X1 接通了 3 次。在 X0 从 OFF→ON，进行子程序调用，在这里用脉冲执行型，在子程序中，对 C0 进行复位并接通 Y0 为 ON，子程序执行完后返回主程序。子程序执行完后 C0 的 RST 复位和 Y0 的 ON 状态会保持，如图 5-21b 所示。所以在主程序中 C0 不能再对 X1 的接通次数进行计数了。

6）子程序调用指令 XCALL 应用举例如图 5-22 所示。

如图 5-22a 所示，在 X0 为 ON 时，调用子程序，即复位 C0，Y0 接通为 ON。X0 从 ON→OFF 时对子程序进行非执行处理，即 Y0 变为 OFF，C0 不再复位。回到主程序后 C0 正常对 X1 的接通次数进行计数，如图 5-22b 所示。

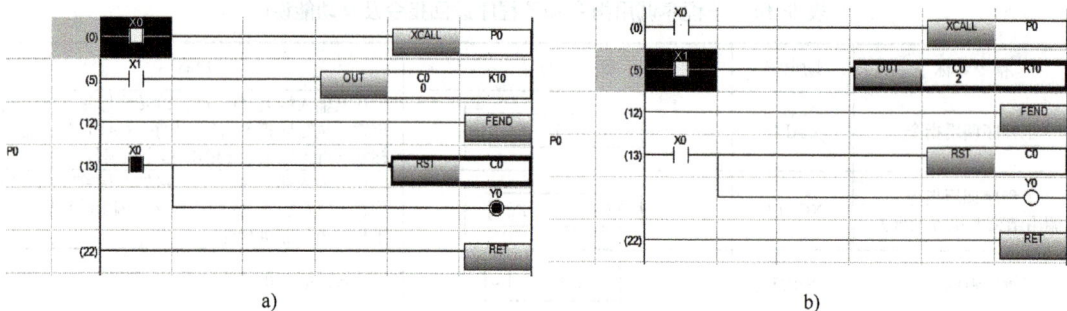

图 5-22　子程序调用指令 XCALL 应用举例

a) 调用子程序时程序运行　b)调用子程序后返回主程序运行

5.4.2　电路与程序

某生产系统，主电动机运行时风机运行对主电动机散热；如果主电动机运行时间不超过 10min，主电动机停止时风机立即停止；如果主电动机运行时间超过 10min，则主电动机停止时，风机继续运行 2min 对主电动机散热，然后停止。主电动机用热继电器进行过载保护，发生故障时热继电器常闭触点断开，与按下停止按钮控制相同。风机用熔断器进行短路保护。

1. 输入/输出端口分配表

冷却风机延时停止 PLC 控制系统的输入/输出端口分配表见表 5-17。

表 5-17　冷却风机延时停止 PLC 控制系统输入/输出端口分配表

输 入 端 口			输 出 端 口		
输入器件	输入继电器	作用	输出器件	输出继电器	控制对象
热继电器常闭触点 FR	X0	主电机过载保护	KM1	Y0	主电动机运行
常闭按钮 SB1	X1	停止	KM2	Y1	风机运行
常开按钮 SB2	X2	起动			

2. 电气线路图

冷却风机延时停止 PLC 控制系统电气线路图如图 5-23 所示。

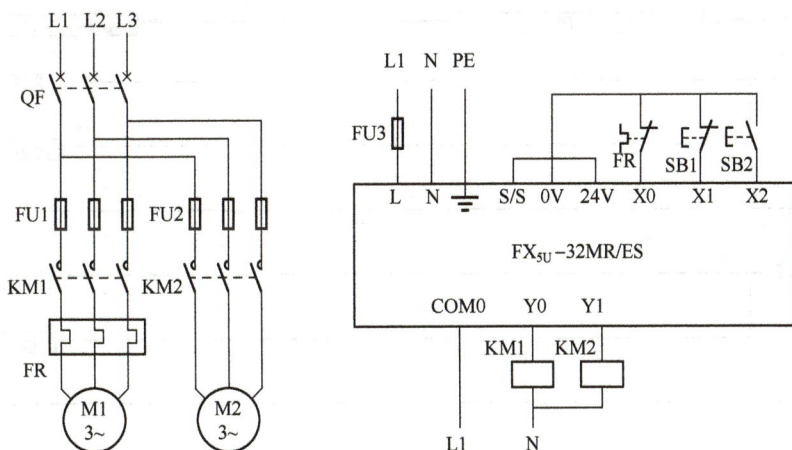

图 5-23　冷却风机延时停止 PLC 控制系统电气线路图

3. 程序设计

（1）用跳转指令编程。

冷却风机延时停止 PLC 控制系统梯形图程序（用跳转指令编程）如图 5-24 所示。

程序步 0～5，按下起动按钮时同时起动主电动机与风机。

程序步 6～11，按下停止按钮或主电动机发生过载时，停止主电动机。

程序步 12～18，SM8014 是分脉冲，当主电动机运行时，通过 INCP 指令对分脉冲进行计数，并将计数值存到数据寄存器 D0 中。

程序步 19～27，当主电动机停止且主电动机运行时间不超过 10min 时，程序跳转到标号为 P1 程序段，反之不跳转，顺序执行。P1 段是程序步 49～57，此段程序在主程序外，用于直接停止风机且将 D0 清 0。

程序步 28～47，主电动机停止时运行时间不超过 10min 不成立，顺序执行到此段程序，用 T1 延时 2min，再停风机并对 D0 清 0。

（2）用调用子程序编程。

在图 5-24 所示的程序中，程序步 41～47 和 49～57 都用到了对 Y1 和 D0 的 RST 指令，在一个程序文件中多次重复使用相同的指令时，可以将它编写成子程序来重复调用，能够使程序更加简洁，条理清楚，在复杂的程序中，能够大大减少程序步数。

码 5.4-2　冷却风机延时停止（跳转指令编程）——源程序

码 5.4-3　冷却风机延时停止（调用子程序）——源程序

码 5.4-4　冷却风机延时停止（调用子程序）——仿真运行

135

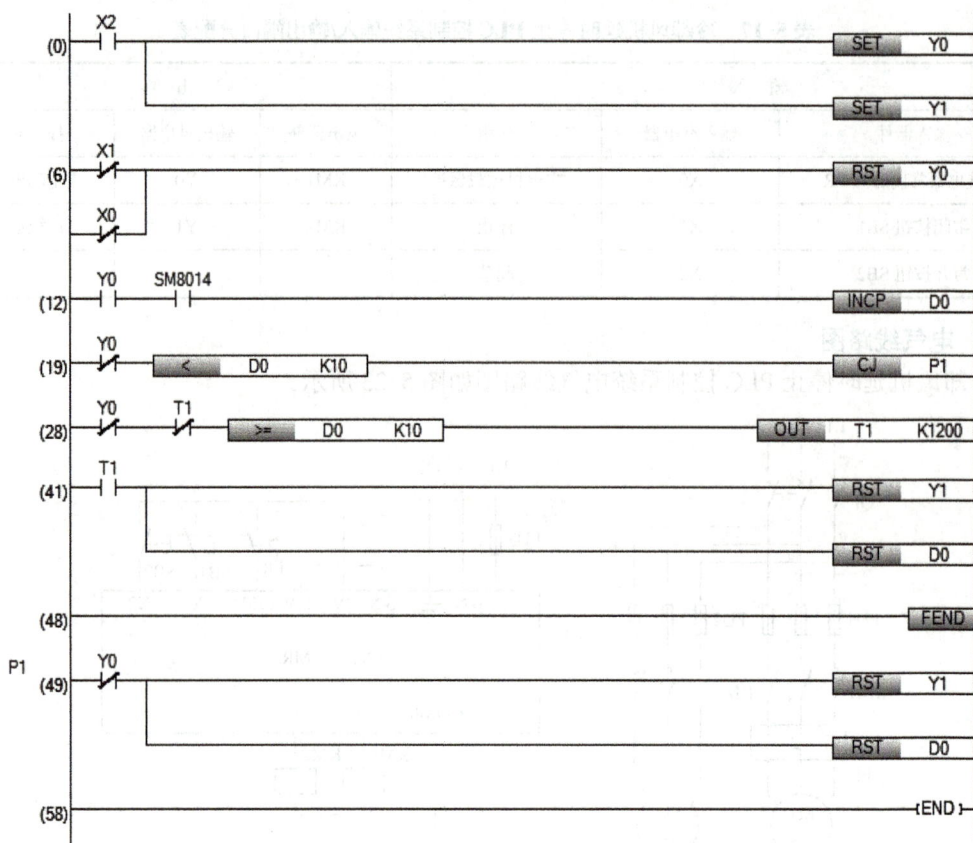

图 5-24　冷却风机延时停止 PLC 控制系统梯形图程序（用跳转指令编程）

图 5-24 中，P1 标号的子程序用于将 D0 和 Y1 复位，再次用到这个功能时就可以直接调用。

5.4.3　任务实施

1）用 GX Works3 软件输入图 5-24 所示的冷却风机延时停止 PLC 控制系统梯形图程序，并进行程序的转换。

2）进行 PLC 程序的仿真运行，对程序进行调试。注意在程序仿真和实际运行时，可以将分脉冲改成秒脉冲，减小 T1 的延时时间，以方便调试。

3）按图 5-23 进行电气接线。

4）PLC 通电，将编写好的 PLC 程序下载到 CPU，实际运行冷却风机延时停止 PLC 控制系统。按下起动按钮，两个接触器都吸合。未到 10s（为了方便调试）时，按下停止按钮，两个接触器立即释放。再次按下起动按钮，超过 10s，再按下停止按钮，风机延时停止。

5）用 GX Works3 软件输入图 5-25 所示的程序，并进行程序的转换。

6）进行 PLC 程序的仿真运行，对程序进行调试。

7）按前面的第 4）步，进行程序下载和实际运行。

8）比较两种编程方式的优缺点，熟悉编程方法。

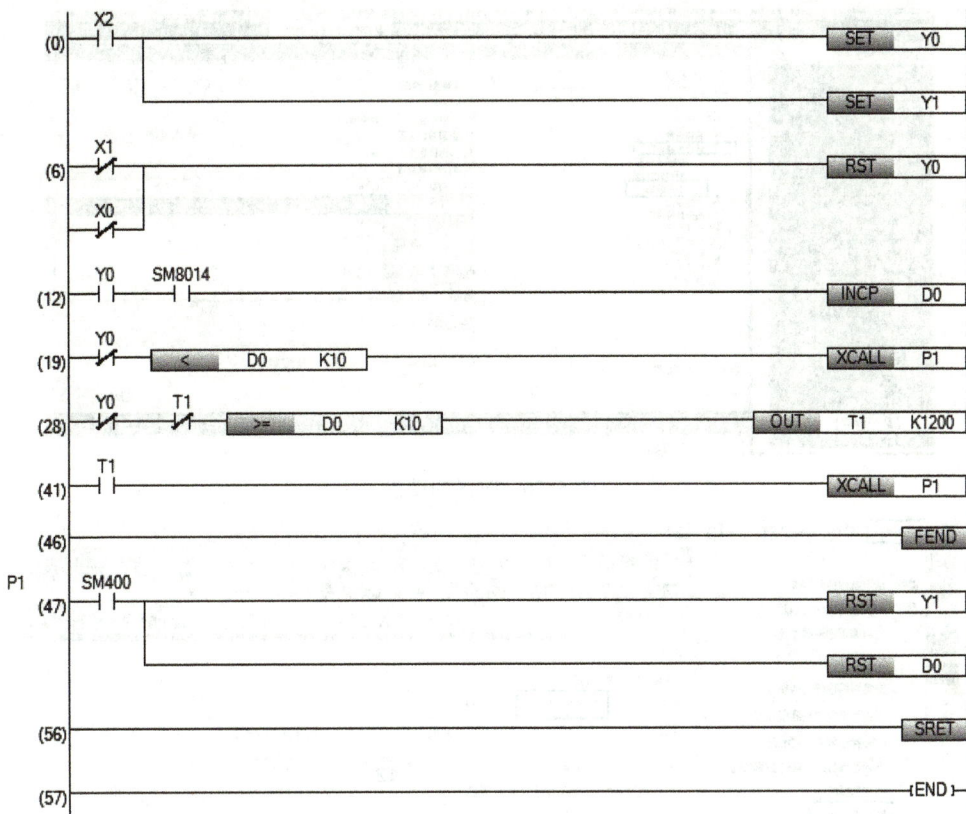

图 5-25 冷却风机延时停止 PLC 控制系统梯形图程序 (调用子程序编程)

任务 5.5 马路照明灯控制

本任务学习 FX$_{5U}$ PLC 的时钟设置、时钟用特殊寄存器和时钟数据写入/读出指令,应用时钟指令设计马路照明灯自动 PLC 控制系统。

5.5.1 PLC 时钟系统

1. 时区的设置

FX$_{5U}$ PLC 具有时钟系统,其时钟默认的时区是 UTC+9,即东 9 区,在使用前将其改成北京时间东 8 区,设置方法是:导航窗口→"参数"→"FX$_{5U}$CPU"→"CPU 参数"→"运行关联设置"→"时钟关联设置",选择北京时间东 8 区即"UTC+8",如图 5-26 所示。

码 5.5-1
PLC 时钟与时钟指令

2. 时钟的在线修改

通过如下方式,可以对 CPU 的时钟进行在线修改。在 PLC 与计算机连接并且 PLC 运行的情况下,单击菜单栏中的"在线"→"时钟设置"命令,打开时钟设置页面,对 PLC 时钟进行在线设置修改,如图 5-27 所示。注意 PLC 时钟的时区是不是东 8 区,以及年、月、日、时、分、秒、星期与当前时间是不是一致。

图 5-26　时区的设置

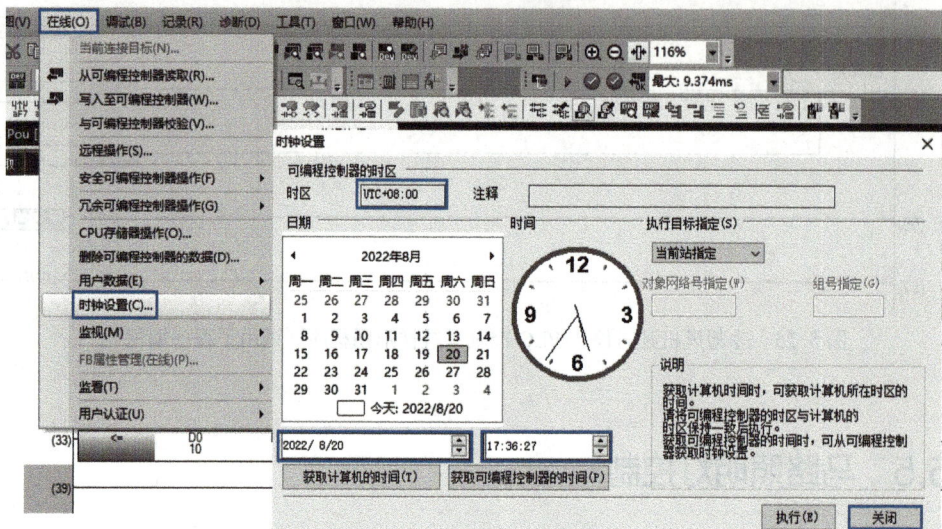

图 5-27　时钟在线修改

3. 时钟用特殊寄存器

FX₅U PLC 的即时时钟信息存放在特定的特殊寄存器，在用到当前时钟信息时，需要读出对应的特殊寄存器的数据。表 5-18 是 FX₅U 时钟专用特殊寄存器。

表 5-18　FX₅U 时钟专用特殊寄存器

时钟专用特殊寄存器		内容	数据范围
SD210	SD8018	时钟数据（公历（年））	1980～2078（公历 4 位数）
SD211	SD8017	时钟数据（月）	1～12
SD212	SD8016	时钟数据（日）	1～31
SD213	SD8015	时钟数据（时）	0～23
SD214	SD8014	时钟数据（分）	0～59
SD215	SD8013	时钟数据（秒）	0～59
SD216	SD8019	时钟数据（星期）	0～6（对应星期日至星期六）

5.5.2　时钟数据写入/读取指令

时钟数据写入指令 TWR 用于将指定了起始元件编号的连续 7 个存储单元的数据写入到 CPU 模块内置的实时时钟数据寄存器(SD210～SD216、SD8013～SD8019)中，作为当前时钟信息。时钟数据读取指令 TRD 用于将 CPU 模块内置的实时时钟数据寄存器(SD210～SD216)按年、月、日、时、分、秒、星期的顺序读取到(d)～(d)+6 中。指令形式与功能说明见表 5-19。

表 5-19　时钟数据写入/读取指令形式及其功能说明

指令名称	助记符	梯形图符号	功能	操作元件
时钟数据写入指令	TWR	─┤ TWR(P) │ (s) ├─	将设置的时钟数据(s)～(s)+6 写入到 CPU 模块内置的实时时钟数据寄存器(SD210～SD216、SD8013～SD8019)中	T、ST、C、D、W、SD、SW、R
时钟数据读取指令	TRD	─┤ TRD(P) │ (d) ├─	将 CPU 模块内置的实时时钟的时钟数据寄存器(SD210～SD216)按年、月、日、时、分、秒、星期的顺序读取到(d)～(d)+6 中	

时钟数据写入/读取指令应用说明如下：

1）TWR（P）指令中，如果设置了表示不可能存在的时间的数值时，不会更新时钟数据。执行 TWR（P）指令时，内置的实时时钟的时间立即更改，改为使用新的时间。

2）使用 TRD（P）指令时，(d)指定的连续 7 个点的字软元件地址与程序中用作控制用的软元件地址不能重复。

码 5.5-2
马路照明灯
PLC 控制

5.5.3　电路与程序

1．控制要求与端口分配

马路照明灯自动控制：傍晚时打开照明灯，夜里 00:00 时关一半灯，清晨时照明灯全关，具体开关灯时间根据不同月份有所调整，见表 5-20。

表 5-20　马路照明灯开关灯时间

季　节（月份）	全开灯时间	关一半灯时间	全关灯时间
夏季（6～8 月）	19:00	00:00	05:30
冬季（12 月～翌年 2 月）	17:00	00:00	07:00
春秋季（3～5 月、9～11 月）	18:00	00:00	06:00

根据控制要求，马路照明灯控制用到 PLC 的两个输出端口 Y0 和 Y1，分别接两个接触器，各控制一半的照明灯。

码 5.5-3
马路照明灯
PLC 控制——
源程序

2．程序设计

马路照明灯 PLC 控制系统梯形图程序如图 5-28 所示。

程序步 0～4，SM8014 是分脉冲，用于每分钟读一次当前的实时时钟数据，年、月、日、时、分、秒、星期分别读取到 D0～D6，这里用到的是 TRDP 指令，脉冲执行型。

程序步 5～47，分别用 M0 标志夏季，M1 标志春秋季，M2 标志冬季。

程序步 48～71，全开灯。

程序步 72～77，关一半灯。

程序步 78～103，全关灯。

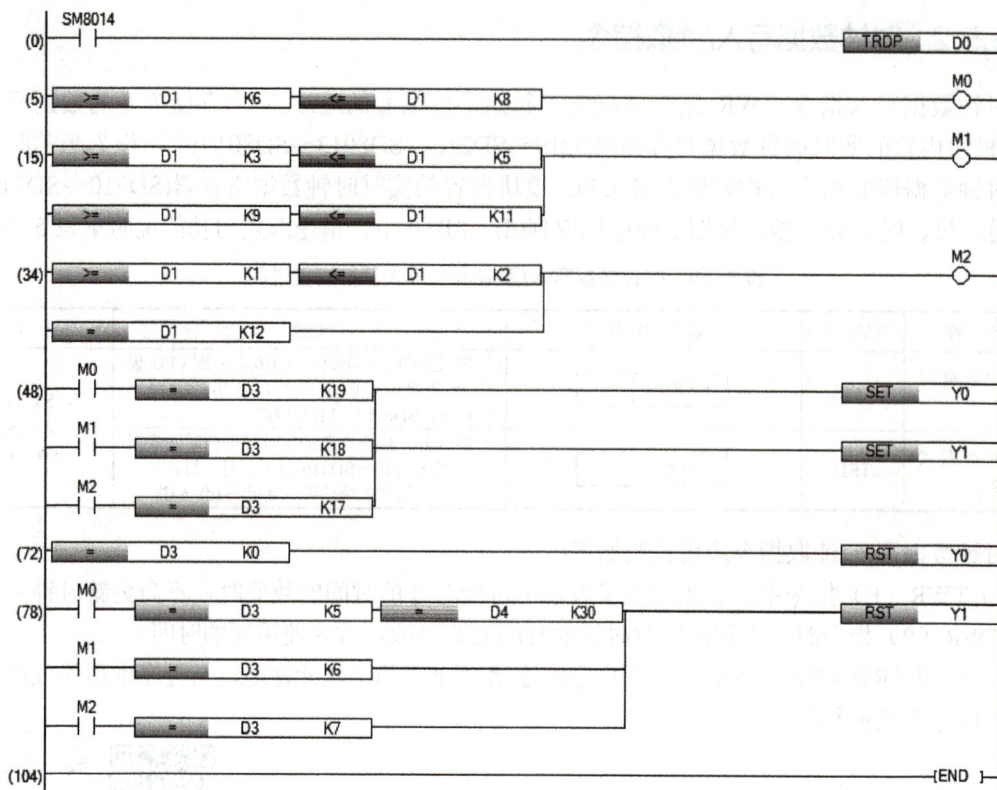

图 5-28 马路照明灯 PLC 控制系统梯形图程序

5.5.4　任务实施

1）用 GX Works3 软件输入图 5-28 所示的马路照明灯控制系统梯形图程序，并进行程序的转换。

2）PLC 程序的仿真运行，对程序进行调试。在程序仿真和实际运行时不可能按真正的四季来控制开关灯时间，可能通过修改 PLC 时钟时间的方式进行系统调试。

3）PLC 输出部分接两个信号灯，用于模拟马路照明灯。

4）PLC 通电，将编写好 PLC 程序下载到 CPU，实际运行马路照明灯控制系统。

任务 5.6　跑马灯 PLC 控制

本任务学习 FX~5U~ PLC 的与、或、非等逻辑运算指令，带进位和不带进位的循环移位指令，应用循环移位指令编制跑马灯 PLC 控制程序。

码 5.6-1
逻辑运算指令及其功能说明

5.6.1　逻辑运算指令

PLC 具有对数据进行逐位的逻辑运算功能，包括逻辑与、逻辑或、逻辑非等。逻辑运算指令的形式与功能说明见表 5-21。

码 5.6-2
逻辑运算指令举例说明——源程序

表 5-21 逻辑运算指令的形式及其功能说明

指令名称	助记符	梯形图符号	功能	操作元件(s1)(s2)(d) 位	字	常数
16 位逻辑与指令	WAND	─┤ WAND(P) │ (s1) │ (s2) │ (d) ├─	将(s1)和(s2)中指定的 16 位二进制数据进行逐位的逻辑与运算,将结果存储到(d)中指定的软元件中	X、Y、M、L、SM、F、B、SB、S	T、ST、C、D、W、SD、SW、R、Z	K、H
16 位逻辑或指令	WOR	─┤ WOR(P) │ (s1) │ (s2) │ (d) ├─	将(s1)和(s2)中指定的 16 位二进制数据进行逐位的逻辑或运算,将结果存储到(d)中指定的软元件中			
16 位逻辑非指令	CML	─┤ CML(P) │ (s) │ (d) ├─	将(s)中指定的 16 位二进制数据进行逐位取反,将结果存储到(d)中指定的软元件中			
32 位逻辑与指令	DAND	─┤ DAND(P) │ (s1) │ (s2) │ (d) ├─	将(s1)和(s2)中指定的 32 位二进制数据进行逐位的逻辑与运算,将结果存储到(d)中指定的软元件中	X、Y、M、L、SM、F、B、SB、S	T、ST、C、D、W、SD、SW、R、Z	K、H
32 位逻辑或指令	DOR	─┤ DOR(P) │ (s1) │ (s2) │ (d) ├─	将(s1)和(s2)中指定的 32 位二进制数据进行逐位的逻辑或运算,将结果存储到(d)中指定的软元件中			
32 位逻辑非指令	DCML	─┤ DCML(P) │ (s) │ (d) ├─	将(s)中指定的 32 位二进制数据进行逐位取反,将结果存储到(d)中指定的软元件中		双字 LC、LZ	

逻辑运算指令应用说明如下:

1)逻辑与指令的功能示例如图 5-29 所示。对(s1)和(s2)中的 16 位二进制数据进行逐位的逻辑与运算,结果存储到(d)中指定的软元件中。其他指令功能与此类似。

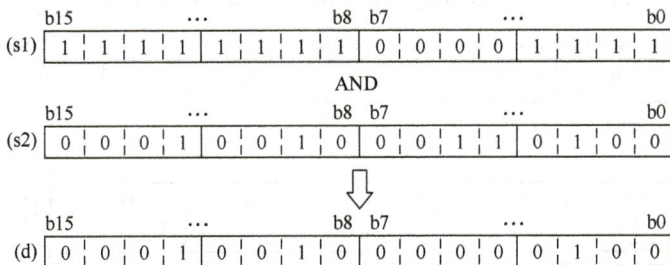

图 5-29 逻辑与指令的功能示例

2)逻辑非指令也叫 16/32 位数据否定传送。将(s)中指定的 16/32 位二进制数据进行逐位取反,将结果存储到(d)中指定的软元件中。其功能示例如图 5-30 所示。

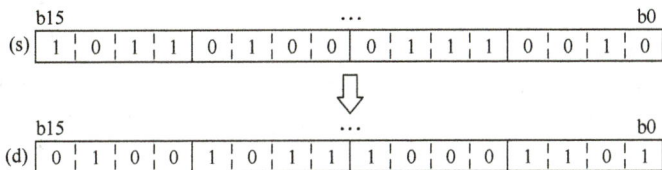

图 5-30 逻辑非指令功能示例

3)逻辑运算指令还有逻辑异或指令、逻辑异或非指令等,逻辑运算指令还有两个操作数的指令,具体可查阅《MELSEC iQ-F FX5 编程手册(指令通用 FUN/FB 篇)》。

5.6.2 循环移位指令

循环移位指令也是对字软元件的各位进行处理。循环移位指令的形式与功能说明见表 5-22。

表 5-22 循环移位指令的形式及其功能说明

指令名称	助记符	梯形图符号	功能	操作元件(s1)(s2)(d)		
				位	字	常数
不带进位的循环右移	ROR	—[ROR(P) (d) (n)]—	将(d)中指定的软元件的16位数据，进行(n)位右移	X、Y、M、L、SM、F、B、SB、S	T、ST、C、D、W、SD、SW、R、Z	K、H
带进位的循环右移	RCR	—[RCR(P) (d) (n)]—	将(d)中指定的软元件的16位数据，包含进位标志进行(n)位右移			
不带进位的循环左移	ROL	—[ROL(P) (d) (n)]—	将(d)中指定的软元件的16位数据，进行(n)位左移			
带进位的循环左移	RCL	—[RCL(P) (d) (n)]—	将(d)中指定的软元件的16位数据，包含进位标志进行(n)位左移			

注：本表中只列出了16位二进制数据的循环移位指令，32位的循环移位指令请查阅相关手册。

SM700 和 SM8022 是 FX₅U PLC 进行数学运算的进位标志位。分为带进位标志和不带进位标志的循环移位指令。

1）不带进位标志的循环移位指令，虽然进位标志不参与移位，只有(d)中的 16 位二进制数据参与循环移位，但每次移位都会影响标志位。图 5-31 所示为不带进位标志的循环右移指令，每移 1 位，其最低位（b0）不但会移到最高位（b15），也影响标志位。

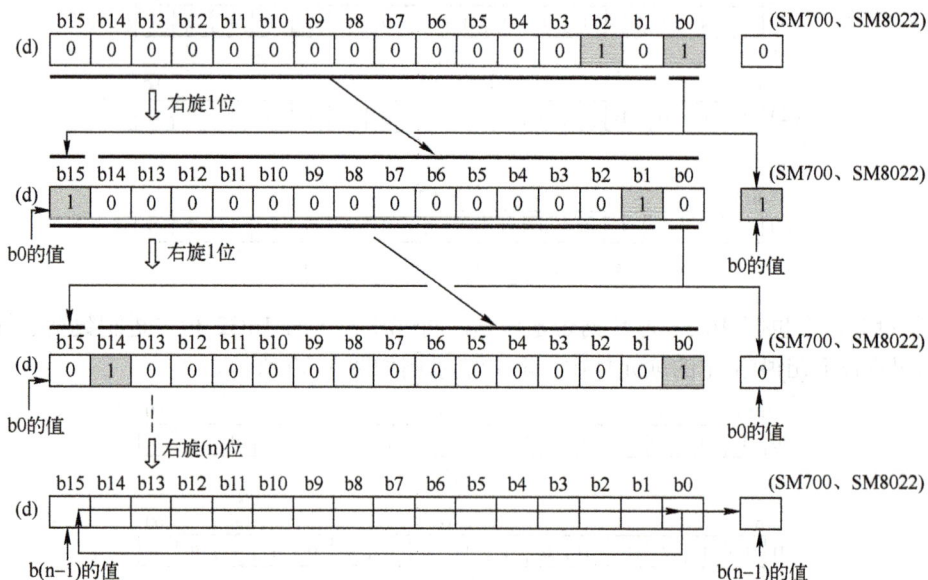

图 5-31 不带进位标志的循环右移指令功能示例

2）对于带进位标志的循环右移指令，进位标志相当于在最低位（b0）的低 1 位参与循环移位，即相当于 17 位二进制数据参与循环移位。

3）对于带进位标志的循环左移指令，进位标志相当于在最高位（b15）的高 1 位参与循环移位，也是相当于 17 位二进制数据参与循环移位。

5.6.3 程序设计与系统运行

1. 控制要求与端口分配

8 盏 LED 灯组成跑马灯，从左到右每隔 1s 点亮 1 盏，点亮最后 1 盏后，灯全亮 2s，然后再熄灭 2s，如此循环。其端口分配见表 5-23。

表 5-23 跑马灯 PLC 控制端口分配表

输入端口			输出端口	
输入器件	输入继电器	作用	输出继电器	控制对象
常开按钮 SB1	X0	起动	Y0~Y7	从左向右 8 盏灯
常开按钮 SB2	X1	停止		

2. 程序设计

跑马灯 PLC 控制系统（不带进位标志的循环移位指令）梯形图程序如图 5-32 所示。

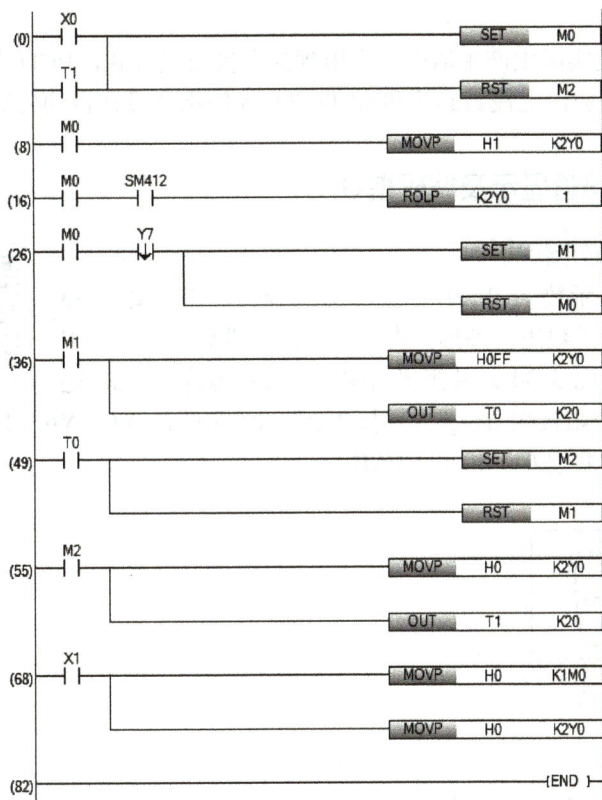

码 5.6-4
跑马灯运行控制——源程序

图 5-32 跑马灯 PLC 控制系统（不带进位标志的循环移位指令）梯形图程序

跑马灯的一个工作流程是：用 8s 顺序点亮 8 盏灯，然后灯全亮 2s，灯全灭 2s。这个工作过程是一个顺序控制工作过程，在这里用 M0、M1、M2 来标志工作流程的各个步。起动后是 M0 步，用于实现 8 盏灯依次点亮，转移到 M1 步，灯全亮 2s，再转移到 M2 步，灯全灭 2s，然后自动转移到 M0 步循环运行。按下停止按钮后，全部停止。

图 5-32 所示的程序中，用左移指令 ROLP 和秒脉冲特殊继电器 SM412 实现从左到右每隔 1s 点亮 1 盏灯的控制，如程序步 16～25。K2Y0 的初值是 1，即 Y0～Y7 的最低位是 1，当 M0 为 ON 时，从低位到高位每隔 1s 左移 1 位。

码 5.6-5
跑马灯运行控制——仿真运行

3. 系统运行

1）用 GX Works3 软件输入图 5-32 所示的跑马灯控制系统梯形图程序，并进行程序的转换。

2）进行 PLC 程序的仿真运行，对程序进行调试。在程序仿真运行时注意观察 K2Y0 的数据变化，在 8 盏灯依次点亮时，每隔 1s，其数据变化是 1→2→4→8→16→32→64→128，全亮时是 255，全灭时是 0，同时观察 M0、M1、M2 的状态。

3）PLC 输入部分接两个常开按钮用于起动和停止，在输出端直接观察对应端口的 LED 灯即可。

4）PLC 通电，将编写好的 PLC 程序下载到 CPU，实际运行跑马灯 PLC 控制系统。

5）控制要求改为 8 盏灯依次右移点亮，然后偶数灯亮，再奇数灯亮，重新编制 PLC 控制程序再上机调试。

任务 5.7 自动售货机控制

七段数码管显示是实际生产生活中经常用到的人机交互方式，BCD 指令是二进制与 BCD 码转换的指令，本任务应用七段数码管和 BCD 码转换等指令设计自动售货机自动控制系统。

5.7.1 七段数码管显示及编码指令

1. 七段数码管与显示代码

码 5.7-1
七段数码管显示与七段编码指令

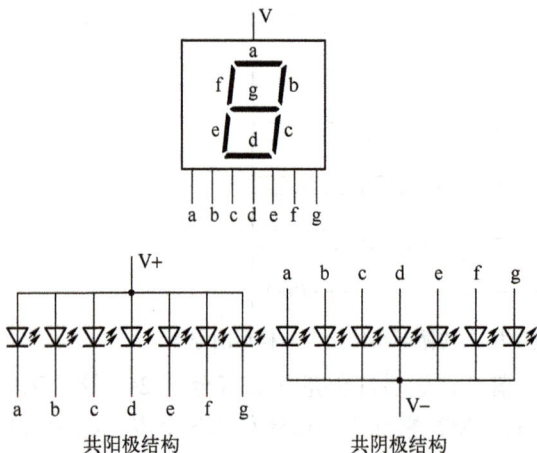

七段数码管可以显示数字 0～9，十六进制数字 A～F。图 5-33 所示为 LED 组成的七段数码管外形和内部结构，七段数码管分共阳极结构和共阴极结构。图 5-34 是共阴极结构的七段数码管与 PLC 连接的接线图，其中 7 个阳极端 a～g 分别接 PLC 的输出端口 Y0～Y6，共阴极端接直流电源负极，直流电源正极接公共端 COM0 和 COM1。

图 5-33 七段数码管外形和内部结构

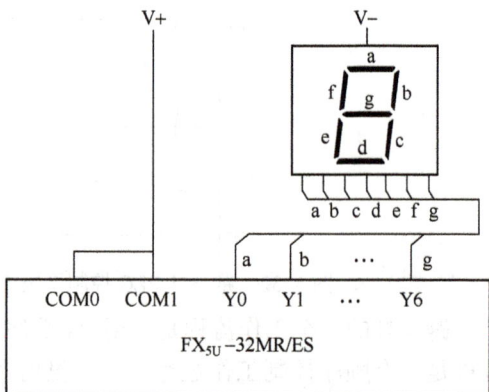

图 5-34 七段数码管（共阴极）与 PLC 连接

对于图 5-34，当 Y0～Y6 输出高电平到 a～g 时，显示数字"0"，对应的二进制数是 B00111111，用十六进制表示为 H3F。只有 Y1、Y2 输出高电平到 b、c 时，显示数字"1"，对应的二进制数是 B00000110，用十六进制表示为 H06。依次类推。表 5-24 是十进制数码（0～9）对应的七段显示代码（十六进制），十六进制数码 A～F 的七段显示代码请查阅相关资料。

表 5-24　十进制数码对应的七段显示代码

数码类型	十进制数码与显示代码									
十进制数码	0	1	2	3	4	5	6	7	8	9
十六进制显示代码	H3F	H06	H5B	H4F	H66	H6D	H7D	H07	H7F	H67

2. 七段编码指令

七段编码指令可以自动编出待显示数码的七段显示码，七段编码指令及其功能见表 5-25。

表 5-25　七段编码指令及其功能

指令名称	助记符	梯形图符号	功能	操作元件(s)		
				位	字	常数
七段编码	SEGD	—[SEGD(P) (s) (d)]—	将(s)的低位 4 位(1 位数)的 0～F(16 进制数)解码为七段显示用的数据后，存储到(d)的低 8 位中	Y、M、L、SM、F、B、SB、S	T、ST、C、D、W、SD、SW、R、Z	K、H

逻辑运算指令应用说明如下：

1）(s)为要编码的源操作数，(d)为存储七段编码的目标操作数，(d)不能是 K、H。

2）SEGD 指令是对 4 位二进制数编码，如果源操作数大于 4 位，只对最低 4 位编码。

3）SEGD 指令编码范围为十六进制数字 0～9、A～F。

4）七段编码存储在软元件(d)的低 8 位，高 8 位不变化。

3. 数码管 0～9 循环显示程序

PLC 的 X0 输入端口接一个常开按钮 SB，输出端口 Y0～Y6 接共阴极七段数码管的 a～g。运行开始时数码管显示 0，每按下一次按钮，数码管显示加 1，数码管依次显示 0～9，加到 10 时再从 0 开始。数码管 0～9 循环显示梯形图程序、仿真运行和软元件批量监视如图 5-35 所示。

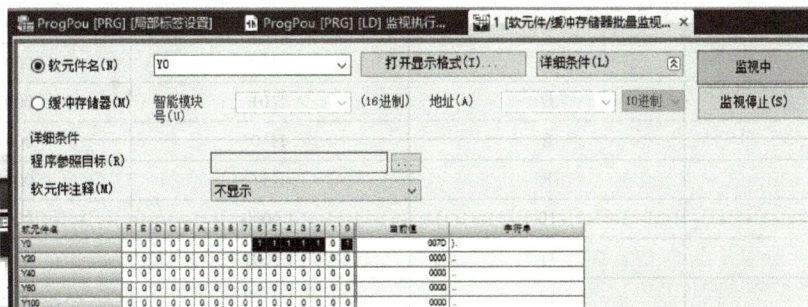

图 5-35　数码管 0～9 循环显示梯形图程序、仿真运行及软元件批量监视

程序步 0~9，程序运行开始和 D0 等于 10 时对 D0 传送 0。程序步 10~14，每按下一次按钮，对 D0 加 1。程序步 15~22，对 D0（低 4 位）执行七段编码指令，并将七段编码送到 Y0~Y6，从而正确显示对应的数码。其中，D0 的数是 6，6 的七段编码是 H7D（在软元件批量监视中显示的当前值），对应十进制是 125。

5.7.2　BCD 数据转换指令

1. 8421BCD 码

在 PLC 中，存储的数据无论是以十进制格式输入还是以十六进制格式输入，都是以二进制的格式存在的。如果直接使用 SEG 指令对两位以上的十进制数据进行编码，则会出现差错。例如，十进制数"21"的二进制存储格式是 0001 0101，对高 4 位应用 SEG 指令编码，则得到"1"的七段显示码；对低 4 位应用 SEG 指令编码，则得到"5"的七段显示码，显示的数码"15"是十六进制，而不是十进制数码"21"。显然，要想显示"21"，就要先将二进制数 0001 0101 转换成反映十进制进位关系（即逢十进一）的代码 0010 0001，然后对高 4 位"2"和低 4 位"1"分别用 SEG 指令编出七段显示码。

这种用二进制形式反映十进制数码的代码称为 BCD 码，其中最常用的是 8421BCD 码，它是用 4 位二进制数来表示 1 位十进制数码，该代码从高位至低位的权分别是 8、4、2、1，故称 8421BCD 码。

十进制数、十六进制数、二进制数与 8421BCD 码的对应关系见表 5-26。

码 5.7-2
BCD 码与
BCD 码转
换指令

表 5-26　十进制数、十六进制数、二进制数与 **8421BCD** 码的对应关系

十 进 制 数	十六进制数	二 进 制 数	8421BCD 码
0	0	0000	0000
1	1	0001	0001
2	2	0010	0010
3	3	0011	0011
4	4	0100	0100
5	5	0101	0101
6	6	0110	0110
7	7	0111	0111
8	8	1000	1000
9	9	1001	1001
10	A	1010	0001 0000
11	B	1011	0001 0001
12	C	1100	0001 0010
13	D	1101	0001 0011
14	E	1110	0001 0100
15	F	1111	0001 0101
16	10	1 0000	0001 0110
17	11	1 0001	0001 0111
20	14	1 0100	0010 0000
50	32	11 0010	0101 0000

（续）

十 进 制 数	十六进制数	二 进 制 数	8421BCD 码
150	96	1001 0110	0001 0101 0000
258	102	1 0000 0010	0010 0101 1000

从表 5-26 中可以看出，8421BCD 码从低位起每 4 位为一组，高位不足 4 位补 0，每组表示 1 位十进制数码。8421BCD 码与二进制数表面上形式相同，但概念完全不同，虽然在一组 8421BCD 码中，每位的进位也是二进制，但组与组之间的进位则是十进制进位关系。

2. BCD 数据转换指令

将 16/32 位二进制数转换成 BCD 码的 BCD 数据转换指令及其功能说明见表 5-27。

表 5-27　BCD 数据转换指令及其功能说明

指令名称	助记符	梯形图符号	功能	操作元件(s1)(s2)(d)		
				位	字	常数
16 位 BCD 数据转换	BCD（P）	—[BCD(P) | (s) | (d)]—	将(s)中指定的软元件的 16 位二进制数转换为 BCD 码后，存储到(d)中指定的软元件中	X、Y、M、L、SM、F、B、SB、S	T、ST、C、D、W、SD、SW、R、Z	K、H
32 位 BCD 数据转换	DBCD（P）	—[DBCD(P) | (s) | (d)]—	将(s)中指定的软元件的 32 位二进制数转换为 DBCD 码后，存储到(d)中指定的软元件中	X、Y、M、L、SM、F、B、SB、S	T、ST、C、D、W、SD、SW、R、Z 双字 LC、LZ	K、H

BCD 数据转换指令应用说明如下：

1）(s)中是要转换的源操作数（0～9999），(d)中是存储为 BCD 码的目标操作数。

2）在目标操作数中每 4 位表示 1 位十进制数，从低至高分别表示个位、十位、百位、千位。

3）BCD 数据转换指令应用举例如图 5-36 所示。当 X0 为 ON 时，将十进制数 9999 传送到数据寄存器 D0，BCD 指令将 D0 的数据 9999 转换成 BCD 码存放到 D10 中。其中 D10 的数据如果用十进制表示，因为最高位 1 表示负数，所以是-26215。在软元件批量监视中，可看到当前值用十六进制的形式表示为 9999。图 5-37 是十进制数 9999 转换成 BCD 码数据及各个位的权值图解。

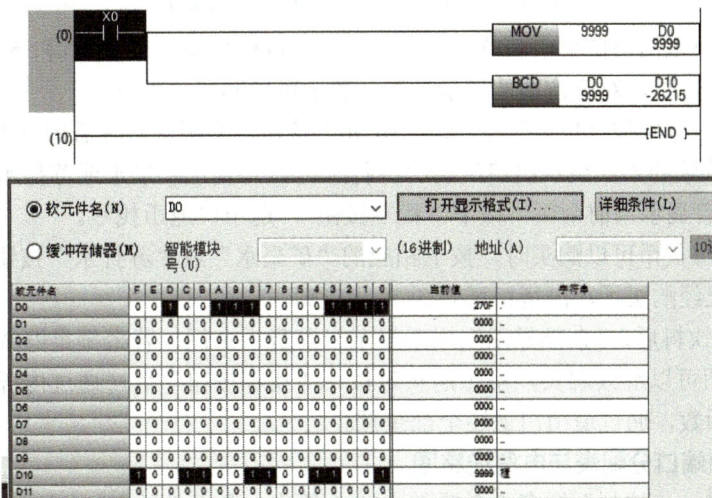

图 5-36　BCD 数据转换指令应用举例

	−32768	16384	8192	4096	2048	1024	512	256	128	64	32	16	8	4	2	1
(s) BIN 9999	0	0	1	0	0	1	1	1	0	0	0	0	1	1	1	1

→ (1)   ⬇ BCD

	8000	4000	2000	1000	800	400	200	100	80	40	20	10	8	4	2	1
(d) BCD 9999	1	0	0	1	1	0	0	1	1	0	0	1	1	0	0	1

$\times 10^3$ $\times 10^2$ $\times 10^1$ $\times 10^0$

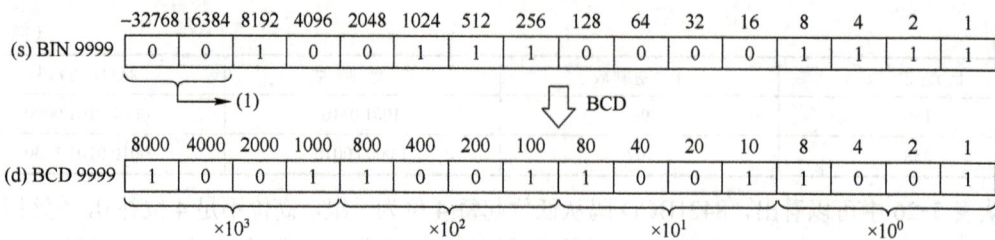

图 5-37 十进制数 9999 转换成 BCD 码数据及各个位的权值图解

码 5.7-3
自动售货机控制程序设计

5.7.3 程序设计与系统运行

1. 控制要求

自动售货机模拟运行控制面板如图 5-38 所示。

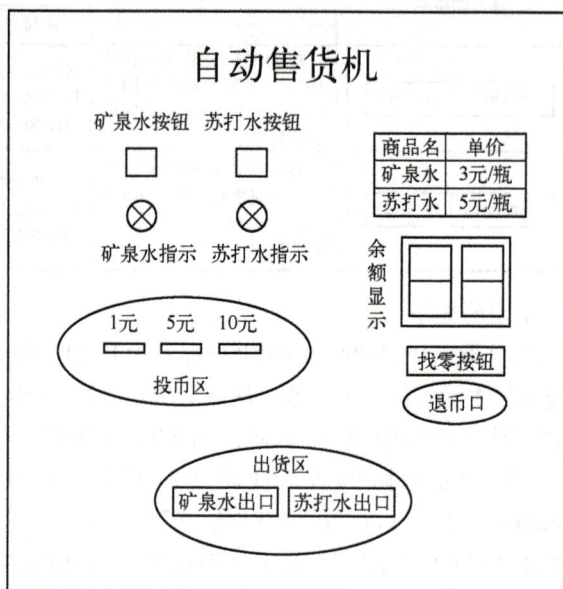

图 5-38 自动售货机模拟运行控制面板

1）该售货机可以出售矿泉水和苏打水两种饮料，价格分别是 3 元/瓶和 5 元/瓶。当投入的货币大于或等于售价时，对应饮料的指示灯亮，表示可以购买。

2）投入货币时分别按"1 元""5 元""10 元"按钮，购买饮料时需按下"矿泉水"或"苏打水"按钮。出货区的"矿泉水出口"和"苏打水出口"表示矿泉水或苏打水已取出。购买后用两个 LED 数码管显示当前余额，按下"找零按钮"，退币口退币找零。

3）当投入足够货币可以购买时，按下相应的"矿泉水"或"苏打水"按钮，与之对应的指示灯闪烁，表示已经购买了，出货口延时 3s 吐出饮料。

4）在购买了饮料后，"余额显示"用于显示当前货币余额，若余额足够继续购买，按下矿泉水和苏打水按钮可以继续购买，不想购买时按下"找零按钮"后，通过内部找零模块，自动计算各币值的退币数，通过退币口退还全部余额。

2. 输入/输出端口分配表与电气线路图

根据控制要求，该控制系统有 6 个输入、19 个输出，各元件的 I/O 分配和作用见表 5-28。

表 5-28　自动售货机 I/O 端口分配表

输　入　端　口		输　出　端　口	
输入继电器	作用	输出继电器	控制对象
X0	1 元投纸币	Y0	矿泉水指示
X1	5 元投纸币	Y1	苏打水指示
X2	10 元投纸币	Y2	矿泉水出口
X3	选择矿泉水	Y3	苏打水出口
X4	选择苏打水	Y4	退币口
X5	找零按钮	Y10～Y16	显示余额个位
		Y20～Y26	显示余额十位

其相应电气线路图如图 5-39 所示。

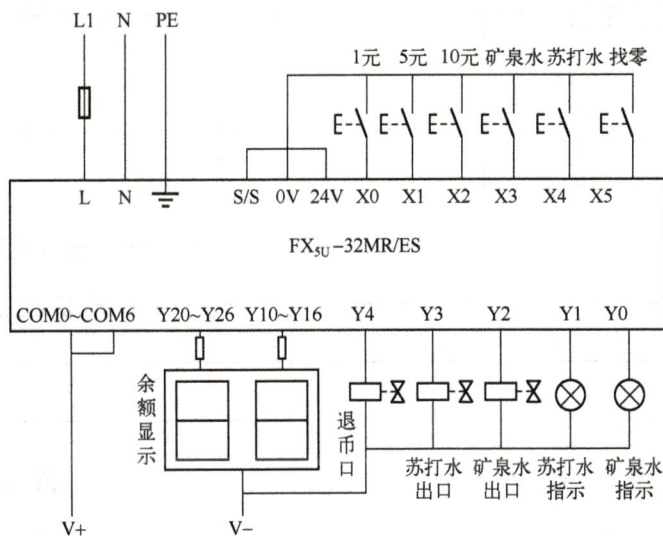

图 5-39　自动售货机模拟运行电气线路图

码 5.7-4
自动售货机控制——源程序

3．PLC 控制程序

自动售货机 PLC 控制梯形图程序如图 5-40 所示。

程序步 0～20，投入 1 元、5 元、10 元货币时，D0 对投入现金累加。

程序步 21～35，当投入金额大于 3 且按下了"矿泉水"按钮时，置位 M20 且将 D0 中金额减 3，M20 用于标志矿泉水出货过程。

程序步 36～50，当金额大于 5 且按下了"苏打水"按钮时，置位 M21 且将 D0 中金额减 5，M21 用于标志苏打水出货过程。

程序步 51～76，金额足够时，"矿泉水"或"苏打水"对应的指示灯常亮；已购买的出货中，对应指示灯闪烁。

程序步 77～96，M20 为 ON 时，矿泉水开始出货，先延时 3s 后打开矿泉水出货口，再延时 5s 后复位 M20，矿泉水出货过程结束。

程序步 97～116，M21 为 ON 时，苏打水开始出货，先延时 3s 后打开苏打水出货口，再延时 5s 后复位 M21，苏打水出货过程结束。

程序步 117～138，将 D0 的金额转换成 BCD 码送到 M30～M37，低 4 位（金额的个位）通过 Y10～Y16 送到数码管显示，高 4 位（金额的十位）通过 Y20～Y26 送到数码管显示。

```
        X0
(0)  ─┤ ├──────────────────────────────────────────┤+P    K1    D0├
        X1
(7)  ─┤ ├──────────────────────────────────────────┤+P    K5    D0├
        X2
(14) ─┤ ├──────────────────────────────────────────┤+P    K10   D0├
                                     X3
(21) ┤>=   D0    K3├───┤↑├──────────────────────────┤SET   M20├
                      └──────────────────────────────┤-     K3    D0├
                                     X4
(36) ┤>=   D0    K5├───┤↑├──────────────────────────┤SET   M21├
                      └──────────────────────────────┤-     K5    D0├
                                     M20
(51) ┤>=   D0    K3├───┤/├────────────────────────────────────( Y0 )
        M20    SM412
      ─┤ ├────┤ ├─┘
                                     M21
(64) ┤>=   D0    K5├───┤/├────────────────────────────────────( Y1 )
        M21    SM412
      ─┤ ├────┤ ├─┘
        M20
(77) ─┤ ├──────────────────────────────────────────┤OUT   T0    K30├
      └────────────────────────────────────────────┤OUT   T1    K80├
        T0
(89) ─┤ ├──────────────────────────────────────────────────────( Y2 )
        T1
(93) ─┤ ├──────────────────────────────────────────┤RST   M20├
        M21
(97) ─┤ ├──────────────────────────────────────────┤OUT   T2    K30├
      └────────────────────────────────────────────┤OUT   T3    K80├
        T2
(109)─┤ ├──────────────────────────────────────────────────────( Y3 )
        T3
(113)─┤ ├──────────────────────────────────────────┤RST   M21├
        SM400
(117)─┤ ├──────────────────────────────────────────┤BCD   D0    K2M30├
      ├────────────────────────────────────────────┤SEGD  K1M30  K2Y10├
      └────────────────────────────────────────────┤SEGD  K1M34  K2Y20├
                                     X5
(139)┤>=   D0    K0├───┤↑├──────────────────────────┤SET   Y4├
                      └──────────────────────────────┤MOV   K0    D0├
        Y4
(153)─┤ ├──────────────────────────────────────────┤OUT   T4    K30├
        T4
(160)─┤ ├──────────────────────────────────────────┤RST   Y4├
(164)─────────────────────────────────────────────────────────┤END├
```

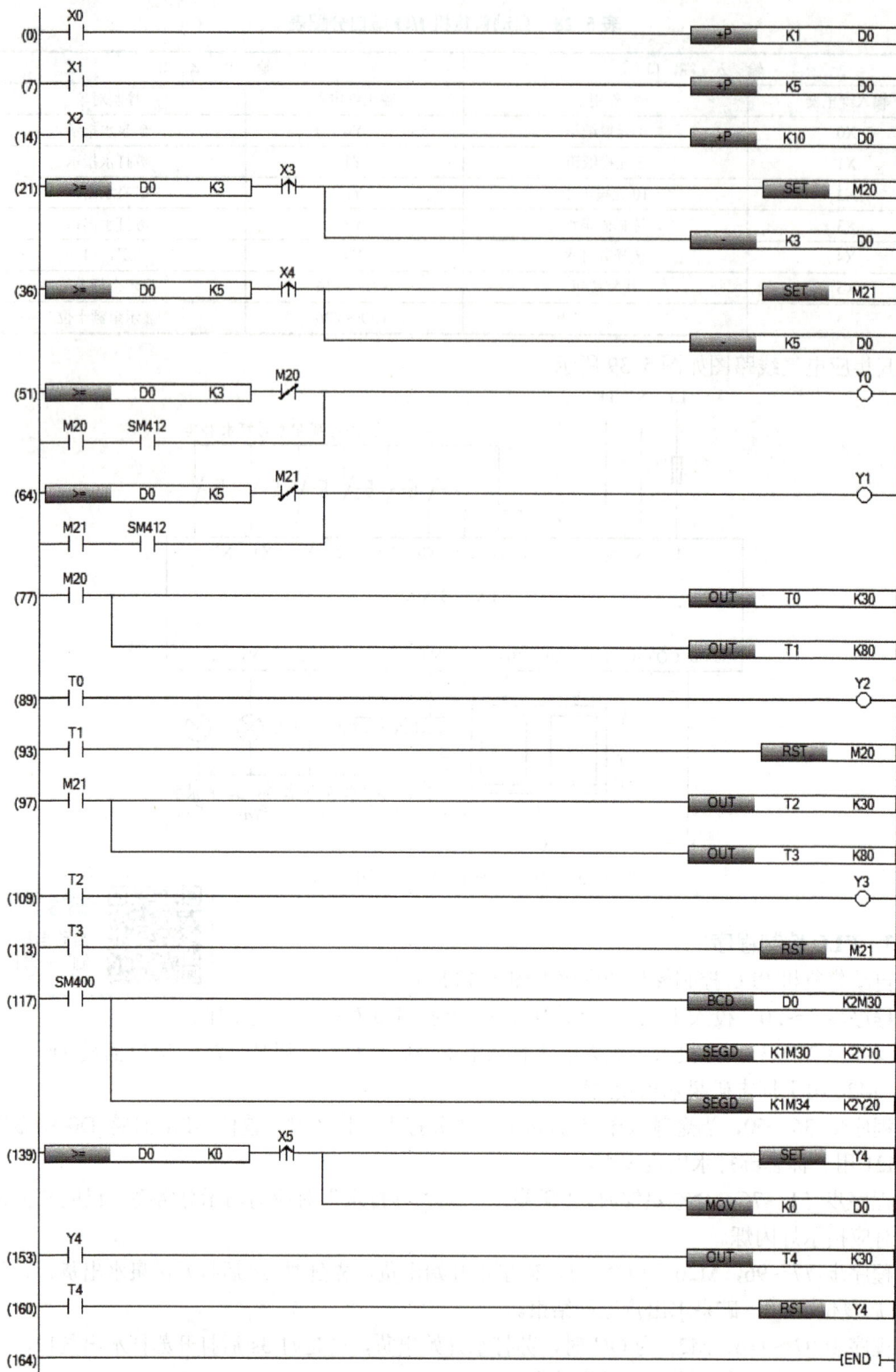

图 5-40　自动售货机 PLC 控制梯形图程序

程序步 139～163，当 D0 余额不是 0，且按下了"找零"按钮时，打开出币口 3s，退还全部货币并将余额清 0。

4. 实训操作

1）用 GX Works3 软件输入图 5-40 所示的自动售货机 PLC 控制程序，并进行程序的转换。

2）进行 PLC 程序的仿真运行，对程序进行调试。

3）将 PLC 与自动售货机模拟运行系统连接，PLC 通电，将编写好的 PLC 程序下载到 CPU。

4）实际运行自动售货机控制系统。在程序运行时注意观察：D0 数据变化，Y0、Y1 的点亮与闪烁，出货口 Y2、Y3 正常开启与关闭，退币口 Y4 的开启与关闭，以及数码管正确显示投入货币的金额。

习题

1. X0～X31、M0～M31 与 B0～B31 在点数上有什么区别？

2. 特殊继电器 SM400、SM401、SM402、SM409、SM410、SM412 各自的功能是什么？

3. 举例说明常数（K/H/E）。

4. 说明位软元件进行数据处理的方法与类型。

5. 编程举例说明数据传送指令的格式与各部分的意义。

6. 编写程序，开机时自动将 D0 清 0。

7. 设有 8 盏指示灯，控制要求是：当 X0 接通时，全部灯亮；当 X1 接通时，1～4 盏灯亮；当 X2 接通时，5～8 盏灯亮；当 X3 接通时，全部灯灭。试设计控制电路和用数据传送指令编写程序。

8. 设有 8 盏指示灯，用比较指令和定时器指令设计一个控制系统，每隔 1.3s 点亮一盏灯，如此一直循环。

9. 做（500+300）×80 的运算，并将结果送入一个适合的存储器。

10. 某生产线有 3 台电动机，要求按下起动按钮后，第 1 台电动机延时 6s 起动，第 2 台电动机延时 8s 起动，第 3 台电动机延时 20s 起动，试用比较指令编写起动控制程序。

11. 应用跳转指令，设计一个既能点动控制又能自锁控制的电动机控制程序。设 X0=ON 时实现电动机点动控制，X0 = OFF 时电动机实现自锁控制。

12 使用循环指令求 0+1+2+3+…+ 50 的和。

13. 应用七段编码指令 SEG 和 BCD 指令设计一个用数码显示的 6 人智力竞赛抢答器，要求当某选手按下时，显示此选手号并闭锁其他选手。

14. 编写下列各数的 8421BCD 码。

　　36　295　2013

15. 设（D0）=3498，将 D0 中的数据编为 8421BCD 码后存储到 D10 中，并将该数据的千位、百位、十位、个位的七段显示码分别存储到 D20～D23 中。

16. 某生产线的工件班产量为 80，用两位数码管显示工作数量。用接入 X0 端的传感器检测工件数量，工件数量小于 75 时，绿灯亮；等于或大于 75 时，绿灯闪烁；等于 80 时，红灯亮，生产线自动停机。X1、X2 是起动/停机按钮，Y0 是生产线输出控制端。试设计 PLC 控制电路和控制程序。

劳动安全与责任。树立正确的安全价值观，可以有效减少事故发生和人身伤害，降低经济财产损失。安全意识是安全价值观的基础，安全行为是安全价值观的体现，安全技能是安全价值观的保障，出现劳动安全事故依法负责。

模块 6 PLC 组网通信和模拟量输入/输出的应用

FX₅ᵤ PLC 具有强大的通信功能，常见的通信模式有串行通信、以太网通信、CC-Link 总线通信、Modbus 通信、MELSEC 协议通信等，本模块学习两台或多台 PLC 之间组网通信的设置与实现。FX₅ᵤ PLC 本体自带两路模拟量输入和 1 路模拟量输出，还可以通过增添模拟量输入/输出扩展模块实现模拟量的输入/输出，本模块中用 PLC 模拟量输入实现温度测量和连续模拟量电压输出。

任务 6.1 RS-485 通信的两条流水线自动计数

码 6-0
模块 6 简介

6.1.1 RS-485 通信

1. 通信数据传输方向

从通信双方数据传输的方向看，串行通信有三种基本工作方式，即单工方式、半双工方式和全双工方式。单工方式指信息的传递始终保持一个固定的方向，不能进行反方向的传递。半双工方式指两个通信设备同一时刻只能有一个设备发送数据，而另一个设备接收数据。全双工方式指两个通信设备可以同时发送和接收数据，电路上任一时刻都可以进行双向的数据流动。

2. FX₅ᵤ PLC 间简单链接功能

FX₅ᵤ PLC 间简单链接功能，是指在最多 8 台 FX₅ᵤ（也可以是 FX5 或 FX3 其他机型）PLC 之间，通过 RS-485 通信连接，进行软元件相互链接的功能。RS-485 通信连接，信号传输是用两根导线间的电位差表示逻辑 1 和 0，仅需两根通信线就可完成信号的发送与接收，是一种半双工通信方式。它的抗干扰抑制性好，通信距离可达 1200m，接线简单，用屏蔽双绞线即可完成通信任务。

FX₅ᵤ CPU 模块可以使用本体内置的 RS-485 端口，或加装通信板 FX5-485-BD、通信适配器模块 FX5-485SDP 进行 RS-485 通信连接，如图 6-1 所示。

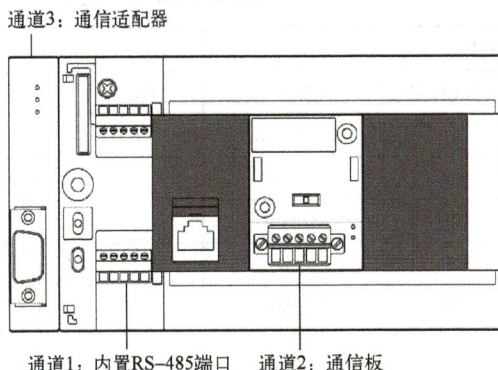

通道3：通信适配器

通道1：内置RS-485端口   通道2：通信板

图 6-1 FX₅ᵤ PLC 的内置 RS-485 通信连接类型

6.1.2　控制要求和电气线路

1. 控制要求

某生产车间有两条生产流水线，用于生产组装同一产品，并通过流水线上的红外探测器进行自动计数，当计数合计 100 件产品时，两条流水线都停止。两条生产流水线可分别启动和停止，在一条流水线不能工作时，另一条流水线可独立工作。按下急停按钮时同时停止。两条生产流水线分别由 PLC 控制的电动机拖动，单条生产流水线产品探测计数示意图如图 6-2 所示。

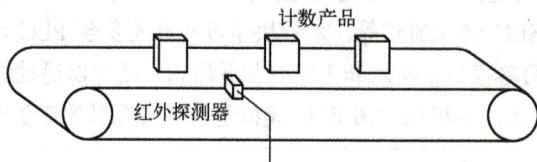

图 6-2　单条生产流水线产品探测计数示意图

2. 输入/输出端口分配表

两条流水线的拖动电动机分别由两台 FX₅ᵤ PLC 控制，主站的输入/输出端口分配表如表 6-1 所示，从站的输入/输出端口分配表如表 6-2 所示。

主站用按钮 SB1 和 SB2 控制本站电动机的起动和停止，SB3 按钮用于紧急停车，按下时两台流水线的电动机同时停止，发生过载时只停本站电机。从站控制类似。

表 6-1　主站 PLC 输入/输出端口分配表

输入端口			输出端口		
输入器件	输入继电器	作用	输出器件	输出继电器	作用
红外探测器	X0	产品探测	KM1	Y0	M1 运行
常开按钮 SB1	X1	M1 起动			
常开按钮 SB2	X2	M1 停止			
常开按钮 SB3	X3	急停			
热继电器常闭触点 FR1	X4	M1 过载信号			

表 6-2　从站 PLC 输入/输出端口分配表

输入端口			输出端口		
输入器件	输入继电器	作用	输出器件	输出继电器	作用
红外探测器	X0	产品探测	KM2	Y0	M2 运行
常开按钮 SB4	X1	M2 起动			
常开按钮 SB5	X2	M2 停止			
常开按钮 SB6	X3	急停			
热继电器常闭触点 FR2	X4	M2 过载信号			

3. 电气线路图

生产流水线产品自动计数 PLC 控制电气接线图如图 6-3 所示。

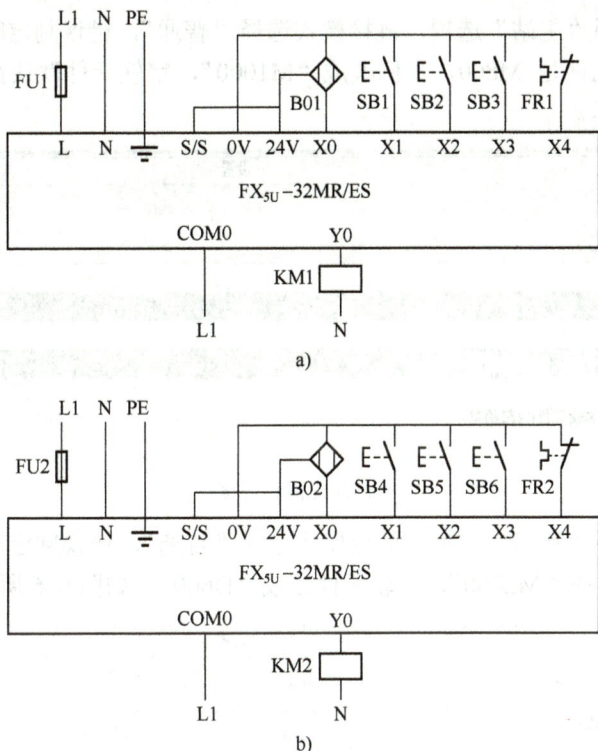

图 6-3　生产流水线产品自动计数 PLC 控制电气接线图

a) 主站控制接线图　b) 从站控制接线图

6.1.3　参数设置与程序设计

1. 并列链接的通信设置

两条流水线自动计数控制系统，由于用到两台 PLC，可以采用并列链接的通信方式。并列链接是 RS-485 通信的一个特例，适用于两台 PLC 主从站组网通信。并列链接协议格式的选择如图 6-4 所示。在程序编辑界面的"导航"窗口中单击"参数"→"FX₅UCPU"→"模块参数"，双击"485 串口"选项，弹出"基本设置"→"协议格式"设置窗口，单击窗口左边的"协议格式"选项，选择"并列链接"。

码 6.1-2
RS-485 通信的设置与软元件链接

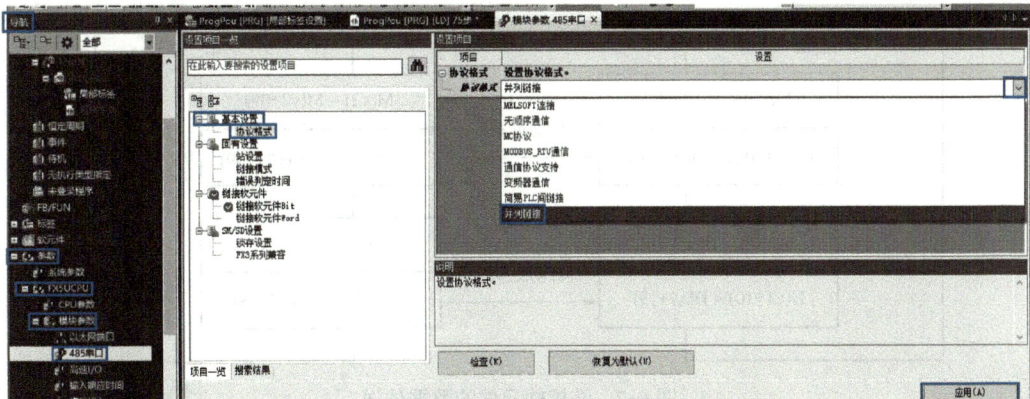

图 6-4　FX₅U 主从站并列链接协议格式的选择

主站的站设置选择"主站"选项，链接模式选择"普通"，错误判定时间 500ms 不变。链接软元件的默认位软元件是 M800，本例改成"M1000"，字软元件默认都是 D490，本例改成"D500"。如图 6-5 所示。

图 6-5 主站固有设置和链接软元件设置

从站的站设置选择"从站"选项，链接模式选择"普通"，错误判定时间 500ms 不变。链接软元件的位软元件改成"M2000"，字软元件改成"D600"。如图 6-6 所示。

图 6-6 从站固有设置和链接软元件设置

链接软元件的数据传送如图 6-7 所示，对本例中主站的内部继电器的链接位软元件进行起始编号，即 y1 设置为 M1000（如图 6-5 所示），对从站的内部继电器的链接位软元件进行起始编号，即 y2 设置为 M2000（如图 6-6 所示）。在系统运行时，主站的位软元件 M1000～M1099 的 100 点位数据会自动传送到从站位软元件 M2000～M2099 的 100 点；从站的位软元件 M2100～M2199 的 100 点位数据会自动传送到主站位软元件 M1100～M1199 的 100 点。

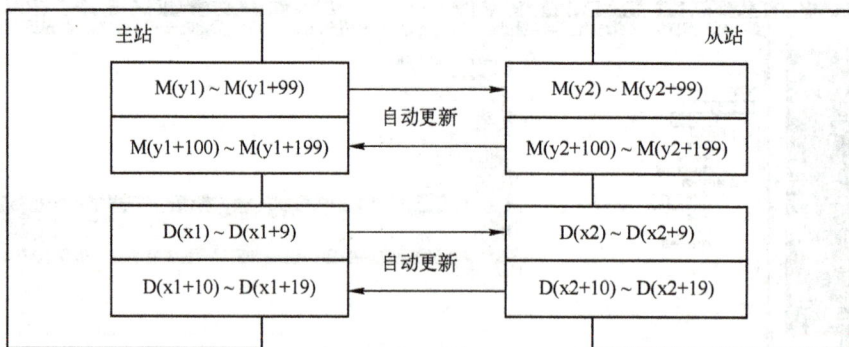

图 6-7 链接软元件的数据传送

对本例中主站的数据寄存器的链接字软元件进行起始编号，即 x1 设置为 D500（如图 6-5 所示），从站的数据寄存器的链接字软元件进行起始编号，即 x2 设置为 D600（如图 6-6 所示）。在系统运行时，主站的字软元件 D500～D509 的数据会自动传送到从站字软元件 D600～D609；从站的字软元件 D610～D619 的数据会自动传送到主站字软元件 D510～D519。

本例中链接软元件的数据传送表如表 6-3 所示。

表 6-3　链接软元件的数据传送表

输入器件	主站	从站
位软元件起始编号	M1000	M2000
发送位软元件	M1000～M1099	M2100～M2199
接收位软元件	M1100～M1199	M2000～M2099
字软元件起始编号	D500	D600
发送字软元件	D500～D509	D610～D619
接收字软元件	D510～D519	D600～D609

2. 主站程序

主站梯形图程序如图 6-8 所示。

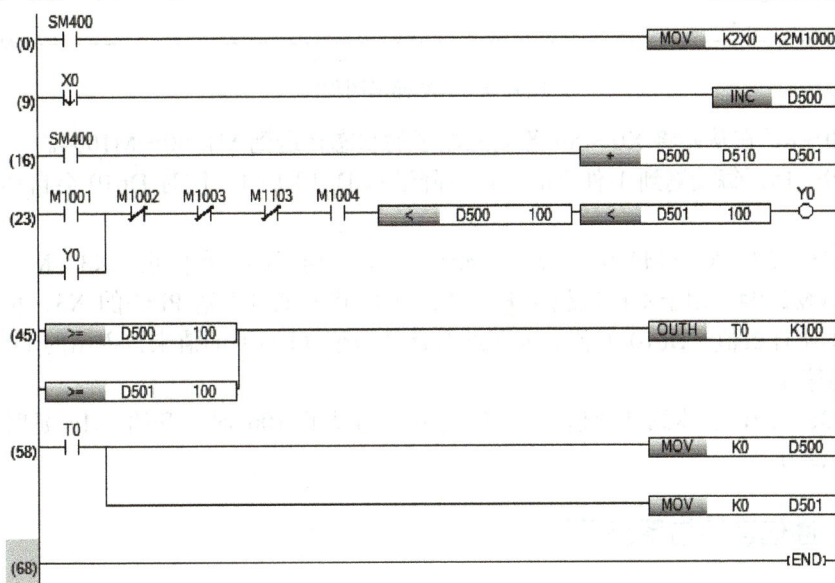

码 6.1-3
主站——源程序

图 6-8　主站梯形图程序

程序步 0～8，在主站首先将 X0～X7（实际只用到 X0～X4）各输入端子的状态传送到 M1000～M1007。

程序步 9～15，每检测到 1 件产品，在下降沿对 D500 加 1。

程序步 16～22，D500 用于本机产品计数，D510 是另一条流水线传送过来的数据，D501 为两条流水线一起工作时，产品计件的合计数。

程序步 23～44，X1（M1001）、X2（M1002）分别用于起动和停止，X3（M1003）用于紧

急停车，X4（M1004）用于本机过载保护，M1103 的状态来自从站的 X3，也可以实现紧急停车，当本站计数值（D500 的值）或两站合计计数值（D501 的值）超过了 100 时，自动停止。

程序步 45～67，当本站计数值（D500 的值）或两站合计计数值（D501 的值）超过了 100 时，开始 0.1s 延时，延时时间到，对 D500 和 D501 都清 0。这是因为主、从站的数据传送，实际工作时会有几十毫秒的时间延迟。本例中当两站合计数据 D501 的值超过 100 时，需要同时停止两站的电动机，但由于数据传送的延迟，D501 的数据不能及时传送到 D601，导致从站电动机不能及时停止，因此增加了一个延时 0.1s 的定时器 T0，用于留出时间进行数据传送。

3. 从站程序

从站梯形图程序如图 6-9 所示。

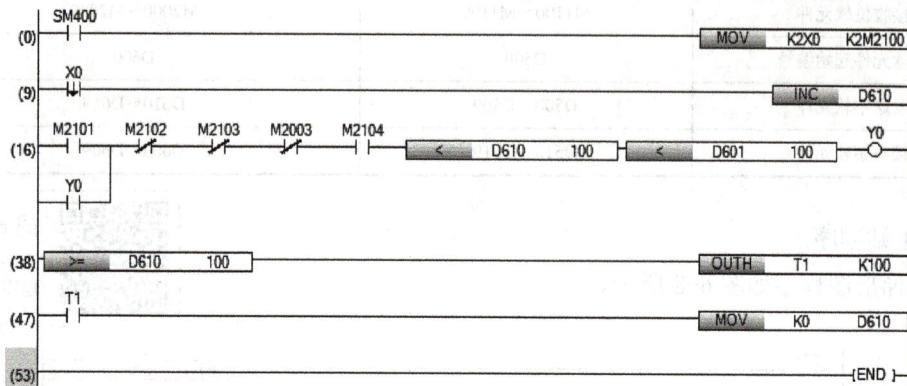

图 6-9　从站梯形图程序

程序步 0～8，在从站将 X0～X4 各输入端子的状态传送到 M1000～M1004。

程序步 9～15，每检测到 1 件产品，在下降沿对 D610 加 1，同时 D610 会自动传送到主站的 D510。

程序步 16～37，X1（M2101）、X2（M2102）分别用于起动和停止，X3（M2103）用于紧急停车，X4（M2104）用于本机过载保护，M2003 的状态来自主站 PLC 的 X3，也可以实现紧急停车，当本站计数值（D610 的值）或两站合计计数值（D601 的值来自主站的 D501）超过了 100 时，自动停止。

程序步 38～52，当本站计数值（D610 的值）超过了 100 时，开始 0.1s 延时，延时时间到，对 D610 清 0。

6.1.4　通信连接与系统运行

1. 主、从站的 RS-485 连接

图 6-10a 为主、从站两台 PLC 的 RS-485 连接，主、从站 PLC 可以使用带屏蔽的双绞线进行连接，对于 FX₅U PLC 可直接使用其内置的 RS-485 端口，如图 6-10b 所示的使用 1 对导线连接时，注意将终端电阻切换到 110Ω。

2. 系统运行

按图 6-3 对主、从站分别进行电气线路接线，按图 6-4～图 6-6，对主、从站进行设置，将图 6-8 和图 6-9 所示的主、从站程序分别录入，并对主、从站程序分别进行模拟运行，将程序下载到 PLC 进行联网调试运行。

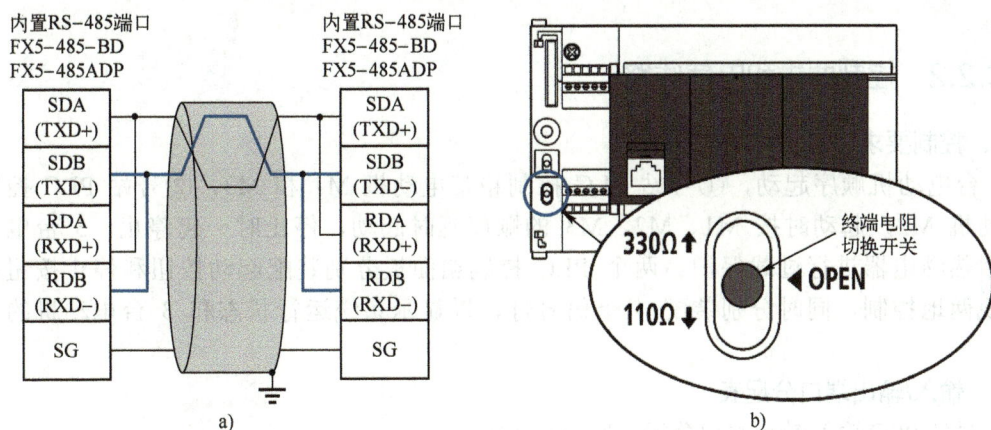

图 6-10　主从站 PLC 的 RS-485 连接与终端电阻切换

注意：①当主、从站通讯连接成功时，CPU 模块或通信板/通信适配器中的用于发送接收指示的"RD""SD"的 LED 会亮；

②由于 PLC 之间数据传送的延迟特性，本例中主、从站程序都用到了延时 0.1s 的定时器，如果实际系统的计数速率很快或有其他问题时，需要进行系统调整。

任务 6.2　以太网通信的电动机顺序起动控制

6.2.1　以太网通信

FX$_{5U}$ PLC 本体内置了以太网端口，也可以增加 FX5-ENET 或 FX5-ENET/IP 以太网模块。使用集线器，可以连接多个 CPU 模块或工程工具、GOT 等，1 个 CPU 模块最多可以同时连接 8 台外部设备。不使用集线器，仅使用 1 根以太网电缆可以直接连接其他 1 台 CPU 模块或工程工具。CPU 模块的内置以太网端口支持以下通信协议及服务：CC-Link IE Field Basic、MELSOFT 连接、SLMP（无缝数据通信协议）服务器（3E/1E 帧）、Socket 通信、FTP（文件传送协议）服务器、FTP 客户端、Modbus/TCP（传输控制协议）通信功能、SNTP（简单网络时间协议）客户端、Web 服务器（HTTP）、简单 CPU 通信等。CPU 模块的以太网端口与以太网电缆连接和通过以太网模块与以太网电缆连接如图 6-11 所示。

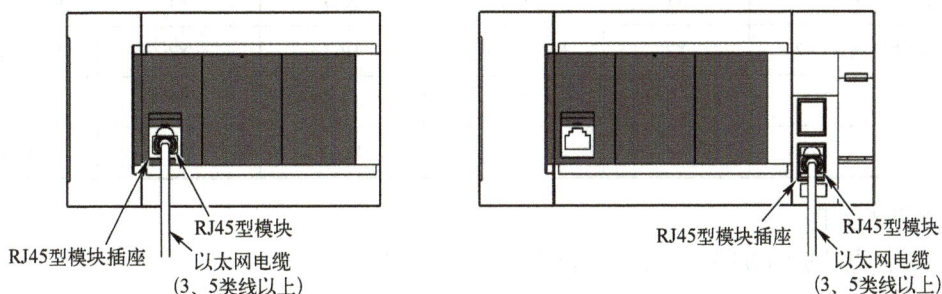

码 6.2-1　以太网通信的电动机顺序起动控制

图 6-11　FX$_{5U}$ PLC 与以太网电缆连接

6.2.2 控制要求和电气线路

1. 控制要求

3 台电动机顺序起动，①号站 PLC 控制箱带电动机 M1 和 M3，②号站 PLC 控制箱带电动机 M2，起动时按 M1、M2、M3 的顺序延时起动，停止时一起停止，3 台电动机分别用热继电器进行过载保护。两个 PLC 控制箱面板分别装配起动按钮和停止按钮，用于实现两地控制，同时分别装配 4 个信号灯，以显示系统运行状态和 3 台电动机的故障状态。

2. 输入/输出端口分配表

①号站 PLC 输入/输出端口分配表如表 6-4 所示。

表 6-4　①号站 PLC 输入/输出端口分配表

输入端口			输出端口		
输入器件	输入继电器	作用	输出器件	输出继电器	作用
常开按钮 SB1	X0	起动开始	HL1	Y0	运行信号
常开按钮 SB2	X1	停止	HL2	Y1	M1 故障信号
热继电器常开触点 FR1	X2	M1 过载信号	HL3	Y2	M2 故障信号
热继电器常开触点 FR3	X3	M3 过载信号	HL4	Y3	M3 故障信号
			KM1	Y4	M1 运行

②号站 PLC 输入/输出端口分配表如表 6-5 所示。

两站起动按钮和停止按钮都用常开按钮，热继电器都用其常开触点。按下起动按钮后，两站的 HL1 和 HL5 灯亮，同时显示系统的运行状态。

表 6-5　②号站 PLC 输入/输出端口分配表

输入端口			输出端口		
输入器件	输入继电器	作用	输出器件	输出继电器	作用
常开按钮 SB3	X0	起动开始	HL5	Y0	运行信号
常开按钮 SB4	X1	停止	HL6	Y1	M1 故障信号
热继电器常开触点 FR2	X2	M2 过载信号	HL7	Y2	M2 故障信号
			HL8	Y3	M3 故障信号
			KM2	Y4	M1 运行

3. 电气线路图

两站 3 台电动机的顺序起动电气线路图如图 6-12 所示。

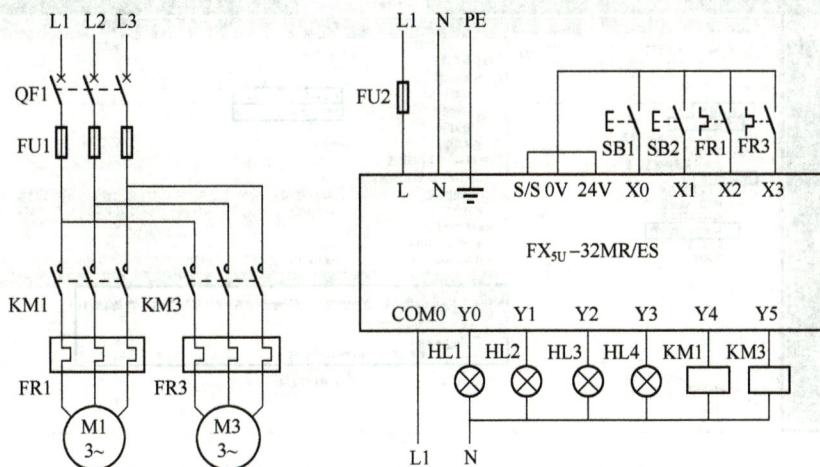

a)

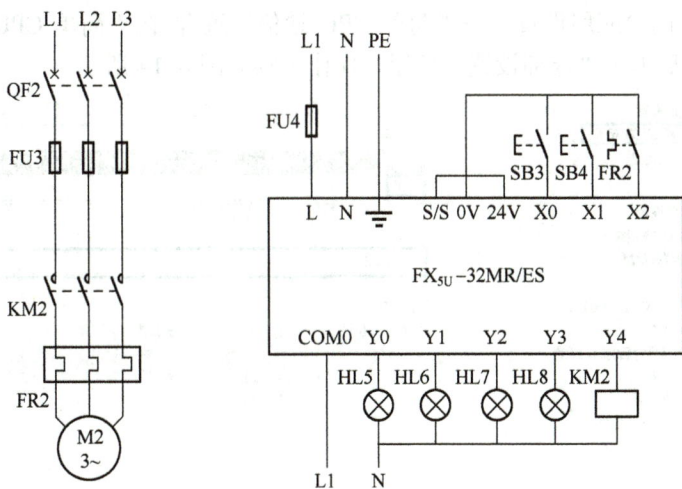

b)

图 6-12　两站 3 台电动机的顺序起动电气线路图

a) ①号站电气线路图　b) ②号站电气线路图

6.2.3　参数设置与程序设计

1. ①号站通信设置

（1）基本设置。

两台主、从站以太网组网通信的①号站基本设置如图 6-13 所示。在程序编辑界面的 "导航" 窗口中单击 "参数" → "FX5UCPU" → "模块参数"，双击 "以太网端口" 选项（即 PLC 本体自带的以太网端口），弹出 "设置项目" 窗口，在 "基本设置" 中，输入①号站的 IP 地址和子网掩码。注意输入时 IP 地址的设置范围。

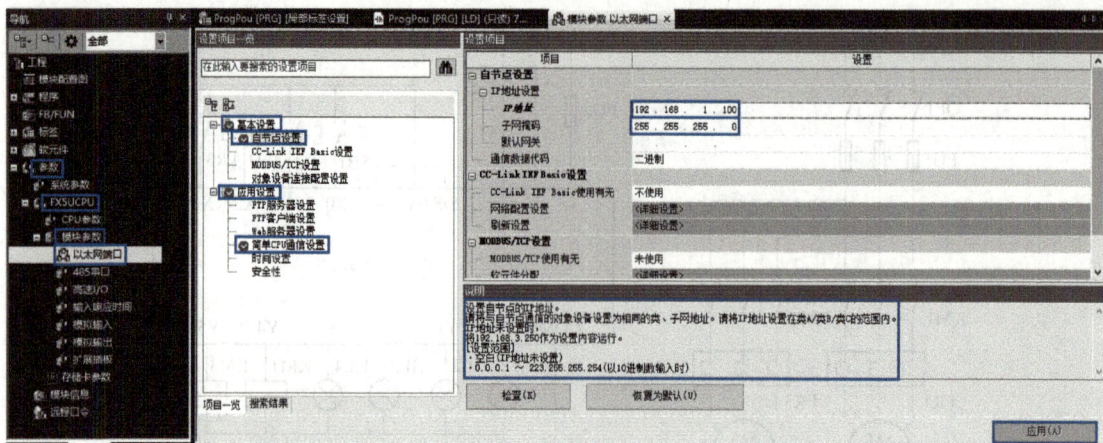

图 6-13　两台主、从站以太网组网通信①号站的基本设置

（2）应用设置。

单击图 6-13 的"应用设置"→"简单 CPU 通信设置"，在"简单 CPU 通信使用有无"中选择"使用"，然后单击"详细设置"按钮，操作步骤如图 6-14 所示。

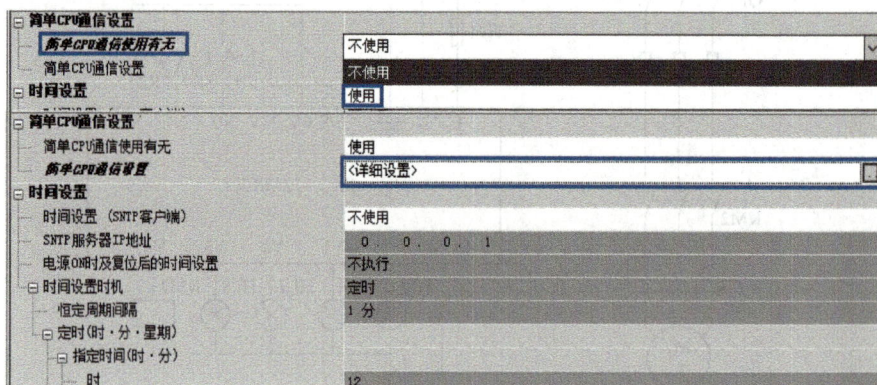

图 6-14　选择简单 CPU 通信

两台 PLC 以太网通信的①号站详细设置如图 6-15 所示。

图 6-15　两台 PLC 以太网通信的①号站详细设置

设置号 1："写入"指本机向目标传送数据，"通信设置执行间隔"选择默认的 100ms。写入时传送源是本机，传送目标需选择，因为本例是两台 FX₅ᵤ PLC 进行通信，所以选择三菱 iQ-F（CPU），并在此录入其 IP 地址，如本机 IP 地址是 192.168.1.100，则另一台 PLC 的 IP 地址可以设置成 192.168.1.101。位软元件的传送必须是 16 位的整数倍，虽然本例只需要将本机的 X3 状态传送给另一台 PLC 的 M3，但仍然是 X0～X17（16 位）传送到 M0～M15（16 位）。本机的字软元件 D0、D1 传送到另一台的 D30、D31。

设置号 2：“读取”指本机从传送源得到数据，从站 PLC 的 X0～X17（16 位）传送到本机的 M80～M95（16 位），从站字软元件 D0、D1 传送到本机的 D20、D21。

2.　②号站通信设置

两台 PLC 以太网组网通信②号站详细设置如图 6-16 所示。可以看出，①号站的写入就是②号站的读取，而②号站的写入就是①号站的读取。

设置号	通信类型	通信设置：执行间隔(ms)	通信对象（IP地址）			对象号机	位软元件			
			传送源	→	传送目标		点数	类型	传送源起始	传送源结束 →
1	读取	定期	100	三菱iQ-F(CPU)(192.168.1.)	→	本站(192.168.1.101)	无指定	16	M	400 415 →
2	写入	定期	100	本站(192.168.1.101)	→	三菱iQ-F(CPU)(192.168.1.)	无指定	16	M	800 815 →

位软元件 传送目标			字软元件							通信超时时间(ms)	通信重试次数	异常时监视时间(s)	注释
类型	起始	结束	点数	传送源类型	起始	结束	→	传送目标类型	起始	结束			
M	432	447	7	D	100	106	→	D	110	116	1000	3	30
M	832	847	7	D	120	126	→	D	130	136	1000	3	30

图 6-16　两台 PLC 以太网通信的②号站详细设置

码 6.2-2
①号站——源程序

3.　①号站程序

①号站梯形图程序如图 6-17 所示。

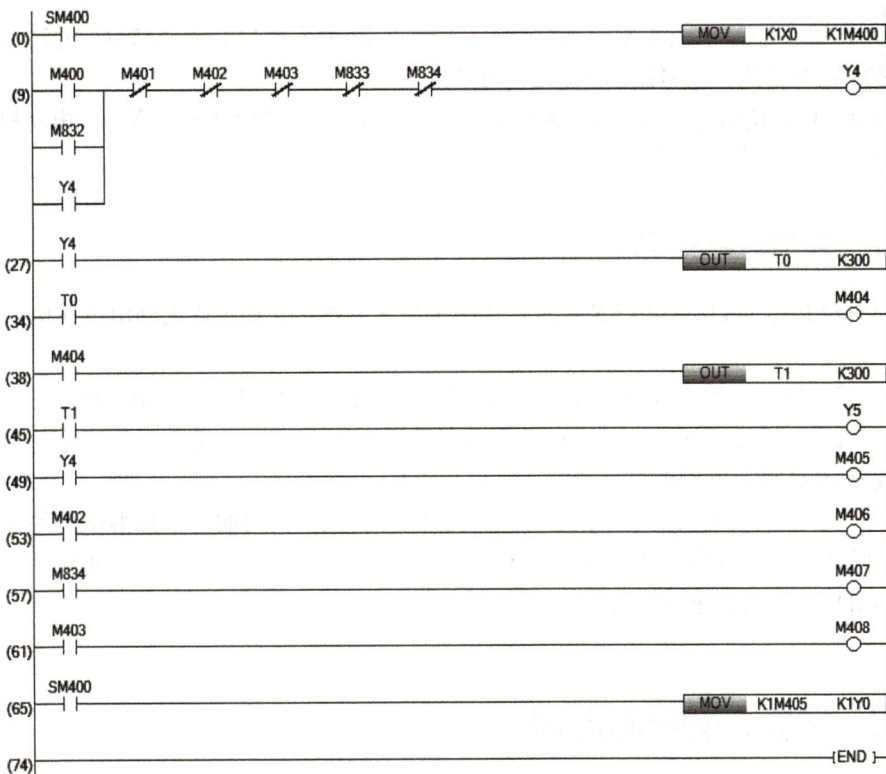

图 6-17　①号站梯形图程序

程序步 0~8，将①号站的 X0~X3 的状态传送到位软元件 M400~M403，通过以太网通信 M400~M403 状态传送到②号站的 M432~M435；

程序步 9~26，实现在主站或从站按下起动按钮时，开始起动过程，按下停止按钮或当任一电动机发生故障时，全部停车，注意 M832、M833、M834 的状态来自②号站；

程序步 27~37，第 1 台电动机起动后，用定时器 T0 延时 30s，延时到位软元件 T0 信号传送到 M404，M404 将其状态传送到②号站的 M436，用于在②号站控制第 2 台电动机；

程序步 38~48，用于延时起动第 3 台电动机；

程序步 49~64，分别将第 1 台电动机起动信号（Y0）、3 台电动机的故障信号（M402、M834、M403）传送到 M405~M408（即 K1M405），K1M405 的状态会自动传递到②号站的 K1M837。用 K1M405 和 K1M837 可简化两站程序；

程序步 65~73，本站控制运行指示灯和故障指示灯。

码 6.2-3
②号站——源程序

4．②号站程序

②号站梯形图程序如图 6-18 所示。

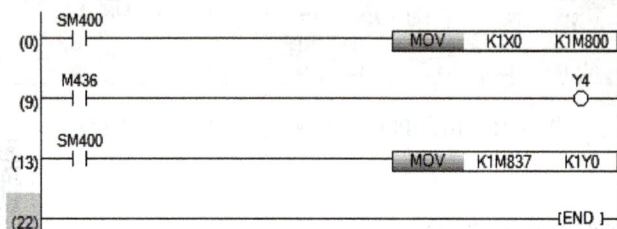

图 6-18　②号站梯形图程序

程序步 0~8，将②号站的 X0~X3 的状态传送到位软元件 M800~M803，通过以太网通信 M800~M803 状态传送到①号站的 M832~M835；

程序步 9~12，位软元件 M436（来自①号站的 M404）控制 Y4（即第 2 台电动机）；

程序步 13~21，在①号站分别控制运行指示灯和故障指示灯。

6.2.4　通信连接与系统运行

两站的两台 PLC 可以直接用 FX₅ᵤ PLC 内置的以太网端口，通过以太网电缆连接，如图 6-11 所示。

按图 6-12 对两台 PLC 分别进行电气线路接线，按图 6-13 到图 6-16，对两站进行以太网通信设置，将图 6-17 和图 6-18 所示的两台 PLC 程序分别录入，并分别对程序进行模拟运行。将程序下载到 PLC 进行联网调试运行。

注意：①为了编程方便，本例中 3 台电动机的过载保护，用的都是热继电器的常开触点，而不是前面常用的常闭触点；②当两台 PLC 通过以太网线正常通信时，以太网通信发送/接收指示灯"LDNSD/RD"会清晰地闪烁。

任务 6.3　温度测量与显示控制

模拟量是指生产过程中连续变化的物理量，如温度、流量、转速、压力、电流、电压等，它与数字量（开关量）相对应。在工业控制系统中，经常需要检测和控制模拟量。如空调的温度控制，需要检测连续变化的空气温度，并将其转换成连续变化的电流（或电压）信号送到空调的控制器。在 PLC 和变频器联合变频调速系统中，经常需要 PLC 输出连续变化的模拟量电压控制变频器输出交流电的频率以实现调速。

FX$_{5U}$ PLC 本体自带两路模拟量输入和 1 路模拟量输出，其输入/输出端子如图 6-19 所示。也可以通过增添模拟量输入/输出扩展模块如 FX5-4AD、FX5-4DA、FX5-8AD 等方式实现模拟量的输入/输出。

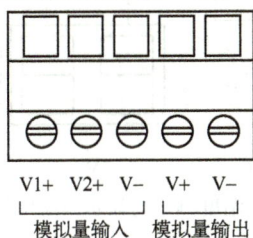

V1+　V2+　V−　　V+　V−

模拟量输入　　模拟量输出

图 6-19　FX$_{5U}$ PLC 的模拟量输入/输出端子

6.3.1　模拟量输入

工业现场一般用传感器、变送器等，把实际的模拟量转换成标准的电信号，如 PT100 温度传感器将实际的环境温度转换成标准化输出的模拟量电信号，主要为 0～10mA 和 4～20mA（或 1～5V）的直流电信号。

码 6.3-1
模拟量输入通道及参数设置

PLC 模拟量输入的作用是将标准化模拟量电信号转换为 PLC 可以处理的数字量信号。一般标准电流信号为 4～20mA、0～20mA，标准电压信号为 0～10V、0～5V 或 −10～+10V 等。

FX$_{5U}$ PLC 可以通过 PLC 自带的两路模拟量输入通道，或通过增添模拟量输入扩展模块将模拟量传送到 PLC 中。模拟量输入经过 A/D 转换后的数字量，可以用二进制 8 位、10 位、12 位、16 位或更高位来表示。位数越高，表明分辨率越高，精度也越高。一般大、中型机多为 12 位或更高，小型机多为 8 位或 12 位。通道 1 用特殊存储器 SD6020 用于存储转换后的当前值，另外还有 SD6021 存储经应用设置后的运算值，SD6022 存储输入模拟量电压的监视值。通道 2 类似。

FX$_{5U}$ 自带的模拟量输入通道的主要参数如表 6-6 所示。

表 6-6　FX$_{5U}$ PLC 模拟量输入通道的主要参数

通道数	模拟量输入		数字量输出			软元件分配	
	模拟量制式	数值范围	数字量制式	数值范围	分辨率/mV	通道 1	通道 2
2	直流电压	0～10V	12 位无符号	0～4000	2.5	SD6020	SD6060

6.3.2　控制要求和电气线路

用一体化温度变送器测量温度并将测量得到的模拟量信号通过 FX$_{5U}$ PLC 的模拟量输入通道输送到 PLC，用两位数码管显示测量温度。图 6-20 是电气线路图。

码 6.3-2
用模拟量输入测量温度

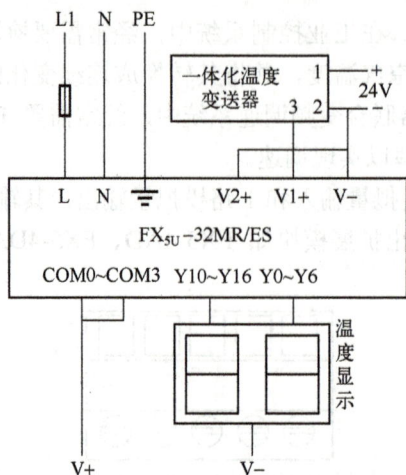

图 6-20　温度测量与显示系统电气线路图

图中用到一体化温度变送器的型号为 HTHSM-010，由 Pt100 热电阻温度传感器和电流-电压变送器构成，测量温度的范围是 0～100℃，输出值为 0～5V，需要接 24V 直流电源。Pt100 用于将周围温度值转换为 4～20mA 的电流信号，电流-电压变送器用于将 4～20mA 的电流信号变换成 1～5V 的电压信号。测量更大范围的温度时，需重新选择规格型号。

一体化温度变送器的 1、2 端子接 DC 24V 正负极，信号输出端子 3 接 FX₅ᵤ PLC 模拟量输入通道 1 的 V1+端子。通道 2 不用时，将 V2+和 V-短接。

输出端子 Y0～Y6 送出当前温度值个位的七段编码到个位数码管，Y10～Y16 送出当前温度值十位的七段编码到十位数码管。

码 6.3-3
温度测量与显示——源程序

6.3.3　程序设计

FX₅ᵤ PLC 模拟量输入通道 1 测量电压范围是 0～10V，即将 0～10V 的电压转变成 0～4000 的数值存储在 SD6020 中。温度变送器将 0～100℃的温度值转换成 0～5V 的电压值，输送到 PLC 模拟量输入端子，则 0～5V 对应的数值范围是 0～2000。2000/100=20，即数值小于 20 时为 0℃，温度每增加 1℃，则 SD6020 中数值增加 20。

图 6-21 是温度测量与显示系统 PLC 程序。程序步 0～8，SD6020 的值除以 20 为当前温度值，存入到 D50；

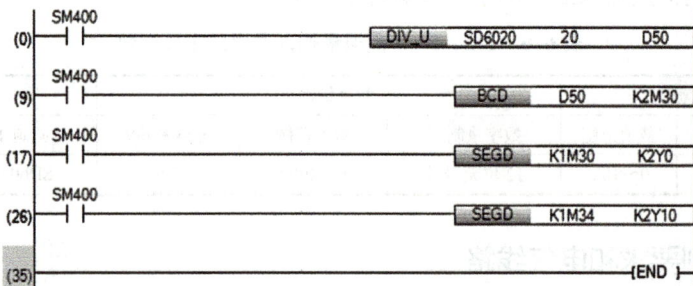

图 6-21　温度测量与显示系统 PLC 程序

程序步 9～16，D50 中的数据转换成 BCD 码存放到 M30～M37，如当前温度是 25℃，则 K1M30 存放的是 5，K1M34 存放的是 2；

后面两行程序，分别将温度值的个位和十位转换成七段编码送到 Y0~Y6 和 Y10~Y16。

6.3.4   参数设置与系统运行

GX Works3 默认对 FX$_{5U}$ PLC 的两个模拟量输入通道为禁止状态，需要可以通过参数设置启用相应功能，参数设置分为基本设置和应用设置。

1. 基本设置

基本设置是进行 A/D 转换通道是否启用、A/D 转换方式的设置，如图 6-22 所示。

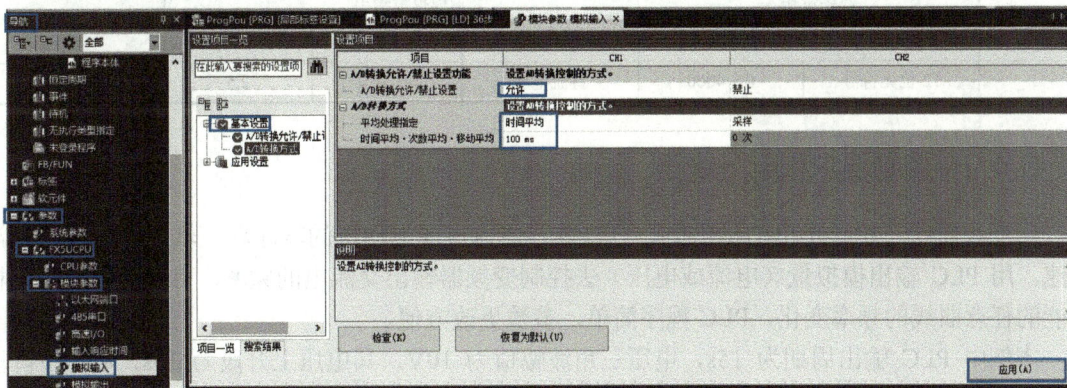

图 6-22   FX$_{5U}$ PLC 模拟量输入的基本设置

在程序编辑界面的"导航"窗口中单击"参数"→"FX$_{5U}$CPU"→"模块参数"，双击"模拟输入"选项，弹出"模块参数 模拟输入"设置窗口，单击窗口左边的"基本设置"选项，本例使用模拟量通道 1，所以在"A/D 转换允许/禁止设置"中对 CH1（通道 1）选择"允许"，在 A/D 转换方式时，选择采用"时间平均"并在下方框内输入 100ms，即每 100ms 对通道 1 的 A/D 转换合计值进行平均处理，并将平均值存储到 SD6020 中。

如无特殊需求，内置模拟量输入通道在基本设置完成后即可正常使用。

2. 系统运行

按图 6-20 的电气线路图进行电气接线，其中的 24V 直流可以用 PLC 的直流电源，按图 6-21 录入 PLC 程序，按图 6-22 进行模拟量输入的基本设置。程序录入完成后可在计算机上进行简单的模拟运行，在模拟运行时因为没有输入量，则 SD6020 的数值为 0，则 K2Y0 与 K2Y10 得到的是 0 的七段编码。

将程序下载到 PLC 进行实际运行，可以实时测量当前温度值。

任务 6.4   三角波电压输出控制

6.4.1   模拟量输出

PLC 模拟量输出的作用是将 PLC 内部的数字量转换并通过模拟量输出端子输出，FX$_{5U}$ PLC 本体自带 1 路模拟量输出通道，也可以增添模拟量输出扩展模块，如 FX5-4DA。PLC 输出的模拟量可以控

码 6.4-1
使用模拟量输出通道实现三角波电压输出

制其他设备的运行，如输出 0～10V 的直流电压信号到变频器，控制变频器连续变化交流电的输出频率。

FX$_{5U}$ PLC 自带的模拟量输出通道，将特殊存储器 SD6180 存储的 0～4000 数值转换成 0～10V 连续变化的模拟量（直流电压值）输出，其接线端子如图 6-19 所示。另外还有 SD6181 用于存储经应用设置后的运算值，SD6182 用于存储模拟输出电压监视值。

FX$_{5U}$ PLC 自带的模拟量输出通道的主要参数见表 6-7。

表 6-7　FX$_{5U}$ PLC 模拟量输出通道的主要参数

通道数	数字量输入		模拟量输出			软元件分配
	数字量制式	数值范围	模拟量制式	数值范围	分辨率/mV	
1	12 位无符号	0～4000	直流电压	0～10V	2.5	SD6180

6.4.2　控制要求和电气线路

用变频器给三相异步电动机供电，可以很方便地实现电动机的软起动、软停车，实现平滑调速。用 PLC 输出模拟量（电流或电压）去控制变频器输出交流电的频率，可实现符合电动机性能的任意曲线的频率变化，PLC 程序简单，参数更改方便。

本例中 PLC 输出周期为 15s，电压三角波幅值为 10V，其电压上升段为 10s，电压下降段为 5s，其波形如图 6-23 所示。

三角波电压输出电气线路图如图 6-24 所示，在 FX$_{5U}$ PLC 的模拟量输出端子 V+和 V-间接一个电压表，用于监视输出变化的直流电压值。

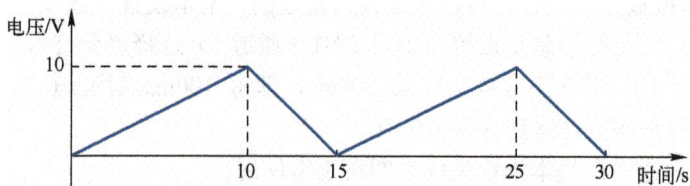

图 6-23　三角波电压波形图

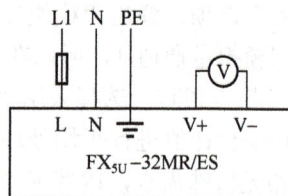

图 6-24　三角波电压输出电气线路图

6.4.3　程序设计

三角波电压输出范围是 0～10V，对应 SD6180 的数值范围是 0～4000，所以输出电压值与 SD6180 数值的对应关系是：$u_i=(D_i/4000)\times 10$。

图 6-25 为三角波电压输出的梯形图程序。

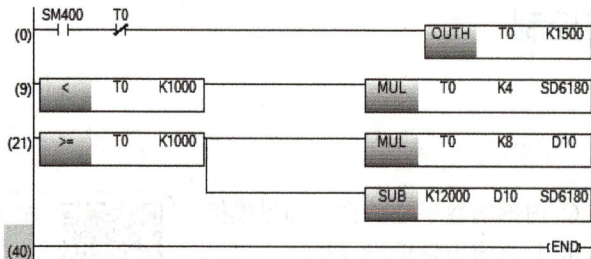

码 6.4-2
使用模拟量输出通道实现三角波电压输出——源程序

图 6-25　三角波电压输出的梯形图程序

程序步 0~8，定时器 T0 用 OUTH，其分辨率是 10ms，定时时间是 15s，见图 6-23 的电压三角波的周期。

程序步 9~20，三角波电压的上升段即每个周期的前 0~10s，T0 的数值变化是 0→1000，对应的电压输出是 0V→10V，SD6180 的数值变化是 0→4000，所以 $D_i = 4t_i$，T0 的当前值乘以 4 再送到 SD6180，即可输出 0V→10V 模拟量电压。从这里也可以看出，选用分辨率为 10ms 的 OUTH 定时器，比分辨率 100ms 更合适。

程序步 21~39，三角波电压的下降段即每个周期的后 10~15s，T0 的数值变化是 1000→1500，对应的电压输出是 10V→0V，SD6180 的数值变化是 4000→0，所以 $D_i = 4000-8(t_i-1000) = 12000-8t_i$。即先把 T0 的当前值乘以 8 再送到 D10，然后用 12000 减去 D10 送到 SD6180，即可输出 10V→0V 模拟量电压。

6.4.4 参数设置与系统运行

GX Works3 默认 FX5U PLC 的模拟量输出通道为禁止状态，需要可以通过参数设置启用相应功能，参数设置分为基本设置和应用设置。

1. 基本设置

基本设置是进行 D/A 转换允许/禁止、D/A 输出允许/禁止的设置，如图 6-26 所示。

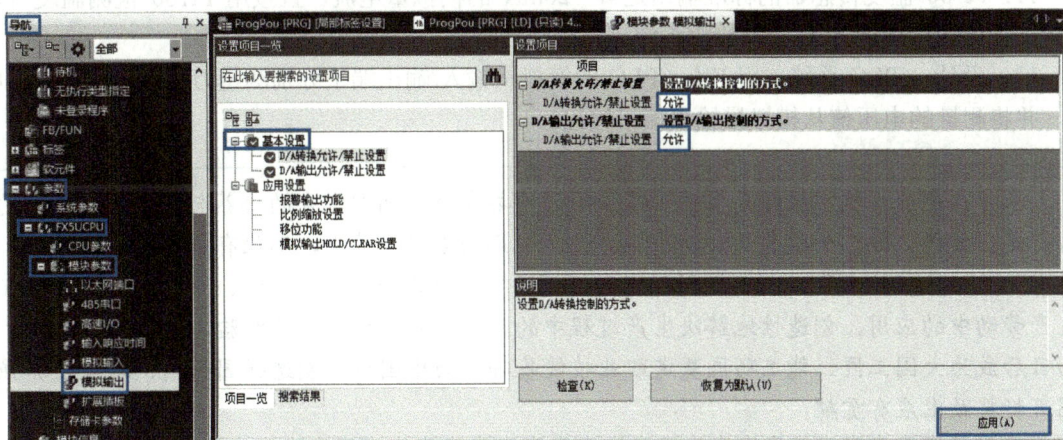

图 6-26 FX5U PLC 模拟量输出的基本设置

在程序编辑界面的"导航"窗口中单击"参数"→"FX5UCPU"→"模块参数"，双击"模拟输出"选项，弹出"模块参数 模拟输出"设置窗口，单击窗口左边的"基本设置"选项，在"D/A 转换允许/禁止设置"中选择"允许"，在"D/A 输出允许/禁止设置"中选择"允许"，然后单击"应用"按钮。

如无特殊需求，内置模拟量输出通道在基本设置完成后即可正常使用。

2. 系统运行

按图 6-24 的电气线路图进行电气接线，按图 6-25 录入 PLC 程序，按图 6-26 进行模拟量输出的基本设置。程序录入完成后可在计算机上进行简单的模拟运行，在模拟运行时仔细观察 SD6180 数值随 T0 数值变化情况。

将程序下载到 PLC 进行实际运行，可以通过电压表实时观察电压值周期变化。

习题

1. 串行通信根据数据的传输方向，可以分为哪几种基本形式？

2. RS-485 通信是如何传输信号的？FX₅ᵤ PLC 有哪些 RS-485 通信连接类型？

3. 两台电动机分别由两台 PLC 控制，两台电动机顺序起动，按主、从站 RS-485 通信并列链接设计其 PLC 控制系统。

4. 两台电动机分别由两台 PLC 控制，两台电动机顺序起动逆序停止，按主、从站 RS-485 通信并列链接设计其 PLC 控制系统。

5. 通过集线器，一台 FX₅ᵤ CPU 可以连接多少外部设备？举例说明外部设备的类型。

6. 用以太网通信实现 3 台电动机主从站 PLC 控制系统。

7. 以太网通信位软元件和字软元件的传送源和传送目标有哪些方面的要求？

8. 通信详细设置中的写入和读取分别是什么意思？

9. PLC 可以处理的标准模拟量信号有哪些？

10. 说明模拟量输入通道的主要参数中的分辨率为的是 2.5mV 的原因。

11. Pt100 温度传感器的标准输出是 4～20mA 的模拟量电流，直接用 Pt100 检测温度时，如何进行接线，设计 PLC 温度检测系统。

12. 设计一 PLC 系统，用 FX₅ᵤ PLC 的模拟量输入/输出端子分别测量万用表 9V 电池的电压，并将测量的电压值从模拟量输出端子输出。

> 人才、创新、技术技能是实现制造强国的重要支撑。高职学生的培养与建设制造强国的目标是一致的。他们头脑灵活，动手能力强，长期的生产性劳动，不仅有益于技术的精进，也有益于培养其技术革新和技能创新的意识；他们重视新知识、新技术、新工艺、新方法在生产劳动中的应用，创造性地解决生产过程中的实际问题，积累职业经验，磨炼工匠精神，为日后成为大国工匠、能工巧匠奠定职业技能基础，为中国迈入制造强国行列、实现世界强国目标将做出应有贡献。

PLC 与变频器、触摸屏等外部设备进行连接，组成综合的大型控制系统，能够完成比较复杂的控制。

任务 7.1　起动倒计时显示控制

码 7-0
模块 7 简介

工业控制触摸屏，是通过触摸式工业显示器把人和机器连为一体的智能化界面，它是替代传统控制按钮和指示灯的智能化操作显示终端。它可以用来设置参数、显示数据、监控设备状态，以曲线或动画等形式显示自动化控制过程，操作更方便、快捷，表现力更强，并可简化为 PLC 的控制程序，功能强大的触摸屏创造了友好的人机界面。

7.1.1　GOT SIMPLE 触摸屏

三菱工控触摸屏（见图 7-1）反应灵敏、耐冲击、防水能力强，戴着手套或屏幕附着水滴也能运作无误，基本上能满足各种严苛的项目及现场需求，广泛应用于机械、纺织、电气、包装、化工等行业。目前主要有三大系列，分别是 GOT2000、GOT1000、GOT SIMPLE。其中 GOT SIMPLE 系列是配有众多高级功能的小型机，其功能强大、操作简便，是一种高性价比的三菱触摸屏。GOT SIMPLE 系列目前有 GS2110-WTBD、GS2107-WTBD、GS2110-WTBD-N、GS2107-WTBD-N 等机型。

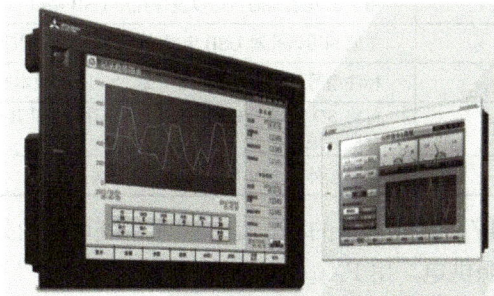

图 7-1　三菱工控触摸屏

1. GOT SIMPLE 主要特点

1）轻松地实现对 PLC 位软元件的 ON/OFF、监视和强制的 ON/OFF、字软元件的设置值/当前值的监视和更改等。

2）65536 色显示机型采用了高亮度、大可视角度、高清晰度的薄膜晶体管（TFT）彩色液晶，实现了高速显示和触摸开关的高速响应。

3）标准配置中包括 SD 卡接口、RS-232 接口、RS-422 接口、USB 接口、以太网接口等，实现画面设计、起动、调试、运行、维护工作的高效化。

4）与各种系列 PLC 的 CPU 连接时，用连接在触摸屏上的计算机就可以进行传送、监视程序运行。

2．GS2110-WTBD 的接口

图 7-2 是 GS2110-WTBD 触摸屏背面的面板，面板上分布了触摸屏的接口、铭牌和电源端子等，各部分名称及其作用见表 7-1。

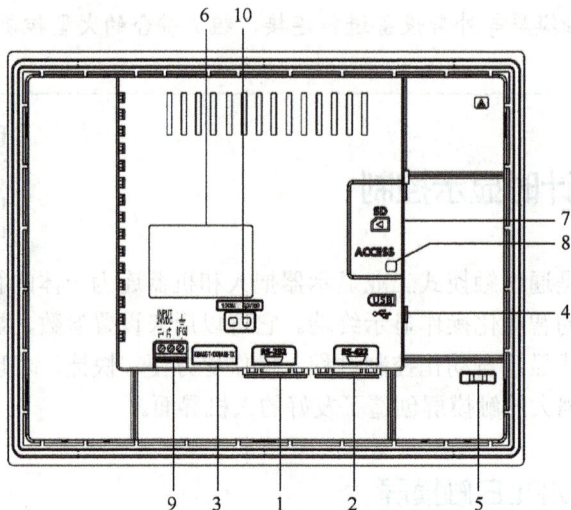

图 7-2　GS2110-WTBD 触摸屏的背面面板

表 7-1　GS2110-WTBD 触摸屏背面面板各部分名称及其作用

编号	名　称	作　用
1	RS-232 接口	该接口为 D-Sub 9 针公，可用于连接 PLC、电子计算机、条码阅读器和 RFID 等
2	RS-422 接口	可连接 PLC 和计算机，同样也为 D-Sub 9 针公
3，10	以太网接口及其通信状态 LED	通过以太网（RJ-45）连接 PLC 和微型计算机
4	USB 接口	用于工程数据的传送以及保用 USB 接口
5	USB 电缆脱落防止孔	主要利用该孔对 USB 电缆进行固定，防止其脱落
6	铭牌	标注型号、额定电流、生产编号、H/W 版本等
7，8	SD 卡接口及其存取 LED	可将 SD 卡插入 GOT 接口，实现存储功能其存取 LED 灯显示 SD 卡存取状况，未存取时熄灭
9	电源端子	用于接外接 24V 电源+、-以及 ⏚端

触摸屏的电源为 DC 24V，接线端子的标识是 ⁻╎╀ ⏚，既可以由外部直流电源供电，也可以由 PLC 输出的 DC 24V 电源供电。用 FX₅U PLC 的电源时，其"+"端连接 PLC 的"24V"端，"-"端连接 PLC 的"0V"端，⏚端接电源的地线用于接地保护。

码 7.1-1
星-三角减压起动人机界面的创建——实操

7.1.2　控制要求和系统组态

码 7.1-2
星-三角减压起动人机界面——源程序

1．控制要求

用触摸屏实现Y-△减压起动控制，触摸屏人机界面设计如图 7-3 所示。画面中用两个按钮实现起动和停止，用 3 个指示灯显示电动机的"运行"状态（绿色）、"起动"过程（黄色）和发生"故障"状态（红色），用触摸屏的数值输入功能，在系统运行中对 PLC 字软元件输入电动机Y起动时间，用触摸屏的数值显示功能,显示电动机Y起动时间倒计时。

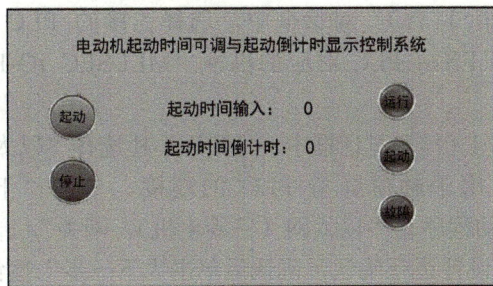

图 7-3 电动机起动时间可调与起动倒计时显示控制系统人机界面

2. 新建工程向导

GT Designer3 是三菱触摸屏的人机界面设计软件,可以进行工程创建、模拟、与 GOT 间的数据传送。它是三菱 GT Works3 软件包的组成部分,用户需要到三菱电机自动化官网下载 GT Works3 进行安装并启动 GT Designer3。

在进行触摸屏画面设计前,需要创建工程,新建工程向导如图 7-4 所示。双击安装在桌面上的图标,出现"工程选择"对话框,选择单击"新建"工程按钮。出现"工程的新建向导"对话框,勾选"显示新建工程向导",单击"下一步"按钮。出现"GOT 系统设置"对话框,用于选择触摸屏的型号,在"系列(S)"栏中选择"GS 系列",在机种栏选择"GS21**-W(800×480)",在"对应型号"栏中显示对应的型号是 GS2110-WTBD 和 GS2107-WTBD 两种,"设置方向"选择默认的"横向","颜色设置"为"65536 色"不可更改,"图形设置"选择"GOT Graphic Ver.2","软件包文件夹名"用默认的"Package1",然后单击"下一步"按钮。

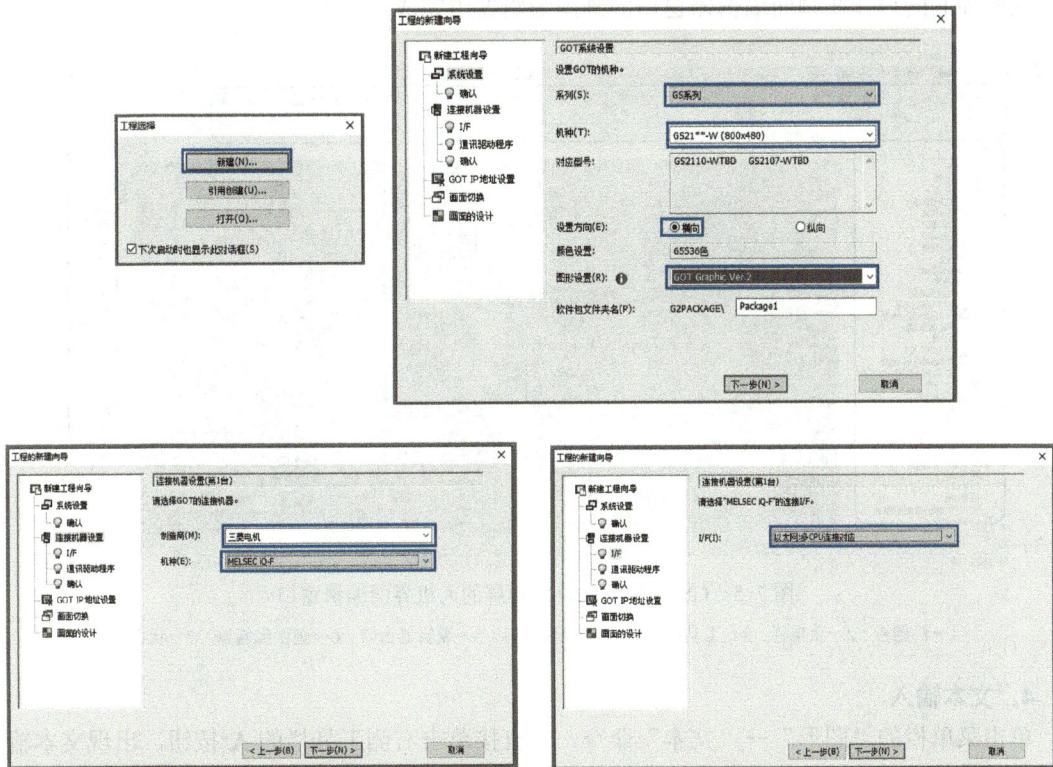

图 7-4 GS2110-WTBD 触摸屏新建工程向导

在"GOT 系统设置的确认"对话框中，对前面的设置确认无误后单击"下一步"按钮。

在"连接机器设备（第 1 台）"对话框中，选择连接的 PLC 型号，"制造商"栏选择"三菱电机"，"机种"选择 FX₅ᵤ PLC 对应的机种"MELSEC iQ-F"，然后单击"下一步"按钮。

在"连接机器设置（第 1 台）"对话框中，"I/F(I):"栏选择"以太网：多 CPU 连接对应"，即选择以太网（ethernet）用于触摸屏与 PLC 的连接，单击"下一步"按钮，然后选择"MELSEC iQ-F"的通信驱动程序是"以太网（三菱电机），网关"，单击"下一步"按钮。

然后对连接器（PLC）设置进行确认，确认后单击"下一步"按钮。

然后进行"GOT IP 地址设置（以太网标准端口）"即设置了 IP 地址、子网掩码、默认网关等信息，单击"下一步"按钮。

进行"画面切换软元件的设置"，即设置画面上软元件的大小，选择默认单击"下一步"按钮。

进行"画面的设计"对话框的设置用于选择触摸屏画面的配底色方案，选择自己想要的画面后，单击"下一步"按钮。

进行"系统环境设置的确认"对前面所有的设置进行确认后，单击"结束"按钮完成工程的创建。

3. 编辑窗口简介

图 7-5 是 GS2110-WTBD 触摸屏人机界面的编辑窗口。标题栏是工程题目；菜单栏是树形结构，提供大多数功能入口；工具栏在窗口的上、下、右侧，提供各种设置、编辑、运行、仿真等工具快捷方式；系统设置窗口用于对触摸屏本身、触摸屏连接 PLC 和其他设备等进行设置。人机界面的设计在画面编辑器窗口的画图编辑器中完成。

图 7-5　GS2110-WTBD 触摸屏的人机界面编辑窗口

1—标题栏　2—菜单栏　3—工具栏　4—系统设置窗口　5—编辑器窗口　6—画图编辑器　7—状态栏

4. 文本输入

单击菜单栏的"图形"→"文本"命令，或直接单击右侧工具栏的 **A** 按钮，出现文本输入窗口，如图 7-6 所示。在此窗口可输入文本字符，并编辑其字体、尺寸和颜色等。

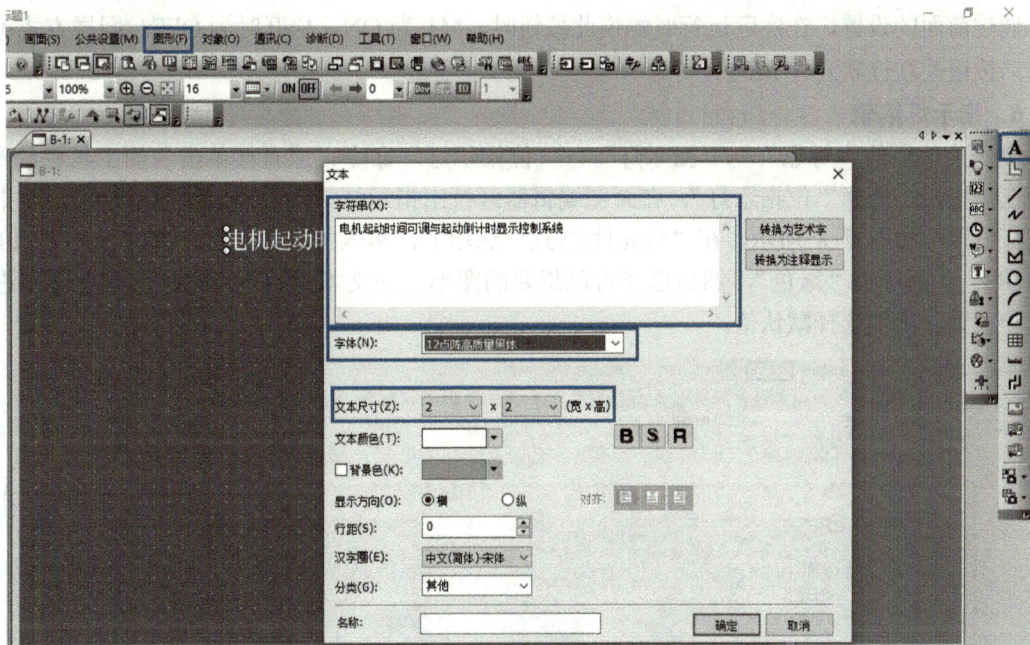

图 7-6 文本输入窗口

5. 按钮编辑

单击菜单栏的"对象"→"开关"→"位开关"命令，或直接单击右侧工具栏的 ⬛ 侧倒三角按钮，选择"位开关"，在画图编辑器区拉出按钮。双击拉出的按钮，可对按钮进行设置。如图 7-7 所示，将停止按钮动作设置为"点动"，关联 PLC 的位软元件 M1。在"样式"选项卡设置按钮的形状、颜色等样式，通过"文本"选项卡，可在按钮上标注文本，并对文本进行编辑。其他选择默认值。

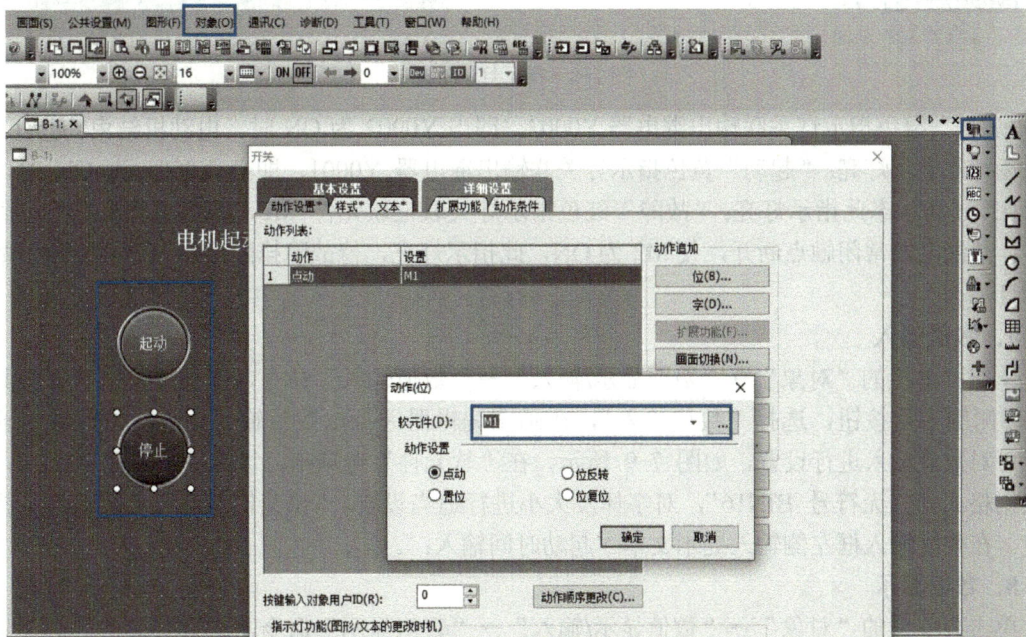

图 7-7 按钮的设置

175

通过前面的设置，在实际运行时触摸此按钮时，M1 为 ON，松开时为 OFF。同样方式可设置起动按钮关联位软元件 M0。

6. 指示灯编辑

单击菜单栏的"对象"→"指示灯"→"位指示灯"命令，或直接单击右侧工具栏的🔳侧倒三角按钮，选择"位指示灯"，在画图编辑器区拉出指示灯。双击拉出的指示灯，可对指示灯进行设置，如图 7-8 所示，在"软元件/样式"选项卡，填入关联软元件 Y0002，在"OFF"和"ON"下都选择"绿色"，然后选择自己想要的图形。在文本标签下可对指示灯上文本进行编辑和设置，其他选择默认值。

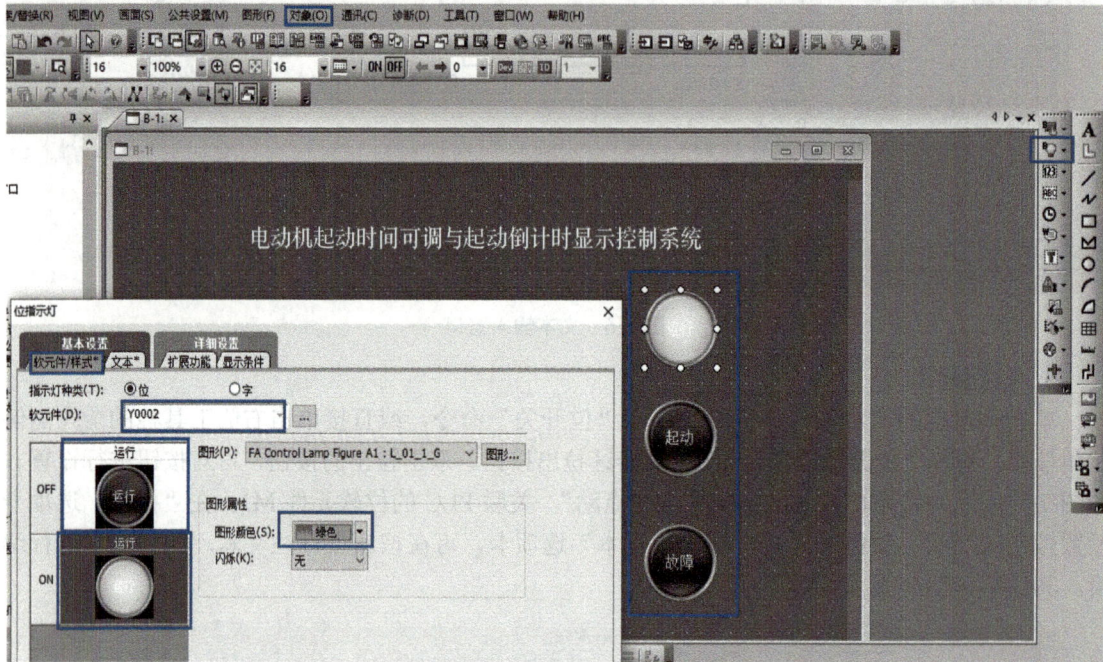

图 7-8　指示灯的编辑

"运行"绿色指示灯关联输出继电器 Y0002，即当 Y0002 为 ON 时，电动机结束Y起动，转为△运行此指示灯亮；"起动"黄色指示灯关联输出继电器 Y0001，即当 Y0001 为 ON 时，电动机在Y起动状态此指示灯亮；"故障"红色指示灯关联位软元件 M2，即当电动机发生过载故障时，热继电器常闭触点断开，使 M2 为 ON，此指示灯亮，待故障排除后热继电器复位，故障指示灯熄灭。

7. 数值输入

单击菜单栏的"对象"→"数值显示/输入"→"数值输入"命令，或直接单击右侧工具栏的🔳侧倒三角按钮，选择"数值输入"，在画图编辑器区拉出数值输入框。双击此数值输入框，可对数值输入进行设置，如图 7-9 所示，在"软元件"选项卡，填入关联软元件 D10，选择数据格式为"无符号 BIN16"，对字体及大小进行适当设置，"预览值"输入 0，其他选择默认值。在数值输入框左侧输入提示文本"起动时间输入："。

8. 数值显示

单击菜单栏的"对象"→"数值显示/输入"→"数值显示"命令，或直接单击右侧工具栏的🔳侧倒三角按钮，选择"数值显示"，在画图编辑器区拉出数值显示框。双击，可对数值显示进行设置，如图 7-10 所示，在"软元件"选项卡，填入关联软元件 D20，选择数据格式为"无符号 BIN16"，对字体及大小进行适当设置，"预览值"输入 0，其他选择默认值。在数值输入框左侧输入提示文本"起动时间倒计时："。

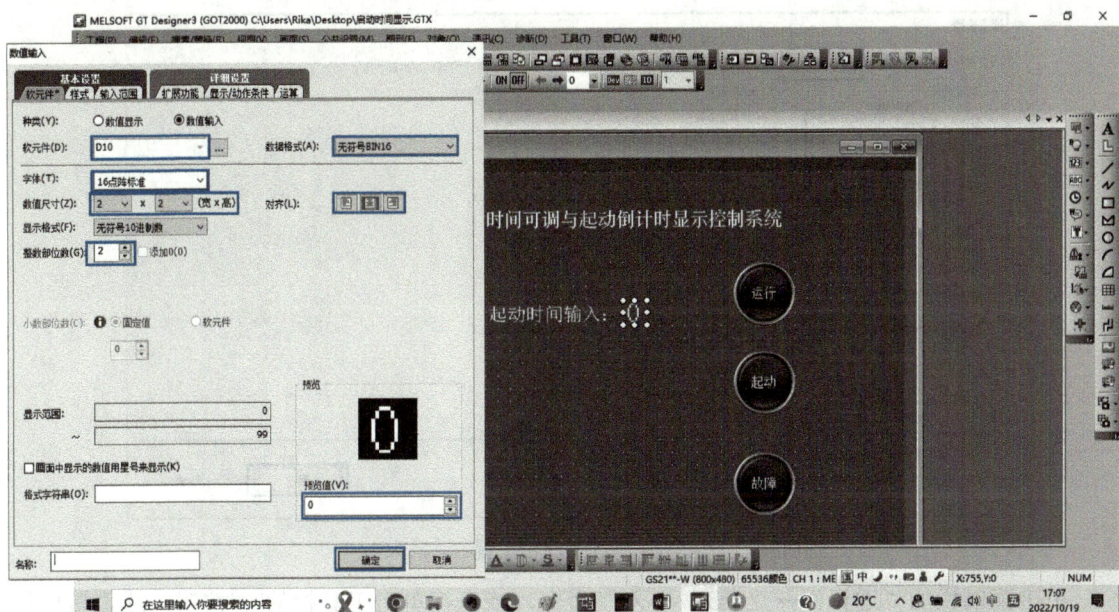

图 7-9　配置数值输入

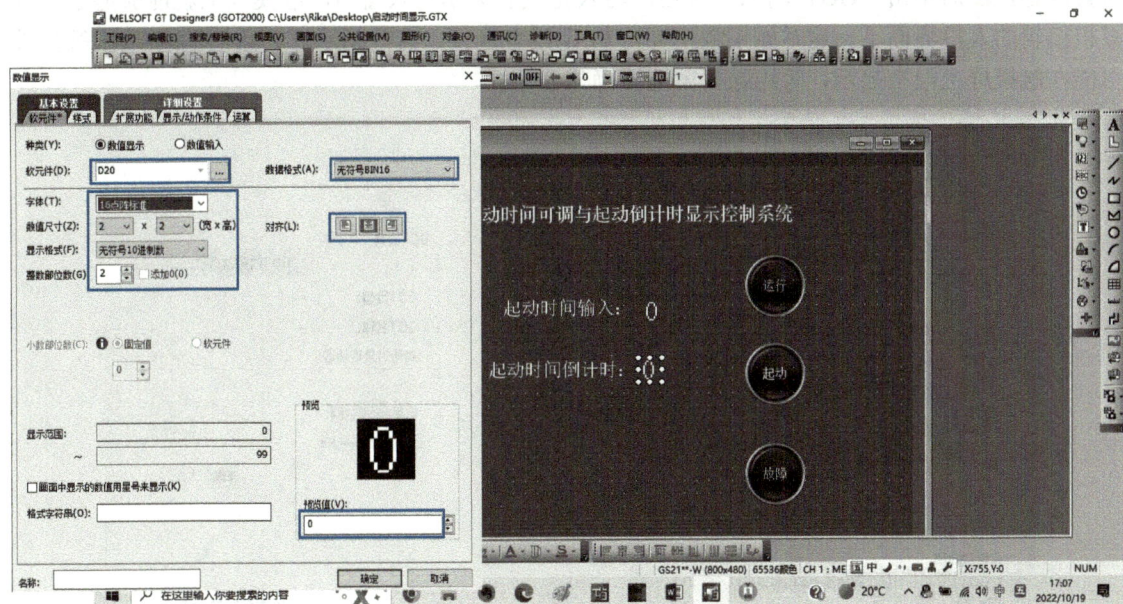

图 7-10　配置数值显示

9. 通信设置与工程下载

在 GT Designer3 中完成人机界面工程设计后，需要将其下载至触摸屏。在触摸屏通电并且用 USB 线或以太网线连接了计算机和触摸屏后，单击菜单栏的"通讯"→"通讯设置"命令，或直接单击工具栏的 按钮，出现图 7-11 所示的"通讯设置"对话框，在对话框中，"GOT 的连接方法"中选择 GOT 直接，GS Simple 系列不支持通过 PLC 通信。在"计算机侧 I/F"中，可选择使用 USB 通信线和以太网连接计算机与 GOT，如果实际用的是 USB 线，就选择"USB"连接，然后单击"通讯测试"按钮，出现"连接成功"后，单击"确定"按钮。

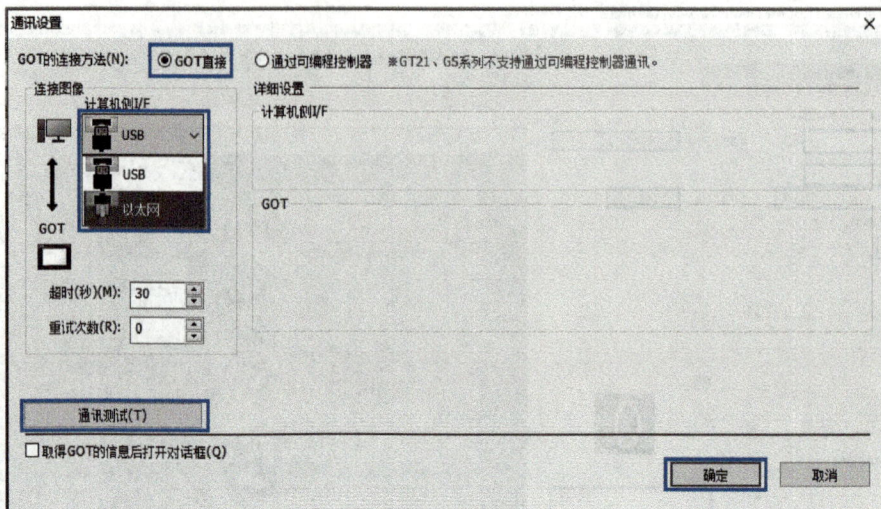

图 7-11　通讯设置

单击菜单栏的"通讯"→"GOT 写入"命令，或直接单击工具栏的 按钮，或直接用快捷方式〈Shift+F11〉键，出现图 7-12 所示的 GOT 写入对话框，选择将软件包数据写入到 GOT 内置闪存，然后单击"GOT 写入"按钮。写入完成后关闭写入窗口，触摸屏上就能够显示在计算机编辑的人机界面了。这时如果触摸屏与 PLC 没有连接，有些指示灯、数值输入/输出等控件可能在触摸屏上没有显示，等连接好就能正确显示了。

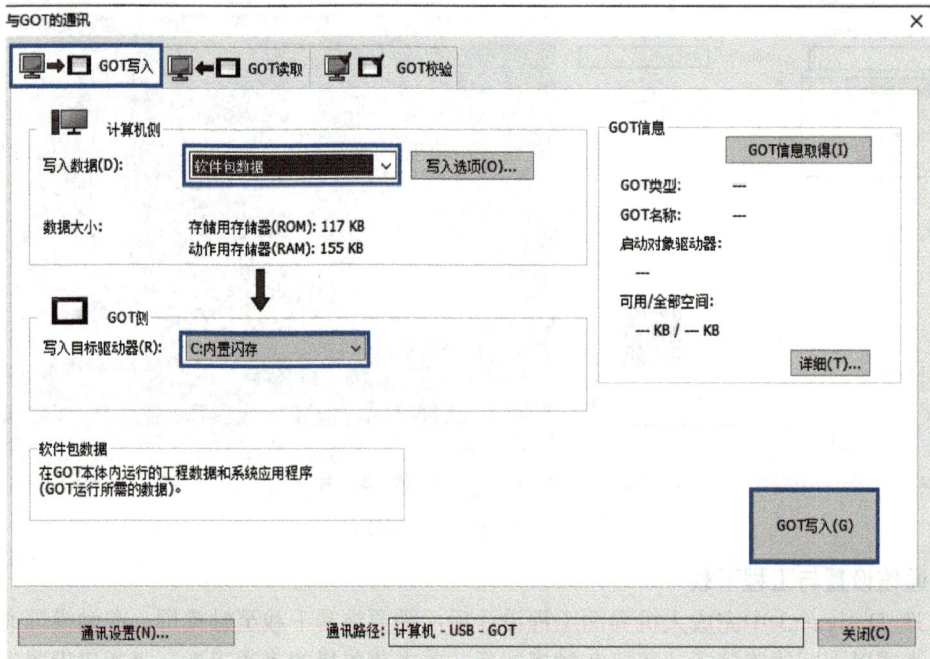

图 7-12　GOT 写入

7.1.3 电路与程序

1. 电气线路图

用触摸屏实现电动机起动时间输入与起动倒计时显示的电气接线如图 7-13 所示，主回路是Y-△减压起动回路，控制回路的输入端只接了一个热继电器常闭触点，用于过载保护，当发生过载时，触摸屏上的故障灯点亮报警，输出端子 Y0、Y1、Y2 分别接交流接触器线圈 KM1、KM2 和 KM3。

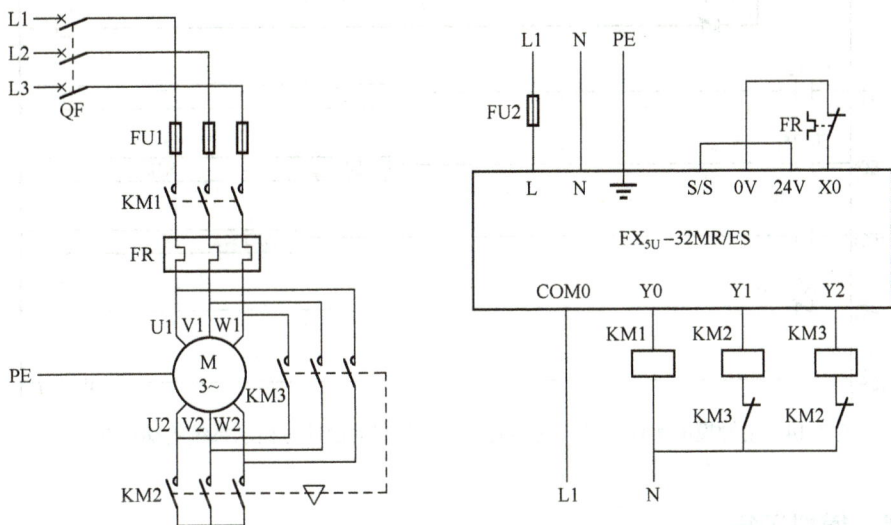

码 7.1-3
触摸屏控制的电动机 Y-△减压起动

图 7-13 用触摸屏实现电动机起动时间输入与起动倒计时显示的 PLC 电气线路图

2. 程序设计

用触摸屏实现Y-△减压起动控制，设计触摸屏的组态画面如图 7-3 所示。画面中的起动按钮关联 M0，触控时 M0 为 ON，未触控时为 OFF；画面中的停止按钮关联 M1，触控时 M1 为 ON，未触控时为 OFF。起动时间关联 D10，通过触摸屏对 D10 输入数据。起动时间倒

码 7.1-4
触摸屏控制星-三角减压起动——源程序

计时关联 D20，用于显示 D20 的数据。画面中运行指示灯关联 Y2，起动指示灯关联 Y1，故障指示灯关联 M2。

图 7-14 是用触摸屏实现电动机起动时间输入与起动倒计时显示系统的梯形图程序。Y0、Y1 为 ON 时，为Y起动过程，Y1 点亮触摸屏的"起动"指示灯。Y0、Y2 为 ON 时，为△正常运行状态，Y2 点亮触摸屏的"运行"指示灯。当发生故障时，程序步 65～68 中 X0 为 OFF 时接通 M2，点亮触摸屏的"故障"指示灯。程序重难点说明如下。

程序步 10～18，D10 的数据是延时时间秒数（s），乘以 10 后送到 D11 用于定时器 T0 实现起动延时。

程序步 41～58，D11 的数据减去 T0 的当前值后送到 D12，D12 的数据除以 10 为剩余延时时间数，送到 D20 显示出来。

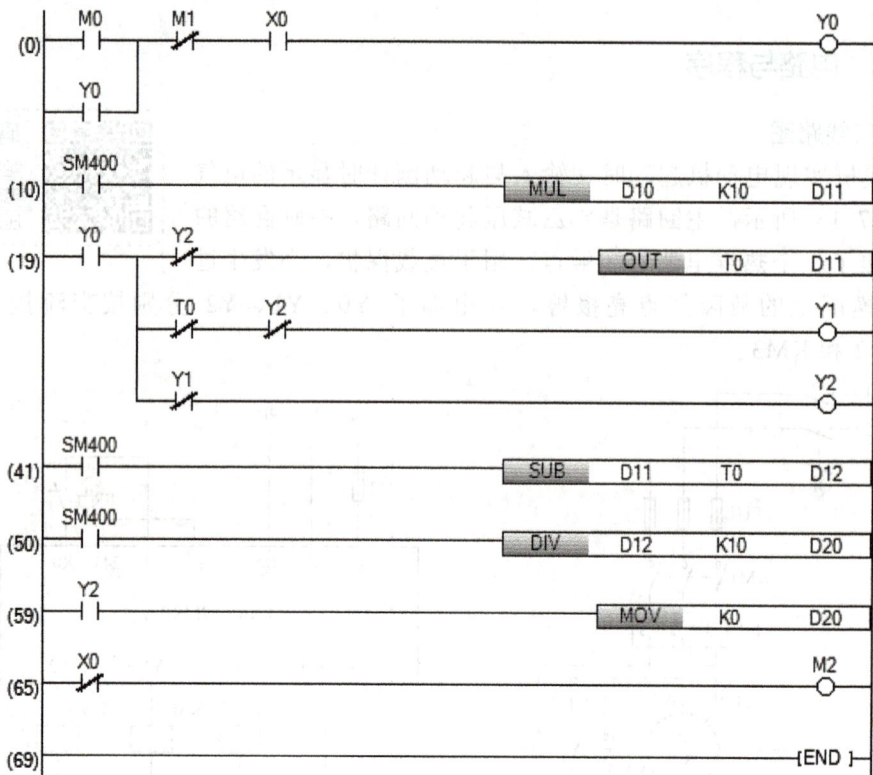

图 7-14　用触摸屏实现电动机起动时间输入与起动倒计时显示系统的梯形图程序

7.1.4　模拟运行

GX Works3 编程软件和 GT Designer3 触摸屏组态软件可实现 PLC 和触摸屏的联合模拟运行的功能。首先打开图 7-14 所示的 PLC 程序，单击菜单栏的"调试"→"模拟"→"模拟开始"命令，或直接单击工具栏的，对 PLC 程序模拟运行。然后打开图 7-3 所示的系统组态工程，单击菜单栏的"工具"→"模拟器"→"起动"命令，或直接单击工具栏的 按钮，启动触摸屏的模拟运行。这时两个软件会自动联合模拟运行。

模拟运行操作过程如下：

1）运行开始，因为热继电器的常闭触点接输入继电器 X0，需要先把 X0 当前值改为 ON。

2）在按下触摸屏的起动按钮前，先触摸"起动时间输入"，这时会弹出输入框，如输入"10"，即起动时间设定为 10s。这时起动时间倒计时自动变为"10"，即从 10s 开始倒计时。

3）按下触摸屏上的起动按钮，GX Works3 界面上 Y0、Y1 为 ON，进行 Y 起动，指示灯黄灯（"起动"状态灯）亮，起动时间倒计时显示从"10"开始倒数。图 7-15 显示的起动时间剩余为 6s，程序步 10 中 D10 的数据即触摸屏输入的数据为 10，D11 中数据很大是因为系统默认其为 32 位存储器。程序步 19 中 D11 是 16 位存储器状态，显示为 100，这时 T0 的当前值为 34，即过去了 3.4s，程序步 41 中 D12 中数据为 66，即剩余时间为 6.6s。程序步 50 中 D12 中 66 除以 10，商是 6（余数是 6，舍去），在触摸屏中显示"6"。

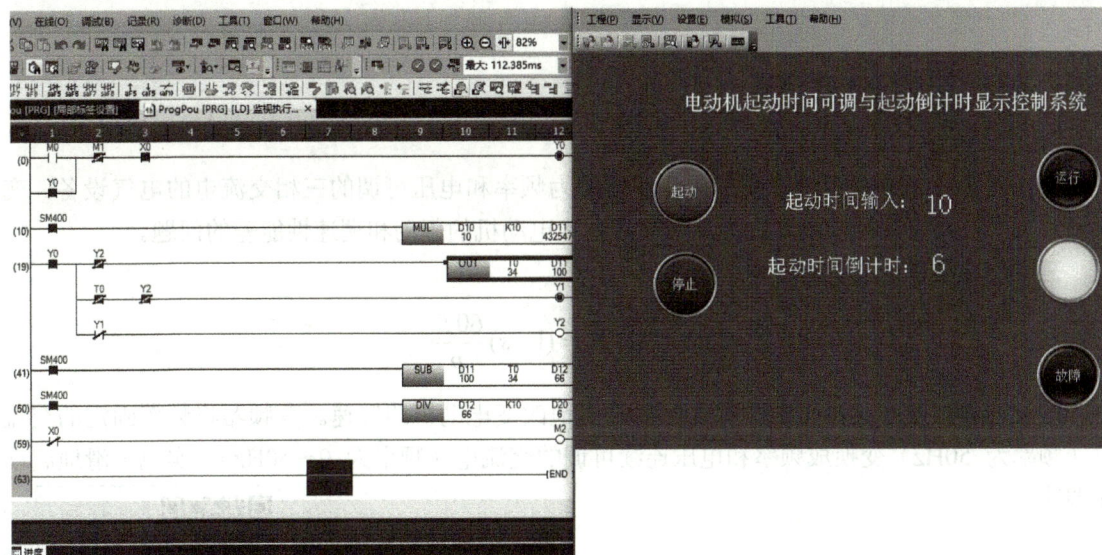

图 7-15 用触摸屏实现电动机起动时间输入与起动倒计时显示系统模拟运行

4）起动完成后，Y0、Y2 为 ON，电动机△运行，指示灯绿灯（"运行"状态灯）亮。

5）按下触摸屏上的停止按钮，全部指示灯熄灭，电动机停止。

6）在电动机运行过程中，将 X0 当前值改为 OFF，表示发生了过载故障，指示灯红灯（"故障"状态灯）亮。

7.1.5 任务实施

1）按图 7-13 进行电气接线，PLC 输入端子 X0 接热继电器常闭触点，用于过载保护，输出端子 Y0、Y1、Y2 分别接交流接触器 KM1、KM2、KM3 的线圈。

2）打开 GT Designer3 触摸屏组态软件，在 GOT SIMPLE 触摸屏界面上绘制图 7-3 所示的组态画面，并将画面下载到触摸屏。

3）用 GX Works3 软件输入图 7-14 所示的梯形图程序，进行程序的转换。

4）PLC 通电，将编写好 PLC 程序下载到 CPU。

5）在按下触摸屏的起动按钮前，先触摸"起动时间输入"，这时会弹出输入框，如输入"10"，即起动时间设定为 10s。这时起动时间倒计时自动变为"10"，即从 10s 开始倒计时。

6）按下触摸屏上的起动按钮，触摸屏上的"起动"黄色指示灯亮，交流接触器 KM1、KM2 吸合，电动机Y起动，起动时间倒计时从 10 开始按秒进行倒计时。

7）定时时间到，交流接触器 KM1、KM3 吸合，KM2 释放，电动机△运行。触摸屏上倒计时显示"0"，黄灯熄灭，"运行"指示灯绿灯亮。

8）按下触摸屏上的停止按钮，交流接触器线圈都释放，电动机停止，指示灯熄灭。

9）在电动机运行过程中，模拟电动机过载，按下热继电器 FR 上的试验按钮，触摸屏上的"故障"红色指示灯亮，待故障排除后，按下热继电器复位按钮，红色灯熄灭。

任务 7.2　认识变频器

变频器是由单片机控制、将工频交流电变为频率和电压可调的三相交流电的电气设备。变频器解决了三相交流异步电动机和三相交流同步电动机的起动和调速性能差的问题。

三相交流异步电动机的转速为

$$n = (1-s)n_1 = (1-s)\frac{60f_1}{p}^{\ominus}$$

通过连续改变电动机电源频率，可以平滑地改变电动机的转速。变频器将频率固定的交流电（频率为 50Hz）变换成频率和电压连续可调的交流电（频率为 0～50Hz），实现平滑地起动和调速。

码 7.2-1
变频器的用途

7.2.1　变频器的用途

（1）无级调速　如图 7-16 所示，变频器供电的三相交流电动机可以平滑地改变转速，实现无级调速。

（2）节能　对风机、泵类负载，通过调节电动机的转速改变输出功率，能够使得流量平稳，减少起动和停机频次，取得较好的节能效果和经济效益。

（3）软起动　三相交流异步电动机起动性能差，直接起动时，起动电流达额定电流的 4～7倍，但起动转矩却不大，只有额定转矩的 1～2

图 7-16　变频器主回路接线简图

倍。变频器可以设置起动频率和起动加速时间等参数，实现平稳起动，有效减小起动电流，增大起动频率。同步电动机可以通过变频器直接起动。

（4）受控停机　变频器能够提供不同的电动机停止方式，有减速停机、自由停机、减速停机+直流制动等，停机时间可以控制，转速能够实现平稳地下降，实现准确定位停机。

（5）提高自动化控制水平　变频器有较多的外部控制接口（开关信号或模拟信号接口）等通信接口，还可以组网控制，控制功能强。

使用变频器的电动机大大降低了起动电流，起动和停机过程平稳，减少对电动机和生产设备的冲击力，延长电动机及生产设备的使用寿命。

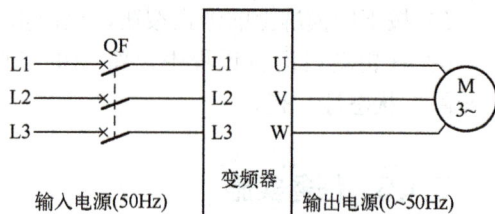

码 7.2-2
变频器的结构

7.2.2　变频器的结构

1. 变频器的外部组成

各生产厂家的变频器的外形差别很大，但外部组成差别不大。图 7-17 是三菱的一种小

───────
⊖ 公式变量参见本书"1.1.1 节　三相交流异步电动机"。

型变频器 FR-D740 的外部结构组成，它由操作面板、电压/电流输入切换开关、PU 接口、前盖板、梳形配线盖板、主电路端子排、控制逻辑切换跨接器、控制电路端子排、冷却风扇等部分组成。

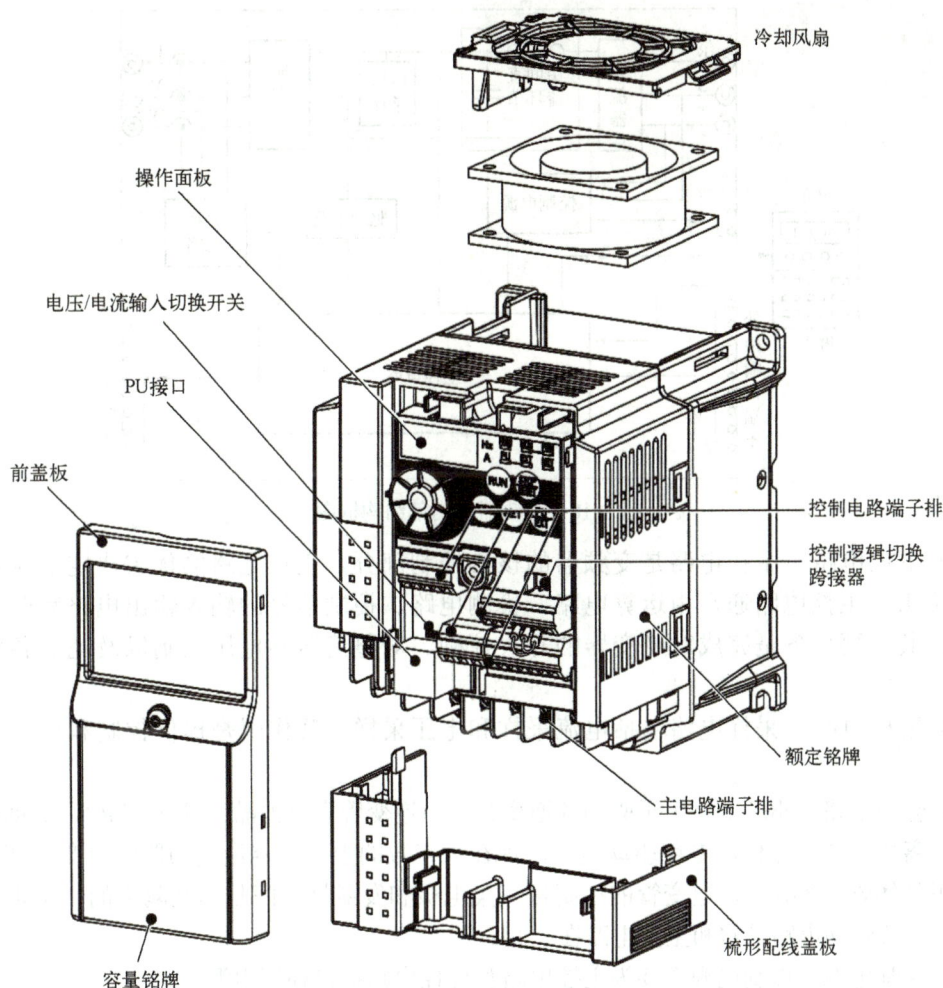

图 7-17　三菱 FR-D740 变频器的外部结构组成

2. 变频器的内部结构

变频器的内部结构如图 7-18 所示，主要包括整流器、逆变器、中间直流环节、主控电路、采样电路、驱动电路和控制电源等组成部分。

（1）整流器　一般的三相变频器的整流电路由全波整流桥组成，是把三相（也可以是单相）交流电整流成直流电，给逆变电路和控制电路提供所需的直流电源。

（2）逆变器　逆变器是变频器最主要的部分之一，是在控制电路的作用下将整流输出的直流电转换为频率和电压都可调的交流电，变频器中应用最多的是三相桥式逆变电路。

（3）中间直流环节　是对整流电路输出的直流电进行平滑处理，以保证逆变电路和控制电路能够得到高质量的直流电源。当整流电路是电压源时，中间直流环节的主要元件是大容量的电解电容；而当整流电路是电流源时，中间直流环节则主要由大容量的电感组成。由于逆变器的负载为异步电动机，属于感性负载，所以在中间直流环节和电动机之间总会有无功功率的交换，这种无功能量要靠中间直流环节的储能元件（电容或电感）来缓冲，所以又常称中间直流环节为中间储能环节。

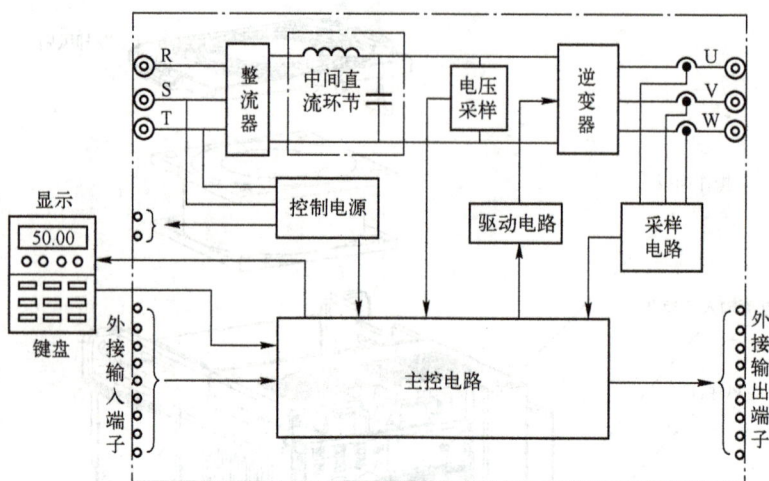

图 7-18   变频器的内部结构框图

（4）主控电路   主控电路是变频器的核心控制部分，主控电路的优劣决定了调速系统性能的优劣。主控电路通常由运算电路、检测电路、控制信号的输入输出电路和驱动电路等构成，其主要任务是完成对逆变器的开关控制、对整流器的电压控制以及完成各种保护功能等。

（5）采样电路   采样电路包括电流采样和电压采样，其作用是提供控制和保护所需的数据。

（6）驱动电路   驱动电路用于驱动各逆变管，如逆变管为电力晶体管（GTR），驱动电路还包括以隔离变压器为主体的专用驱动电源。现在大多数的中、小容量变频器的逆变管都采用绝缘栅双极晶体管（IGBT），逆变管的控制极、集电极和发射极之间是相互隔离的，不再需要隔离变压器，故驱动电路常常和主控电路在一起。

（7）控制电源   控制电源主要为主控电路和外控电路提供稳压电源。

7.2.3 变频器的配线

1. 变频器配线图

图 7-19 是 FR-D700 系列变频器的基本配线图，图中标出了各端子的英文符号或数字序号，以及其最基本应用的外部接线。

码 7.2-3
变频器的配线

2. 主回路端子

在图 7-19 所示的基本配线图中，三相交流电源输入端子 R/L1、S/L2、T/L3 通过低压断路器 QF 和交流接触器 KM（可选）接入三相交流电源；U、V、W 是变频器输出端子，接三相交流异步电动机；+、PR 用于直流制动时接入制动电阻；+、-连接制动单元；+、P1 接直流电抗器，用于减小滤波电容器充放电时脉冲电流的危害，具体见表 7-2。实际应用中，这些外设可用 PLC 等控制设备的输出信号替代。

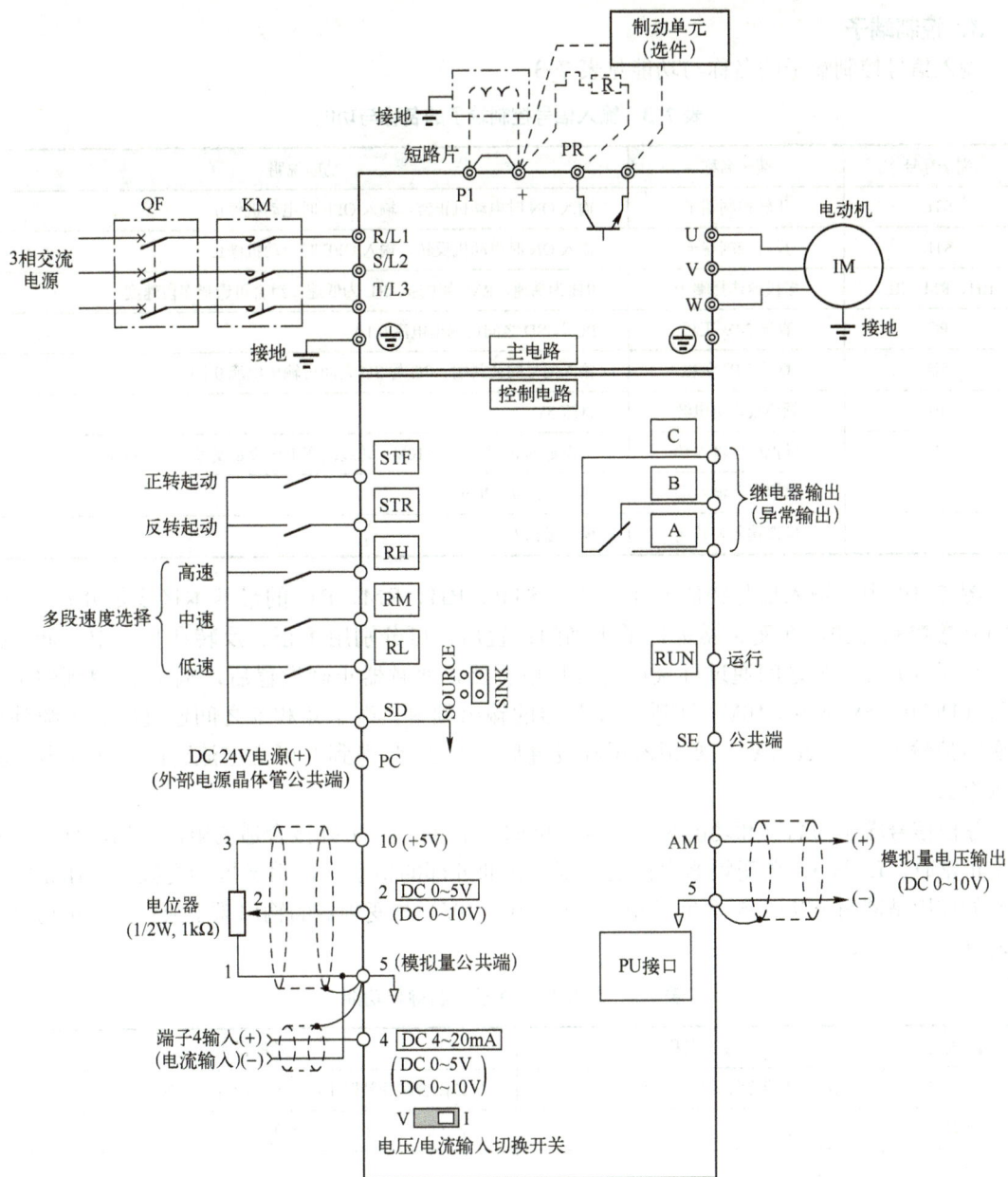

图7-19 FR-D700系列变频器的基本配线图

表7-2 FR-D700系列变频器主电路端子名称与功能

端子标号	端子名称	功能说明
R/L1、S/L2、T/L3	交流电源输入	连接工频交源
U、V、W	变频器输出	连接三相异步电动机
+、PR	制动电阻器连接	连接制动电阻
+、−	制动单元连接	连接制动单元
+、P1	直流电抗器连接	拆下端子+和P1间的短路片，连接直流电抗器
⏚	接地	用于变频器壳架接地

3. 控制端子

输入信号控制端子的名称与功能见表 7-3。

表 7-3　输入信号控制端子的名称与功能

端子标号	端子名称	功能说明
STF	正转控制端子	输入 ON 时电动机正转，输入 OFF 时电动机停止
STR	反转控制端子	输入 ON 时电动机反转，输入 OFF 时电动机停止
RH、RM、RL	多段速选择端子	RH 为高速、RM 为中速、RL 为低速，组合可选择多段速度
PC	直流 24V 正极	PC 与 SD 之间可输出电流 0.1A
SD	直流 24V 负极	输入信号的公共端、PC 与 SD 之间可输出电流 0.1A
10	频率设定用电源	直流 5V
2	模拟电压输入端	可设定为 0～5V、0～10V，通过改变电压设定变频器输出频率
4	模拟电流输入端	可设定为 4～20mA
5	模拟输入公共端	模拟量输入公共端

图 7-19 中，输入信号控制端子 STF、STR、RH、RM、RL 的最基本接线是分别与 SD 之间外接控制开关，在变频器进行了正确的设置后，可分别用于正、反转和高、中、低速控制。端子 10、2、5 之间通过屏蔽电缆外接电位器，变频器正确设置后，端子 2 得到的可调电压（DC 0～5V 或 0～10V）可改变变频器的输出频率。端子 4 和 5 之间通过屏蔽电缆外接可变电流输入（4～20mA），变频器正确设置后，端子 4 得到的可变电流可改变变频器的输出频率。

输出信号端子的名称和功能见表 7-4，例如端子 B、C 可外接合适的电源和指示灯，当变频器正常时，B 与 C 在变频器内接通，则可接通外部的指示灯，用于指示变频器工作正常。AM 的作用是其与公共端 5 之间的电压（DC 0～10V）与变频器的输出频率成正比，可通过电压表可显示频率。

表 7-4　输出信号端子的名称与功能

端子标号	端子名称	功能说明
A、B、C	指示变频器正常或故障状态	B-C 闭合时变频器正常，A-C 闭合时变频器故障
RUN	运行指示	输出 ON 时指示变频器正在运行
SE	公共端	—
AM	模拟量电压输出	输出信号与监视变量（如变频器输出频率）成比例

7.2.4　变频器的使用注意事项

变频器是高可靠性产品，如果电路连接错误、使用方法不当也会导致产品寿命降低或损坏。下面以 FR-D700 系列变频器为例，说明变频器使用注意事项。

1）电源及电动机接线的压接端子尽量使用带绝缘套管的端子。

2）电源一定不能接到变频器输出端子（U、V、W）上，否则将损坏变频器。

3）保持变频器的清洁，不要在变频器内留下金属碎屑。金属碎屑可能导致变频器运行异常、故障、误动作发生，需要保持变频器内的清洁，接线时不要在变频器内留下电线切屑，在控制柜内钻安装孔时，也不要使切屑掉进变频器内。

4）合理选择电线电缆的规格与长度。变频器至电动机的接线不要超过 500m，合理选择变频器输出侧电线电缆线径规格，降低线路电压损失。

5）注意停机后的电压残留。变频器运行后断开电源，内部电容器上仍然残留高压电，不能进行检查或变更接线等作业，应在切断电源至少 10min 后用万用表等测试残留电压，当电压不高于直流 30V 以后，再进行相关作业。

6）变频器输出侧的短路或接地可能会导致变频器模块损坏。变频器因使用或接线不当造成的输出侧的反复短路，电动机绝缘电阻过低而引起的接地故障等都可能造成变频器损坏，因此在接通电源前应充分确认变频器输出侧的对地绝缘电阻和相间绝缘电阻是否正常。特别是电动机较旧或者使用环境较差时，务必进行电动机绝缘电阻的确认。

7）起动、停止变频器必须通过起动信号（STF、STR 信号的 ON/OFF）进行，不要使用变频器输入侧的接触器直接起动/停止变频器。

8）变频器输入/输出控制端子上外加的电源电压不能超过容许电压。

9）旁路接触器的应用。电动机长时间全速运行且不需要调速时，可以将电动机直接转接到工频电源上，这时会用到旁路接触器，如图 7-20 中的 KM1。在这种情况下，应确保用于旁路的接触器与变频器输出端的接触器 KM2 之间有电气或机械互锁装置，避免交流电源反向输送电流到变频器输出端，导致变频器损坏。

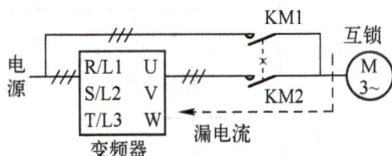

图 7-20 旁路接触器的应用

10）为防止停电后恢复通电时设备的再起动时，需在变频器输入侧安装电磁接触器，同时不要将时序设定为起动信号 ON 的状态。若起动信号（起动开关）保持 ON 的状态，通电恢复后变频器将自动重新起动。

11）变频器过载运行的注意事项。变频器起停频率过高时，因大电流反复流过，变频器内的半导体器件会反复升温、降温，从而因热疲劳导致寿命缩短，减小堵转电流和起动电流可以延长变频器寿命。但减小电流可能会造成输出转矩下降，造成电动机起动时间过长或无法起动，可采取增大变频器容量（提高 2 级左右）的办法增加电流裕量。

12）一定要充分确认变频器的规格、额定值是否符合电动机及系统的要求。

13）通过变频器输入端的模拟量信号（电压/电流）改变变频器输出频率从而改变电动机转速时，为了防止变频器的高次谐波导致频率设定信号发生变动，使电动机转速的不稳定，应采取的措施有：避免信号线和动力线（变频器输入输出线）平行接线或成束接线；信号线尽量远离动力线（变频器输入输出线）；信号线使用屏蔽线；信号线上设置铁氧体磁芯等措施。

7.2.5 变频器的检查

变频器内主要是半导体器件，为了防止由于高温、潮湿、尘埃和振动等使用环境的影响，或者零件的老化等原因造成的故障，必须进行日常检查与定期检查。表 7-5 为检查项目表。

表 7-5　FR-D700 变频器日常检查与定期检查项目表

检查位置	检查项目		检查事项	检查周期	
				日常	定期
一般	周围环境		确认环境温度、湿度、尘埃、有害气体、油雾等	○	
	全部装置		是否有异常振动或异常声音	○	
	电源电压		检查主电路电压是否正常	○	
主电路	一般		（1）用兆欧表检查（主电路端子和接地端子之间） （2）检查紧固部位是否松动 （3）检查各零件是否过热 （4）是否脏污		√
	连接导体和电缆		（1）导体是否歪斜 （2）是否存在电线电缆外皮的破损、劣化（开裂、变色等）现象		○
	端子排		是否损伤		○
	平滑铝电解电容器		（1）是否存在漏液现象 （2）脐部（安全阀）是否凸起、是否有膨胀 （3）根据目测和主电路电容器的寿命诊断进行判断		○
	继电器		动作是否正常、是否出现异音		○
控制电路 保护电路	动作检查		（1）变频器单机运行时，各相间的输出电压是否平衡 （2）序列保护动作试验时，保护、显示电路是否存在异常		○
	零件 检查	全体	（1）是否有异臭、变色 （2）是否存在明显的生锈		○
		铝电解电容器	（1）电容器是否有漏液、变形的痕迹 （2）根据目测和控制电路电容器的寿命诊断进行判断		○
冷却系统	冷却风扇		（1）是否有异常振动或异常声音 （2）连接部是否有松动 （3）是否脏污	○	○
	冷却散热片		（1）是否堵塞 （2）是否脏污	○	○
显示	显示		（1）是否可以正确显示 （2）是否脏污	○	○
	仪表		指示值是否正常	○	
负载电动机	动作检查		振动及运行噪声是否存在异常增大	○	

任务 7.3　变频器的工作参数设定

7.3.1　变频器面板的按键与指示

通过操作变频器的面板按键，可以设置变频器功能参数和状态监视，FR-D700 系列变频器操作面板布置如图 7-21 所示，表 7-6 是 FR-D700 操作面板各按钮/旋钮的功能，表 7-7 是 FR-D700 操作面板上各指示灯和 4 位 LED 监视器的功能。

码 7.3-1
变频器面板的
按键与指示

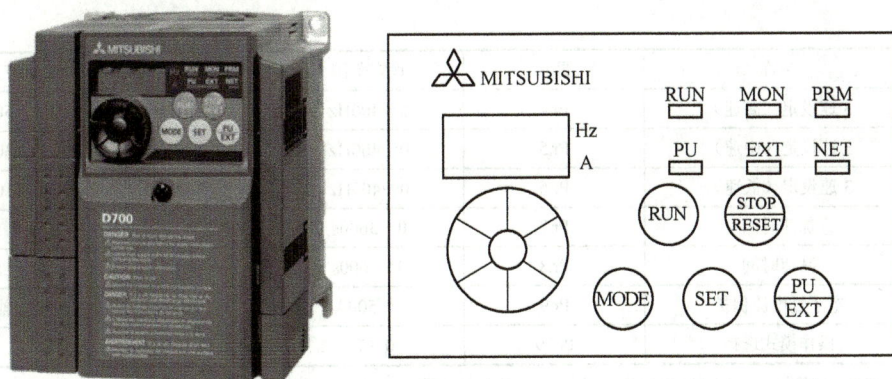

图 7-21 FR-D700 变频器的操作面板布置图

表 7-6 FR-D700 变频器操作面板各按钮/旋钮的功能

按钮/旋钮	功能	备注
PU/EXT 键	切换 PU/EXT（面板/外部）操作模式	按下此键 PU 灯点亮时为面板操作模式，EXT 灯亮时为外部操作模式
RUN 键	运行指令正转	反转用（Pr.40）来设定，见附录 C
STOP/RESET 键	运行停止与报警复位	
SET 键	确定各设定	
MODE 键	模式切换	切换各设定
设定用旋钮	变更频率设定和参数设定值	

表 7-7 FR-D700 变频器操作面板上各指示灯和 4 位 LED 监视器的功能

指示灯显示	说明	备注
RUN 显示	运行时点亮/闪烁	亮灯：正在运行中 慢闪烁（1.4s 循环）：反转运行中 快闪烁（0.2s 循环）：非运行中
MON 显示	监视器显示	监视模式时亮灯
PRM 显示	参数设置模式显示	参数设置模式时亮灯
PU 显示	PU 操作模式时亮灯	计算机连接运行模式时，为慢闪烁
EXT 显示	外部操作模式时亮灯	计算机连接运行模式时，为慢闪烁
NET 显示	网络运行模式时亮灯	
监视用 LED 显示	显示频率、参数序号等	

7.3.2 变频器的基本功能参数

码 7.3-2
变频器的基本功能参数

表 7-8 是 FR-D700 变频器的部分基本功能参数一览表。

表 7-8 FR-D700 变频器的部分基本功能参数一览表

参数	名称	显示	设定范围	单位	出厂设定
0	转矩提升	Pr.0	0～30%	0.1%	6%，4%，3%
1	上限频率	Pr.1	0～120Hz	0.01Hz	120Hz
2	下限频率	Pr.2	0～120Hz	0.01Hz	0Hz
3	基准频率	Pr.3	0～400Hz	0.01Hz	50Hz

（续）

参数	名称	显示	设定范围	单位	出厂设定
4	3速设定（高速）	Pr.4	0～400Hz	0.01Hz	50Hz
5	3速设定（中速）	Pr.5	0～400Hz	0.01Hz	30Hz
6	3速设定（低速）	Pr.6	0～400Hz	0.01Hz	10Hz
7	加速时间	Pr.7	0～3600s	0.1s	5s
8	减速时间	Pr.8	0～3600s	0.1s	5s
9	电子过电流保护	Pr.9	0～500A	0.01A	额定输出电流
79	操作模式选择	Pr.79	0～7[1]	1	0

[1] 0：外部/PU 切换模式；1：PU 运行模式固定；2：外部运行模式固定；3：外部/PU 组合运行模式 1；4：外部/PU 组合运行模式 2；6：切换模式；7：外部运行模式（PU 运行互锁）。

1. 转矩提升（Pr.0）

用于提升电动机起动时的转矩，其出厂设定根据型号不同而不同，有 6%、4%、3%三种，设定范围是 0～30%，其功能是在 V/F 模式下，在刚开始起动时，通过增加变频输出电压 U 的值，增加起动转矩。

2. 高速上限频率 f_{max}、基准频率 f_N（Pr.3）

高速上限频率 f_{max} 是变频器工作时允许输出的最高频率，FR-D700 系列变频器的最大频率可达 400Hz。基准频率 f_N 指满足电动机需要的额定频率，基准电压 U_N 指满足电动机需要的额定电压。通常基准频率出厂设定值为 50Hz，基准电压出厂设定值为 380V。

图 7-22 的含义是：当变频器输出的变频交流电的频率在基准频率 f_N 以下时，为了不使定子磁通过饱和，需同时减小输出电压值，使频率与电压基本成正比关系，这时电动机输出转矩基本恒定，实际运行时为了抵消转子本身的电阻影响，在低频时需适当增大电压值。当变频器输出的变频交流电的频率在基准频率 f_N 以上时，调高输入电压使其超过电动机额定电压显然不行，所以需保持输出电压恒定，这时电动机输出转矩将降低，负载能力变差。

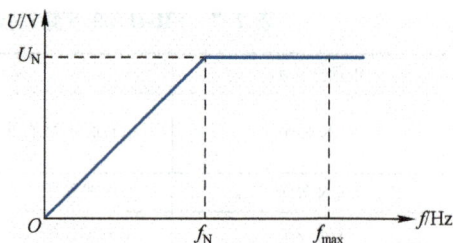

图 7-22　基准频率、输出电压及高速上限频率的关系

3. 上限频率 f_H（Pr.1）和下限频率 f_L（Pr.2）

变频器的输出频率被限定在上、下限频率之间，以防止误操作时发生失误。

4. 多段速频率（Pr.4～Pr.6）

在调速过程中，有时需要多个不同速度的阶段，通常可设置为 3～15 段不同的输出频率。多段速控制方式有两种，一种由外部端子控制，执行时由外部端子对段速和时间进行控制；另一种是程序控制，需先设置各段速的频率、执行时间、上升与下降时间及运转方向。

Pr.4～Pr.6 用于设定三速控制时的 3 段不同的输出频率，从而得到 3 种不同的电动机转速。

5. 加减速时间（Pr.7、Pr.8）

Pr.7 为加速时间，即用 Pr.7 设定从 0Hz 加速用 Pr.20 设定的频率所需的时间；Pr.8 为减速时间，即用 Pr.8 设定从 Pr.20 设定的频率减速到 0Hz 的时间；Pr.20 为加减速基准频率。

6. 电子过电流保护（Pr.9）

电子过电流保护 Pr.9 用来设定电子过电流保护的电流值，以防止电动机过热，一般设定为电动机的额定电流值。

7. 操作模式选择（Pr.79）

操作模式选择 Pr. 79 用于选择变频器的操作模式，当 Pr. 79=0 时，电源投入时为外部操作模式（EXT，即变频器的频率和起停均由外部信号控制端子来控制），但可用操作面板切换为 PU 操作模式（PU，即变频器的频率和起停均由操作面板控制）；当 Pr.79=1 时，为 PU 操作模式；当 Pr.79=2 时，为外部操作模式；当 Pr. 79=3 时，为 PU 和外部组合操作模式（即变频器的频率由操作面板控制，而起停由外部信号控制端子来控制）；当 Pr.79=4 时，为 PU 和外部组合操作模式（即变频器的频率由外部信号控制端子来控制，而起停由操作面板控制）；当 Pr.79 =5 时，为程序控制模式。

码 7.3-3
变更变频器
参数设定值
的操作

7.3.3　恢复出厂设定值

设定参数清除 Pr.CL 或参数全部清除为 1，可使参数恢复为初始值（出厂设定值）。使用参数清除时，是将参数值清除到初始化的出厂设定值，而校准值不被清除。使用参数全部清除时，则参数值和校准值均初始化到出厂设定值。

参数清除或参数全部清除的操作如图 7-23 所示。

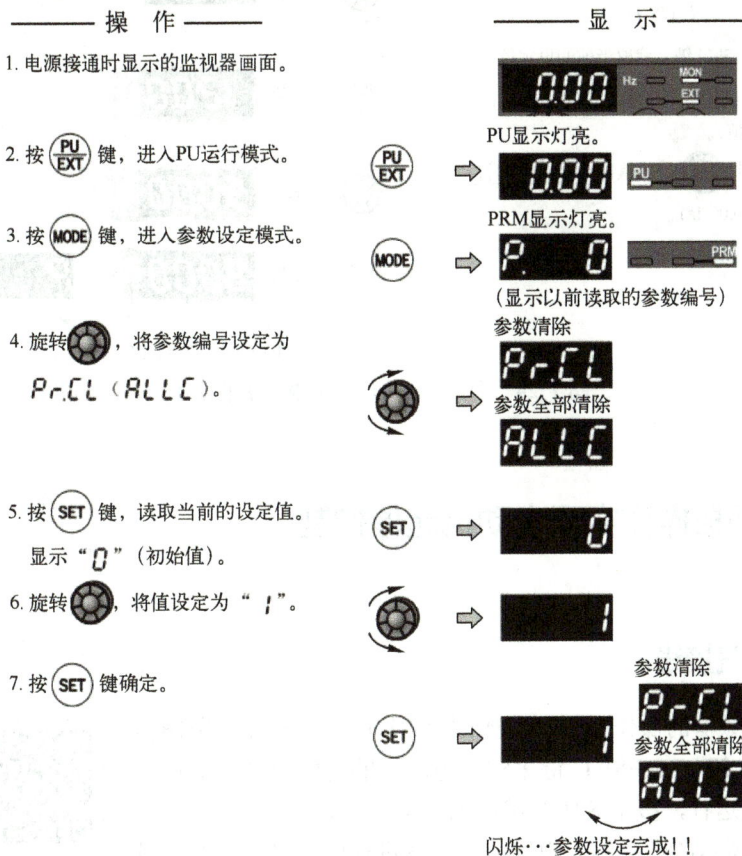

图 7-23　参数清除或全部清除的操作

FR-D700 变频器使用参数清除或参数全部清除后恢复为出厂设定值，部分基本功能参数的值见表 7-8。

7.3.4　变更参数设定值

在恢复出厂设定值后，如果要改变某一设定值，可进行变更参数设定值的操作。图 7-24 所示是 FR-D700 系列变频器变更输出交流电的上限频率的操作，如果要改变其他参数，其操作步骤一样。

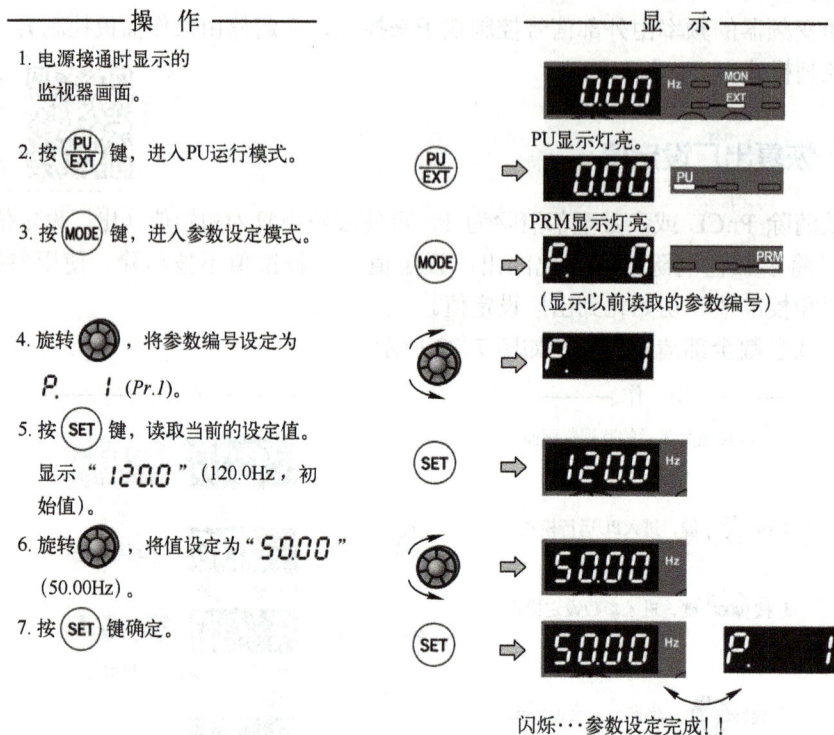

图 7-24　变更输出交流电上限频率的操作

任务 7.4　面板操作实现电动机起停控制

7.4.1　电气接线

FR-D700 变频器的操作面板布置如图 7-21 所示，本任务用操作面板上的 RUN、STOP/RESET 键来实现电动机的起停控制，即按下 RUN 键，电动机运行，按下 STOP 键后电动机停止。

码 7.4
面板操作实现电动机起停控制

按图 7-25 所示的变频器主电路接线简图进行电气接线，即变频器的电源侧通过低压断路器接交流电源，变频器的负载侧接交流电动机。本图接线适用于 FR-D740 系列的 0.4K～3.7K 的变频器。

7.4.2 任务实施

1）按图 7-25 进行接线。

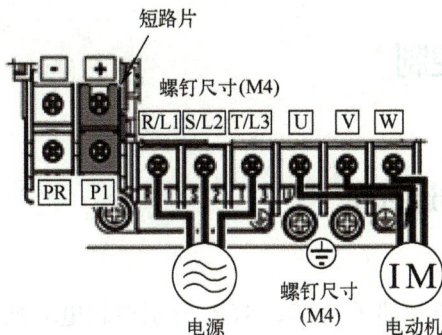

图 7-25 变频器主电路接线简图

2）接通电源。

3）恢复出厂设定值。按 7.3.3 节介绍的方法，进行变频器的初始化，即恢复出厂设定值。有关的出厂设定值如下：

参数 Pr.1 =120，上限频率为 120Hz。

参数 Pr.2=0，下限频率为 0Hz。

参数 Pr.3=50，基准频率为 50Hz。

参数 Pr.7=5，起动加速时间为 5s（型号 3.7K 以下的为 5s）。

参数 Pr.8=5，停止减速时间为 5s（型号 3.7K 以下的为 5s）。

参数 Pr.160=0，显示所有参数。

参数 Pr.78=0，电动机可以正反转。

参数 Pr.79=0，即外部/PU 切换模式。

4）按【PU/EXT】键，这时【PU】灯亮，4 位 LED 显示【0.00】，旋转操作面板上的旋钮，将频率设定为 30Hz，这时【30.00】⊖会闪烁 5s。

5）在【30.00】闪烁期间按【SET】键，这时 4 位 LED 会在【30.00】与【F 】来回闪烁 3s，然后显示【0.00】，表示设定频率结束。

6）按【RUN】键，电动机起动→加速→恒速，4 位 LED 显示频率值随加速时间增加，至显示【30.00】时电动机稳定运行，即变频器输出交流电频率 30Hz，电动机在此频率下运行。

其中加速时间由其设定值决定，初始化加速时间对于 FR-D740 的 3.7K 以下的变频器为 5s。

7）按【STOP/RESET】键，电动机减速→停止，4 位 LED 显示频率值随时间减小，至显示【0.00】时电动机停止。其中减速停止时间由其设定值决定，初始化减速时间对于 FR-D740 的 3.7K 以下的变频器为 5s。

思考和分析：

1）在前面的参数设定中，已将变频器的输出频率设定为 30Hz，请改变其输出频率：10Hz、20Hz 和 50Hz，再进行任务实施的操作，观察电动机的旋转速度和 4 位 LED 显示有什么变化？

⊖ 这里【30.00】表示 LED 灯会以 30.00 的形式闪烁，后同。

2）试着按"7.3.4 节变更参数设定值"的操作的步骤，改变加速时间 Pr.7 的值为 8s 和减速时间 Pr.8 的值为 3s，再重复任务实施的操作步骤，观察电动机的运行和 4 位 LED 显示的变化。

任务 7.5　外部端子控制

7.5.1　电动机正反转运行

1. 控制要求

通过变频器的输入信号控制端子 STF、STR 分别控制电动机正转和反转运行。

2. 电气接线

电动机正反转电气接线如图 7-26 所示，STF 端子与公共端子 SD 之间接开关 SA1，用于控制电动机正转，STR 端子与公共端子 SD 之间接开关 SA2，用于控制电动机反转。

3. 操作步骤

1）按图 7-26 进行接线。

2）接通电源。

3）恢复出厂设定值。按 7.3.3 节介绍的方法，进行变频器的初始化，恢复出厂设定值。有关出厂设定值如下：

码 7.5-1
外部端子控制
电动机正反转

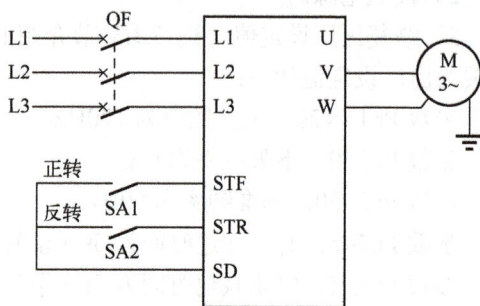

图 7-26　通过外部端子控制电动机正反转电气线路图

参数 Pr.1 =120，上限频率为 120Hz。

参数 Pr.2=0，下限频率为 0Hz。

参数 Pr.3=50，基准频率为 50Hz。

参数 Pr.7=5，起动加速时间为 5s（型号 3.7K 以下的为 5s）。

参数 Pr.8=5，停止减速时间为 5s（型号 3.7K 以下的为 5s）。

参数 Pr.160=0，显示所有参数。

参数 Pr.78=0，电动机可以正反转。

参数 Pr.79=0，即外部/PU 切换模式。

4）按【PU/EXT】键，这时【PU】灯亮，4 位 LED 显示【0.00】，旋转操作面板上的旋钮，将输出频率设定为 30Hz，这时【30.00】会闪烁 5s。

5）在【30.00】闪烁期间按【SET】键，这时 4 位 LED 会在【30.00】与【F　】来回闪烁 3s，后显示【0.00】，表示设定频率结束。

6）用简单设定模式设定【79—3】即外部运行模式。

同时按下【PU/EXT】键和【MODE】键，这时 4 位 LED 显示【79——】的同时【PRM】灯闪烁，旋转操作面板上的旋钮使其显示【79—3】。

此时【EXT】和【PRM】灯闪烁。

按下【SET】键，4 位 LED 会在【79—3】与【79——】来回闪烁 3s 后，设定完成后显示监视画面。

7）将起动开关（STF 或 STR 外接的开关）接通（ON），电动机起动→加速→恒速，4 位 LED 显示频率值随加速时间增加，至显示【30.00】（30Hz）时电动机在此频率下运行。正转时【RUN】为亮灯状态，反转时【RUN】为闪烁状态。

8）将起动开关（STF 或 STR 外接的开关）断开（OFF），电动机减速→停止，4 位 LED 显示频率值随时间减小，至显示【0.00】时电动机停止。

思考和分析：

1）操作步骤中的 6），采用的是简单设定模式，即直接改变 Pr.79 为 3。也可以用"7.3.4 节变更参数设定值"的操作方法，改变 Pr.79 的值为 3，操作方法可自己练习。

2）操作步骤 4）、5），是用【PU】模式改变设定基准频率，同样，也可以用"7.3.4 节变更参数设定值"的操作方法，改变 Pr.3 的值为 30，即设定基准频率为 30Hz，操作方法可自己练习。

3）上例中变频器的输出频率设定为 30Hz，试改变其输出频率：10Hz、20Hz 和 40Hz，再进行任务实施，观察电动机的旋转速度和 4 位 LED 显示的变化。

码 7.5-2
电动机三速运行

7.5.2　电动机三速运行

1. 控制要求

通过变频器的输入信号控制端子 STF、STR 分别控制电动机正转和反转运行。通过输入信号控制端子 RH、RM、RL 分别控制电动机高、中、低速运行。

2. 电气接线

电动机三速运行电气接线如图 7-27 所示，STF 端子与公共端子 SD 之间接开关 SA1，用于控制电动机正转，STR 端子与公共端子 SD 之间接开关 SA2，用于控制电动机反转。RH、RM、RL 分别通过开关 SA3、SA4、SA5 接公共端子。

3. 操作步骤

1）按图 7-27 进行接线。

2）接通电源。

3）恢复出厂设定值。按 7.3.3 节介绍的方法，恢复出厂设定值。有关出厂设定值如下：

参数 Pr.1 =120，上限频率为 120Hz。

参数 Pr.2=0，下限频率为 0Hz。

参数 Pr.3=50，基准频率为 50Hz。

参数 Pr.4=50，高速频率为 50Hz。

参数 Pr.5=30，中速频率为 30Hz。

参数 Pr.6=10，低速频率为 10Hz。

参数 Pr.7=5，起动加速时间为 5s（型号 3.7K 以下的为 5s）。

参数 Pr.8=5，停止减速时间为 5s（型号 3.7K 以下的为 5s）。

参数 Pr.160=0，显示所有参数。

参数 Pr.78=0，电动机可以正反转。

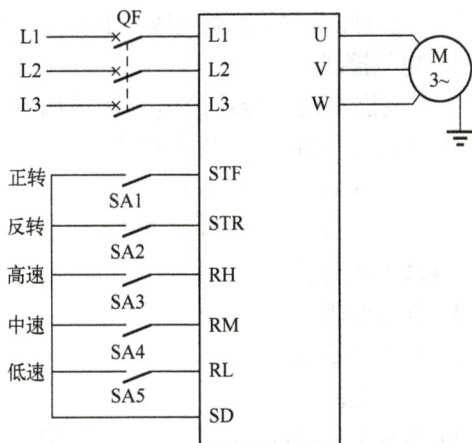

图 7-27　通过外部端子控制电动机三速运行电气线路图

参数 Pr.79=0，即外部/PU 切换模式。

保持高、中、低段速对应的频率不变。

4）用简单设定模式设定【79—2】，即外部运行模式。

同时按下【PU/EXT】键和【MODE】键，这时 4 位 LED 显示【79——】的同时【PRM】灯闪烁，旋转操作面板上的旋钮使其显示【79—2】，即将 Pr.79 的值设定为 2 外部运行模式。

此时【EXT】和【PRM】灯闪烁。

按下【SET】键，4 位 LED 会在【79—2】与【79——】来回闪烁 3s 后，设定完成后显示监视画面。

5）将起动开关（STF 或 STR 外接的开关）接通（ON），接通 SA5 开关，电动机低速运行，接通 SA4 开关，电动机中速运行，接通 SA3 开关，电动机高速运行。

6）将起动开关（STF 或 STR 外接的开关）断开（OFF），电动机减速→停止。

7）如果要改变高、中、低速时电动机的转速，即改变各段速的频率，例如把高、中、低速的频率分别改为 10Hz、20Hz 和 40Hz，则需要按"7.3.4 节变更参数设定值"的操作，分别将 Pr.4、Pr.5、Pr.6 的值设定为 10、20 和 40，重复 5）、6）步骤，电动机各段速就改变了。

思考和分析：

1）如果要改变高、中、低速时电动机的转速，需要改变各段速的频率，例如把高、中、低速的频率分别改为 10Hz、20Hz 和 40Hz，则需要分别按"7.3.4 节变更参数设定值"的操作，分别将 Pr.4、Pr.5、Pr.6 的值设定为 10、20 和 40，重复 5）、6）步骤，观察电动机各段速的变化。

2）按"7.3.4 节变更参数设定值"的操作的步骤，改变加速时间 Pr.7 和减速时间 Pr.8，再重复任务实施的操作步骤，观察电动机的运行和 4 位 LED 显示的变化。

7.5.3 外接电位器调速

码 7.5-3
外接电位器调速的电动机运行

1. 控制要求

通过外部端子 STF 控制电动机正、反转。在变频器的 10、2、5 端子外接一个 2W，1kΩ 的电位器，通过此电位器控制变频器的输出交流电的频率，从而控制电动机的转速。

2. 电气接线

外接电位器改变转速的电气接线如图 7-28 所示，STF 端子与公共端子 SD 之间接开关 SA1，在变频器的 10（5V 端）、2、5（公共端）端子外接一个 2W，1kΩ 的电位器。

3. 操作步骤

1）按图 7-28 进行接线。

2）接通电源。

3）恢复出厂设定值。按 7.3.3 节介绍的方法，恢复出厂设定值。有关的出厂设定值如下：

参数 Pr.1 =120，上限频率为 120Hz。

参数 Pr.2=0，下限频率为 0Hz。

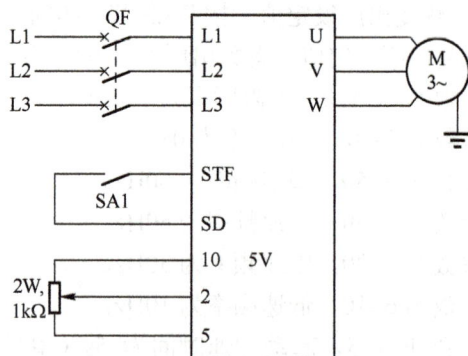

图 7-28 变频器通过外接电位器改变转速的电气线路图

参数 Pr.3= 50，基准频率为 50Hz。

参数 Pr.7=5，起动加速时间为 5s。

参数 Pr.8=5，停止减速时间为 5s。

参数 Pr.160=0，显示所有参数。

参数 Pr.73=1，端子 2 输入 0～5V。

参数 Pr.79=0，外部/PU 切换操作模式。

4）按"7.3.4 节变更参数设定值"的操作的操作步骤，改变 Pr.1 的值为 50，即将上限频率设定为 50Hz。

5）用简单设定模式设定【79—2】，即外部运行模式。

同时按下【PU/EXT】键和【MODE】键，这时 4 位 LED 显示【79——】，旋转操作面板上的旋钮使其显示【79—2】，即将 Pr.79 的值设定为外部运行模式。按下【SET】键，4 位 LED 会在【79—2】与【79——】来回闪烁 3s 后设定完成，显示监视画面。

6）接通开关 SA1，先将外接电位器旋转到使输出电压最低，然后旋转电位器，使输出频率逐步增大到 50Hz，观察电动机转速变化。

7）断开开关 SA1，电动机停止。

8）切断电源断路器。

需要注意的是，STF-SD、 STR-SD 同时接通或断开，电动机停止。

思考和分析：

1）在起动时，快速旋转电位器，观察电动机转速与显示的频率值的变化，思考加速时间在本例中的作用。

2）在停止时，快速旋转电位器，观察电动机转速与显示的频率值的变化，思考减速时间在本例中的作用。

任务 7.6　纺纱机运行控制

7.6.1　控制要求和电气线路

1. 控制要求

某纺纱机的控制使用变频器、PLC 和霍尔式传感器等构成其控制系统，具体控制要求如下：

码 7.6-1
纺纱机运行的控制要求与 PLC 控制电气线路图

1）纱线定长停车。使用霍尔式传感器将纱线输出机轴的旋转圈数转换成高速脉冲信号，送入 PLC 进行计数，当纱线长度达到设定值（即纱线输出轴旋转圈数达到 70000 转）后自动停车，霍尔式传感器与纱线输出机轴的安装示意图如图 7-29 所示。

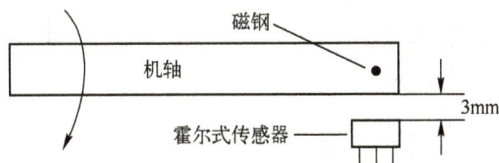

图 7-29　霍尔式传感器与纱线输出机轴的安装示意图

2）在纺纱过程中，随着纱线在纱管上的卷绕，纱锭的直径逐步增大，为了保证在整个纺纱过程中纱线张力均匀，主轴拖动电动机应降速运行。生产工艺要求的变频器输出频率曲线如图 7-30 所示。在纺纱过程中，主轴转速分为 7 段速，起始转速对应的变频器输出频率为50Hz，每当纱线输出轴旋转 10000 转时，转速下降一级，则变频器输出频率下降 1Hz，最后一段的输出频率为44Hz。

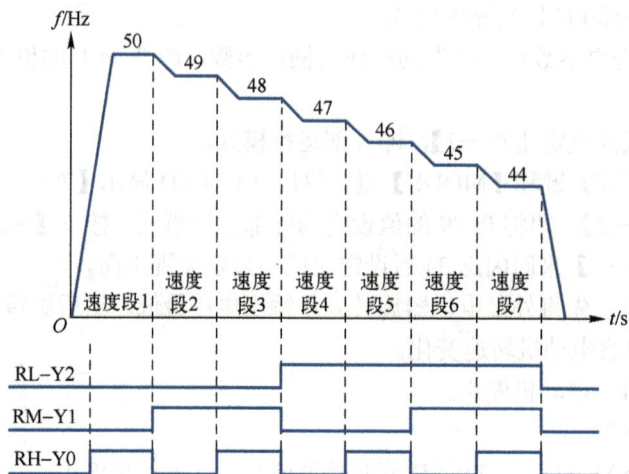

图 7-30　纺纱机变频器输出频率曲线

3）中途停车后再次开车，应保持停车前的速度状态。

4）为了防止起动时断纱，要求起动过程平稳。

2. 电气线路图

纺纱机运行控制电气线路如图 7-31 所示。主电路采用低压断路器作为电源开关，负载电动机是 380V/10A/5kW/2 极三相交流异步电动机。变频器型号为 FR-D740-5.5K-CHT，适用 5.5kW 以下的电动机。PLC 为 FR₅U-32MR/ES。霍尔式传感器 B0 有 3 个端子，分别是正极（接 PLC 的 24V）、负极（接 PLC 的 0V）和信号端（接 PLC 的输入端子 X0）。当机轴旋转，磁钢经过霍尔式传感器时，产生脉冲信号送入 X0，用高速计数器对 X0 输入的高速脉冲进行计数。

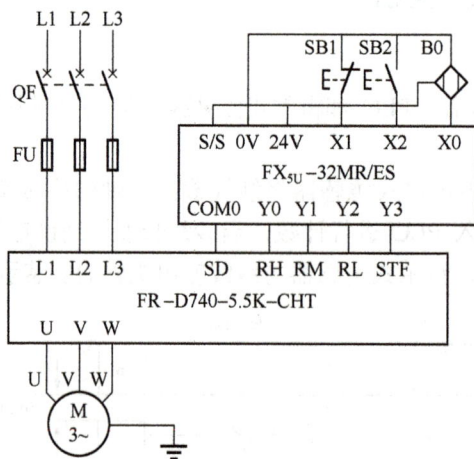

图 7-31　纺纱机运行控制电气线路图

3. 输入/输出端口分配表

PLC 输入/输出端口分配表及其与变频器控制端子的连接见表 7-9。

表 7-9　PLC 输入/输出端口分配表

输　　入			输　　出	
输入继电器	输入元件	作　用	输出继电器	变频器
X0	霍尔式传感器 B0	高速脉冲输入	Y0	连接 RH 高速端子
X1	SB1 常开触点	起动	Y1	连接 RM 中速端子
X2	SB2 常闭触点	停止	Y2	连接 RL 低速端子
			Y3	连接 STF 正转控制端子

7.6.2　变频器参数设置

1. 变频器多段速与变频器及 PLC 端子的关系

工艺多段速与变频器及 PLC 端子的关系、变频器多段速参数设置见表 7-10。

码 7.6-2
多段速控制
PLC 输出

表 7-10　工艺多段速与变频器及 PLC 端子的关系、变频器多段速参数设置表

工艺转速段	RL-Y2	RM-Y1	RH-Y0	变频器输出频率/Hz	变频器参数设置
速度段 1	0	0	1	50	Pr.4=50
速度段 2	0	1	0	49	Pr.5=49
速度段 3	0	1	1	48	Pr.26=48
速度段 4	1	0	0	47	Pr.6=47
速度段 5	1	0	1	46	Pr.25=46
速度段 6	1	1	0	45	Pr.24=45
速度段 7	1	1	1	44	Pr.27=44

注：表中"0"表示断开，"1"表示接通。

从表 7-10 中可以看出，用 PLC 的输出端子 X2，X1，X0 分别控制变频器的多段速控制端 RL、RM、RH，可以设定 7 种速度。从速度段 1 到速度段 7，X2、X1、X0 的状态也是从 001 变化到 111，对应变频器的输出频率从 50Hz 下降到 44Hz，使电动机逐步降速。

X2～X0 的变化规律正好符合二进制数的加 1 运算，这样的组合方式使 PLC 控制程序编制相对简单。

2. 变频器的参数设置

1）按 7.3.3 节介绍的方法，进行变频器的初始化，恢复出厂设定值。

2）按 7.3.4 节变更参数设定值的操作步骤对变频器参数进行如下设置：

参数 Pr.1=50，上限频率改为 50Hz，防止误操作后频率超过 50Hz。

参数 Pr.7=20，起动加速时间改为 20s，满足起动过程平稳要求。

参数 Pr.9=10，电子过电流保护（10A），等于电动机额定电流。

参数 Pr.4=50，不修改，速度段 1 频率为 50Hz。

参数 Pr.5=49，速度段 2 频率改为 49Hz。

参数 Pr.26=48，速度段 3 频率改为 48Hz。

参数 Pr.6=47，速度段 4 频率改为 47Hz。

参数 Pr.25=46，速度段 5 频率改为 46Hz。

参数 Pr.24=45，速度段 6 频率改为 45Hz。

参数 Pr.27=44，速度段 7 频率改为 44Hz。

参数 Pr.78=1，电动机不可以反转。

参数 Pr.79=2，外部端子控制操作模式，【EXT】显示点亮。

码 7.6-3
FX₅U 高速计数器指令

7.6.3 PLC 高速计数器

PLC 高速计数器部分指令见表 7-11。

表 7-11 高速计数器启用/停止指令与数据比较指令及其功能

指令名称	指令助记符	指令梯形图	指令功能	操作数		
				位	字	常数
高速计数器通道启用/停止指令	HIOEN(P)	─[HIOEN(P) (s1) (s2) (s3)]─	启用/停止高速计数器某通道	X、Y、M、L、SM、F、B、SB、S	T、ST、C、D、W、SD、SW、R、Z、双字 LC、LZ	K、H
高速计数器数据比较指令	DHSCS	─[DHSCS(_I) (s1) (s2) (d)]─	比较高速计数器的计数值与指定值，相等时立即置位软元件（d）			

（1）HIOEN 指令，用于指定某个（或几个）高速计数器通道启用或停止，HIOENP 在上升沿有效，HIOEN 在 ON 时有效。

1）s1 指开始/停止的功能编号，常用的功能编号有：K0，普通的高速计数器功能；K10，脉冲密度/转速测定功能；K20，高速比较表（CPU 模块）功能；K30，多点输出高速比较表功能；K40，脉冲宽度测定功能。

2）s2 用于启用某高速计数器通道，s3 用于停止某高速计数器通道（前面启用过的）。FX₅U PLC 有 16 个高速计数器通道，编号为 1～16，其中通道 1～8 为 CPU 模块通道，通道 9～16 为 PLC 扩展的高速脉冲输入/输出模块的通道。

3）例如下面一段程序的功能是：程序运行开始时，高速计数器通道 1（s2 为 K1）启用，作为普通高速计数器 s1 为 K10，因为前面没有启用别的高速计数器通道，不需要停止相应的高速计数器通道，所以 s3 为 K0，即不用停止别的高速计数器通道。

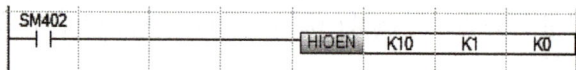

```
SM402
─┤ ├──────────────────────[ HIOEN  K10   K1   K0 ]
```

4）例如下面一段程序的功能是：当高速计数器通道 1 的计数值等于 K10000 时，立即使 M0 置位。

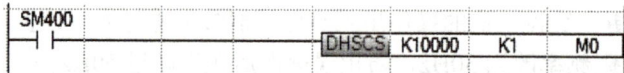

```
SM400
─┤ ├──────────────────────[ DHSCS  K10000   K1   M0 ]
```

（2）DHSCS_I 指令的功能是：当指定操作数（d）是中断指针 Pn 时，使用 DHSCS_I 指令。

高速计数器设置如图 7-32 所示，在导航窗口依次单击："参数"→"FX₅UCPU"→"模块参数"→双击"高速 I/O"。在"设置项目一览"中，单击"输入功能"→"高速计数器"。在"设置项目"中单击"高速计数器"的"详细设置"，出现"高速计数器"窗口，"使用/不使用计数器"选择"使用"；"运行模式"选择"普通模式"；"脉冲输入模式"选择"1 相 1 输入（S/W 递增/递减切换）"；"预置输入启用/禁用"选择"启用"，"输入逻辑"选择"正逻辑"，"输入比较启用/禁用"选择"启用","控制切换"选择"上升沿";"预置值"指设置程序中要求的预置值,应输入预置值为"10000",表示到 10000 时,高速计数器会清 0,然后再从 0 开始计数;"使能输入启用/禁用"选择"启用";其他用默认即可。

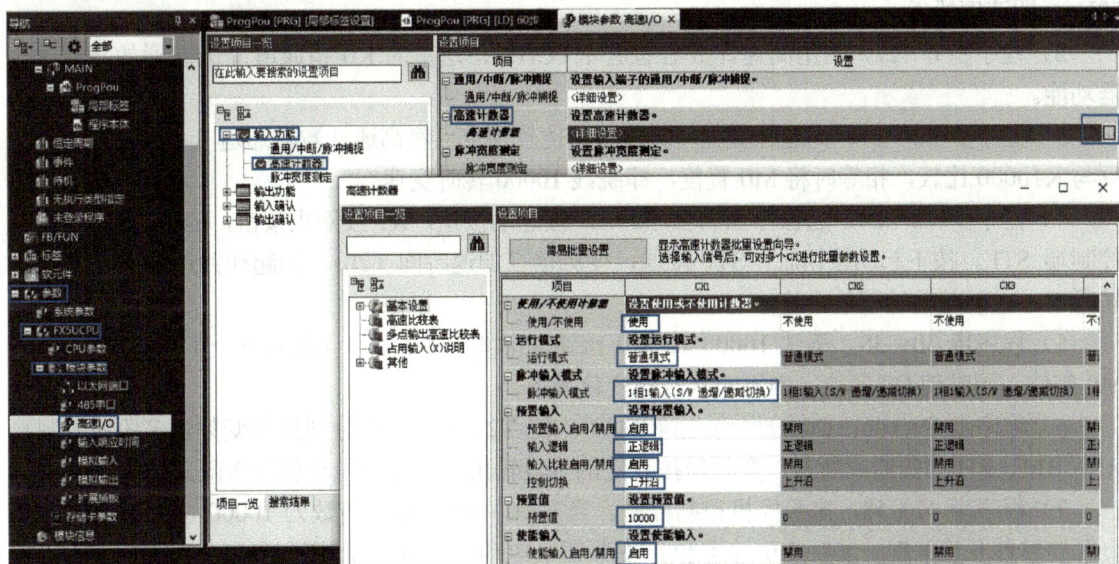

图 7-32　高速计数器的设置

7.6.4　程序设计

纺纱机运行 PLC 控制梯形图程序如图 7-33 所示。

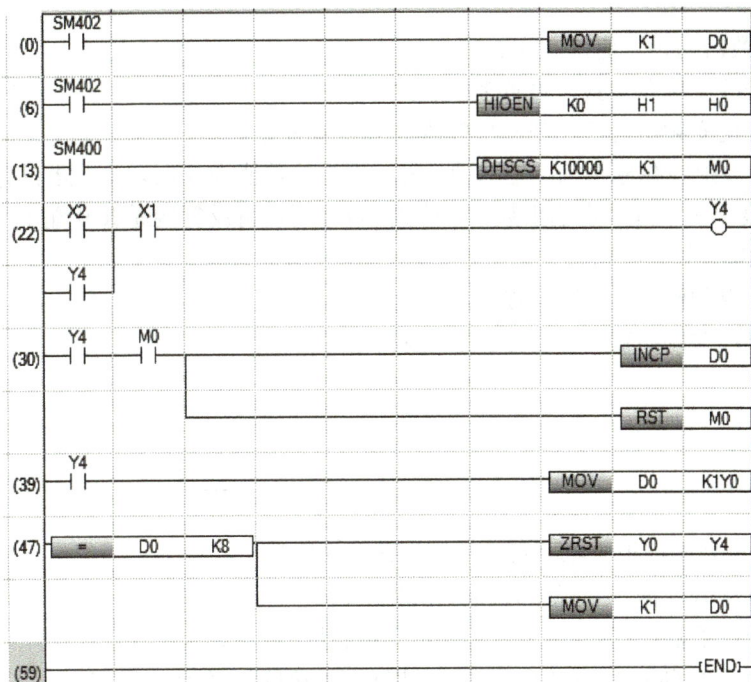

图 7-33　纺纱机运行 PLC 控制梯形图程序

码 7.6-4
纺纱机多段速——源程序

码 7.6-5
纺纱机运行控制 PLC 程序

为了在中途停机再次开机时，能够保持停机前的速度状态，使用数据寄存器 D0 保存中途停机时的状态数据，并用 D0 控制输出字软元件 K1Y0，即 Y0～Y3。

1）程序步 0～5，D0 初始化数据为 K1，即开机时 Y0 状态为 ON，变频器输出频率为 50Hz，即速度段 1。

2）程序步 6～12，启用高速计数器通道 1（CH1），这里的 K0 指通道 1 为普通的高速计数器功能。

3）程序步 13～21，高速计数器 32 位数据比较指令，将高速计数器通道 1（CH1）实时数据与 K10000 比较，相等时将 M0 置位，即绕线 10000 转时变速。

4）程序步 22～29，起保停控制程序。X2 接起动按钮，X1 接停止按钮，Y4 接变频器正转控制端 STF。按下起动按钮时，STF 接通，变频器在加速时间（20s）为起动并达到 50Hz 的运转频率，实现起动过程的平稳。

5）程序步 30～38，每过 10000 转 M0 接通 1 次时，D0 加 1（转入下一工艺速度段），使 M0 复位，同时使 D0 复位，为下一次转速变化准备。

6）程序步 39～46，D0 数据传送到 K1Y0，使 Y2、Y1、Y0 分别控制变频器多段速控制端 RL、RM、RH 的接通或断开，变频器按设定的多段输出频率控制电动机逐步降速运行。

7）程序步 47～58，定长停机控制程序。当（D0）=8（即总转数为 10000×7=70000 转，达到预定纱线长度）时，Y4～Y0 全复位，变频器（电动机）按减速时间（10s）停机，D0 设初值 K1，为下次开机做好准备。

7.6.5 任务实施

1）按图 7-31 进行控制电路接线，将图 7-33 所示的梯形图程序录入计算机并下载到 PLC。

2）将图 7-32 中高速计数器的预置值修改为 5。

3）接通变频器电源，修改变频器参数，设置多段速频率。

4）按下起动按钮 SB2，使变频器运行，观察变频器输出频率的变化。

5）反复接通 X0 端子，模拟纱线输出轴产生脉冲信号。每当计数值为 5 时，变频器的输出频率数值减 1，电动机的速度逐步下降。当输出频率下降到 44Hz 后，再反复接通 I0.0 端子，变频器的输出频率下降为 0，电动机减速停止。

6）按下停止按钮 SB1，电动机按减速时间停止。

7）中途停机再次开机时，变频器输出保持停机前的频率值。

习题

1. GS2110-WTBD 触摸屏背面面板有哪些接口？各有什么作用？

2. 抄录 GS2110-WTBD 铭牌数据，并说明各项数据的意义。

3. 查阅网络资料，说明三菱触摸屏有哪些类型系列，各有什么特点。

4. 查阅网络资料，说明三菱 GOT SIMPLE 系列触摸屏有哪些型号，有什么区别。

5. FX₅U 和 FX₃U 所属机种的类型是什么？

6．按钮编辑为什么关联软元件？

7．在将编辑好的人机界面工程下载到触摸屏上时，如果没有连接 PLC，这时部分控件无法显示，为什么会出现这种情况？

8．数值输入和数值输出控件的作用是什么？

9．说明图 7-14 所示的程序中，如何将触摸屏输入的数值变换 T0 延时时间。

10．说明图 7-14 所示的程序中正确显示倒计时时间的原理。

11．用触摸屏和 PLC 实现 3 台电动机顺序起动控制，要求起动时间可以通过触摸屏输入，触摸屏能够显示各台电动机起动时间倒计时。

12．用触摸屏和 PLC 实现运料小车控制，要求人机界面用指示灯显示小车到位情况，用倒计时显示小车停留时间。

13．变频器用于三相交流异步电动机，有哪些方面的用途？

14．变频器的内部结构包括哪些组成部分？

15．变频器的日常使用注意事项有哪些？

16．变频器日常检查与定期检查包括哪些检查内容？

17．为什么变频器的主回路的输入端子与输出端子不能交换使用？

18．变频器的输入信号控制端子有哪些？各自有什么用途？

19．FR-D700 变频器的操作面板有哪些按钮和旋钮？各自有什么作用？

20．变频器的基本功能参数有哪些？各自有什么意义？

21．设某 4 极三相交流异步电动机的转差率 s=0.02，当电源频率分别是 50Hz、40Hz、30Hz、20Hz、10Hz 时，电动机的转速各是多少（设 s 不变化）？

22．有一台电动机受变频器控制，控制要求为低速缓慢起动，高速运行。按下起动按钮 SB1 后，延时 10s 上升到 10Hz 低速运行；按下运转按钮 SB2 后 20s 上升到 50Hz 高速运行；按下停止按钮 SB3，减速运行 30s 后停止。试设计 PLC 控制系统，设定相关运行参数。

23．有一台电动机受变频器控制，要求为三段速度运行（频率分别为 20Hz、35Hz、50Hz）。按下低速按钮 SB1 时低速运行；按下中速按钮 SB2 时中速运行；按下高速按钮 SB3 时高速运行；按下停止按钮 SB4，减速运行停止。三段速度之间可任意切换；加减速时间均为 8s。试设计 PLC 控制系统，设定相关运行参数。

> 实习实训中要学习并遵守劳动规则，加强对劳动流程、劳动标准、劳动检查等相关制度的学习；掌握专业技能，熟悉多种劳动岗位职责，关注新技术的发展和运用，培养创新意识，拓展职业技能，能适应跨专业的、不断变化的职业劳动任务，为将来步入社会后做一名复合型人才做好准备；通过参与生产过程，体会劳动的辛苦，树立会劳动、懂劳动、热爱劳动的劳动理念；践行并弘扬劳动精神、劳模精神、工匠精神，提升职业核心素养，提高自身的市场竞争力。

附录

附录 A FX_{5U} 系列 PLC 性能表

项目		性能
控制方式		对存储程序循环扫描
输入/输出控制方式		刷新方式[根据直接访问输入输出（DX、DY）的指定可进行直接访问输入/输出]
编程规格	编程语言	梯形图（LD）、结构化文本（ST）、功能块图/梯形图（FBD/LD）
	编程扩展功能	功能块（FB）、功能（FUN）、标签编程（局部/全局）
	恒定扫描	0.2～2000ms 为单位设置）
	固定周期中断	1～60000ms（以 1ms 为单位设置）
	定时器性能规格	100ms、10ms、1ms
	程序执行数量	32 个
	FB 文件数量	16 个（用户使用的文件最多 15 个）
动作规格	执行类型	待机型、初始执行型、扫描执行型、固定周期执行型、事件执行型
	中断种类	内部定时器中断、输入中断、高速比较一致中断、模块的中断
指令处理时间	LD X0	34ns
	MOV D0 D1	34ns
存储器容量	程序容量	128KB/256KB、快闪存储器
	SD 存储卡	存储卡容量部分（SD/SDHC 存储卡：最大 16GB）
	软元件/标签存储器	120KB
	数据存储器/标准	ROM 5MB
快闪存储器		（闪存）写入次数最大为 2 万次
最大存储文件数量	软元件/标签存储器	1 个
	数据存储器	程序文件数 P：32 个、FB 文件数：16 个
	SD 存储卡	NZ1MEM-2GBSD：511 个
		NZ1MEM-4GBSD、NZ1MEM-8GBSD、NZ1MEM-16GBSD：65534 个
时钟功能	显示信息	年、月、日、时、分、秒、星期 （自动判断闰年）
	精度	月差±45s/25℃（TYP）
停电保持（时钟数据）	保持方法	大容量电容器
	保持时间	10 日（环境温度：25℃）
输入输出点数	输入/输出点数	256 点以下/384 点以下
	远程 I/O 点数	384 点以下/512 点以下
	两者的合计点数	512 点以下
停电保持	停电保留能力	最大为 12k 字

附录 B FX₅ᵤ 系列 PLC 指令表

类型	指令名称	指令符号	功　能
触点指令	触点取、触点串联、触点并联	LD	取常开触点（常开触点逻辑运算开始）
		LDI	取常闭触点（常闭触点逻辑运算开始）
		AND	逻辑与（常开触点串联）
		ANI	逻辑与否（常闭触点串联）
		OR	逻辑或（常开触点并联）
		ORI	逻辑或否（常闭触点并联）
	脉冲取、脉冲串联、脉冲并联	LDP	取上升沿脉冲
		LDF	取下降沿脉冲运算开始
		ANDP	上升沿脉冲串联
		ANDF	下降沿脉冲串联
		ORP	上升沿脉冲并联
		ORF	下降沿脉冲并联
	脉冲取反、脉冲串联反、脉冲并联反	LDPI	取上升沿脉冲反（上升沿时为 OFF，其他都为 ON）
		LDFI	取下降沿脉冲反（下降沿时为 OFF，其他都为 ON）
		ANDPI	上升沿脉冲反串联（上升沿时为 OFF，其他都为 ON）
		ANDFI	下降沿脉冲反串联（下降沿时为 OFF，其他都为 ON）
		ORPI	上升沿脉冲反并联（上升沿时为 OFF，其他都为 ON）
		ORFI	下降沿脉冲反并联（下降沿时为 OFF，其他都为 ON）
合并指令	逻辑块串、并联	ANB	逻辑块之间串联
		ORB	逻辑块之间并联
	堆栈指令	MPS	存储运算结果
		MRD	读取 MPS 中存储的运算结果
		MPP	读取和复位 MPS 中存储的运算结果
	结果取反	INV	运算结果取反
	结果脉冲化	MEP	运算结果上升沿脉冲化
		MEF	运算结果下降沿脉冲化
输出指令	软元件输出	OUT	软元件输出
	定时器	OUT T	低速定时器（分辨率为 100ms）
		OUTH T	定时器（分辨率为 10ms）
		OUTHS T	高速定时器（分辨率为 1ms）
		OUT ST	低速累计定时器（分辨率为 100ms）
		OUTH ST	累计定时器（分辨率为 10ms）
		OUTHS ST	高速累计定时器（分辨率为 1ms）
	计数器	OUT C	计数器
		OUT LC	超长计数器
	置位、复位指令	SET	软元件置位
		RST	软元件复位

（续）

类型	指令名称	指令符号	功　能
输出指令	报警器输出	OUT F	报警器输出
	报警器置位、复位	SET F	报警器置位
		RST F	报警器复位
		ANS	报警器置位（带判断时间）
		ANR	报警器的复位（多个报警器为 ON 时，F 小编号复位；输入为 ON 时，每个运算周期按顺序复位）
		ANRP	报警器的复位（多个为 ON 时，F 小编号复位，脉冲执行型）
	上升沿、下降沿输出	PLS	在输入信号的上升沿时产生程序 1 周期的脉冲
		PLF	在输入信号的下降沿时产生程序 1 周期的脉冲
	位软元件输出取反	FF	执行指令 OFF→ON 时，指定的软元件状态取反
		ALT	执行指令 ON 时，指定的软元件状态取反，一直为 ON 时每个周期都取反
		ALTP	执行指令 OFF→ON 时，指定的软元件状态取反
移位指令	位软元件移位	SFT	将指定位软元件的前一个软元件的状态移位到指定软元件中，前一个软元件将变为 OFF
		SFTP	将指定位软元件的前一个软元件的状态移位到指定软元件中，前一个软元件将变为 OFF，脉冲执行型
	16 位数据的 n 位移位	SFR(P)	将指定位软元件的 16 位数据右移(n)位
		SFL(P)	将指定位软元件的 16 位数据左移(n)位
	n 位数据的 1 位移位	BSFR(P)	将指定位软元件开始的(n)点数据向右移位 1 位
		BSLR(P)	将指定位软元件开始的(n)点数据向左移位 1 位
	n 字数据的 1 字移位	DSFR(P)	将指定的字软元件开始的(n)点数据向右移位 1 字
		DSLR(P)	将指定的字软元件开始的(n)点数据向左移位 1 字
	n 位数据的 n 位移位	SFTR(P)	将指定的位软元件开始(n1)位的数据向右移位(n2)位
		SFTL(P)	将指定的位软元件开始(n1)位的数据向左移位(n2)位
	n 字数据的 n 字	WSFR(P)	将指定的字软元件开始(n1)字的数据向右移位(n2)字
		WSFL(P)	将指定的字软元件开始(n1)字的数据向左移位(n2)字
主控制指令	主控制的设置、复位	MC	主控制开始（梯形图的公共母线的开闭）
		MCR	主控制解除（梯形图的公共母线的开闭）
结束指令	主程序结束	FEND	主程序的结束
	顺控程序结束	END	顺控程序的结束
停止指令	顺控程序停止	STOP	执行指令为 ON 时，复位输出(Y)后，停止 CPU 模块运行
比较指令	16 位的数据比较	LD=、AND=、OR= LD=_U、AND=_U、OR=_U	[(s1)+1，(s1)]=[(s2)+1，(s2)]时导通，[(s1)+1，(s1)]≠[(s2)+1，(s2)]时不导通
		LD<>、AND<>、OR<> LD<>_U、AND<>_U、OR<>_U	[(s1)+1，(s1)]≠[(s2)+1，(s2)]时导通，[(s1)+1，(s1)]=[(s2)+1，(s2)]时不导通
		LD>、AND>、OR> LD>_U、AND>_U、OR>_U	[(s1)+1，(s1)]>[(s2)+1，(s2)]时导通，[(s1)+1，(s1)]≤[(s2)+1，(s2)]时不导通
		LD<=、AND<=、OR<= LD<=_U、AND<=_U、OR<=_U	[(s1)+1，(s1)]≤[(s2)+1，(s2)]时导通，[(s1)+1，(s1)]>[(s2)+1，(s2)]时不导通

（续）

类型	指令名称	指令符号	功　能
比较指令	16 位的数据比较	LD<、AND<、OR< LD<_U、AND<_U、OR<_U	[(s1)+1，(s1)]<[(s2)+1，(s2)]时导通，[(s1)+1，(s1)]≥[(s2)+1，(s2)]时不导通
		LD>=、AND>=、OR>= LD>=_U、AND>=_U、OR>=_U	[(s1)+1，(s1)] ≥[(s2)+1，(s2)]时导通，[(s1)+1，(s1)]<[(s2)+1，(s2)]时不导通
	32 位的数据比较	LDD=、ANDD=、ORD= LDD=_U、ANDD=_U、ORD=_U	[(s1)+1，(s1)]=[(s2)+1，(s2)]时导通，[(s1)+1，(s1)]≠[(s2)+1，(s2)]时不导通
		LDD<>、ANDD<>、ORD<> LDD<>_U、ANDD<>_U、ORD<>_U	[(s1)+1，(s1)]≠[(s2)+1，(s2)]时导通，[(s1)+1，(s1)]=[(s2)+1，(s2)]时不导通
		LDD>、ANDD>、ORD> LDD>_U、ANDD>_U、ORD>_U	[(s1)+1，(s1)]>[(s2)+1，(s2)]时导通，[(s1)+1，(s1)]≤[(s2)+1，(s2)]时不导通
		LDD<=、ANDD<=、ORD<= LDD<=_U、ANDD<=_U、ORD<=_U	[(s1)+1，(s1)]≤[(s2)+1，(s2)]时导通，[(s1)+1，(s1)]>[(s2)+1，(s2)]时不导通
		LDD<、ANDD<、ORD< LDD<_U、ANDD<_U、ORD<_U	[(s1)+1，(s1)]<[(s2)+1，(s2)]时导通，[(s1)+1，(s1)]≥[(s2)+1，(s2)]时不导通
		LDD>=、ANDD>=、ORD>= LDD>=_U、ANDD>=_U、ORD>=_U	[(s1)+1，(s1)]≥[(s2)+1，(s2)]时导通，[(s1)+1，(s1)]<[(s2)+1，(s2)]时不导通
	16 位数据比较输出	CMP CMPP CMP_U CMPP_U	(s1)>(s2)时(d)为 ON (s1)=(s2)时(d)+1 为 ON (s1)<(s2)时(d)+2 为 ON
	32 位数据比较输出	DCMP DCMPP DCMP_U DCMPP_U	[(s1)+1，(s1)]>[(s2)+1，(s2)]时(d)为 ON [(s1)+1，(s1)]=[(s2)+1，(s2)]时(d)+1 为 ON [(s1)+1，(s1)]<[(s2)+1，(s2)]时(d)+2 为 ON
算术运算指令	16 位加法运算	+(P)(_U)	2 个操作数，(d)+(s)→(d) 其中："( )"内是可选项，"P"指脉冲执行型，"_U"是无符号整数，下同
		+(P)(_U)	3 个操作数，(s1)+(s2)→(d)
		ADD(P)(_U)	3 个操作数，(s1)+(s2)→(d)
	16 位减法运算	-(P)(_U)	2 个操作数，(d)-(s)→(d)
		-(P)(_U)	3 个操作数，(s1)-(s2)→(d)
		SUB(P)(_U)	3 个操作数，(s1)-(s2)→(d)
	32 位加法运算	D+(P)(_U)	2 个操作数，[(d)+1，(d)]+[(s)+1，(s)]→[(d)+1，(d)]
		D +(P)(_U)	3 个操作数，[(s1)+1，(s1)]+[(s2)+1，(s2)]→[(d)+1，(d)]
		DADD(P)(_U)	3 个操作数，[(s1)+1，(s1)]+[(s2)+1，(s2)]→[(d)+1，(d)]
	32 位减法运算	D-(P)(_U)	2 个操作数，[(d)+1，(d)]-[(s)+1，(s)]→[(d)+1，(d)]

（续）

类型	指令名称	指令符号	功　能
算术运算指令	32 位减法运算	D-(P)(_U)	3 个操作数，[(s1)+1，(s1)]-[(s2)+1，(s2)]→[(d)+1，(d)]
		DSUB(P)(_U)	3 个操作数，[(s1)+1，(s1)]-[(s2)+1，(s2)]→[(d)+1，(d)]
	16 位乘法运算	*(P)(_U)	(s1)*(s2)→[(d)+1，(d)]
		MUL(P)(_U)	(s1)*(s2)→[(d)+1，(d)]
	16 位除法运算	/(P)(_U)	(s1)÷(s2)→商(d)，余数(d)+1
		DIV(P)(_U)	(s1)÷(s2)→商(d)，余数(d)+1
	32 位乘法运算	D*(P)(_U)	[(s1)+1，(s1)] *[(s2)+1，(s2)]→[(d)+3，(d)+2，(d)+1，(d)]
		DMUL(P)(_U)	[(s1)+1，(s1)] *[(s2)+1，(s2)]→[(d)+3，(d)+2，(d)+1，(d)]
	32 位除法运算	D/(P)(_U)	[(s1)+1，(s1)]÷[(s2)+1，(s2)]→商[(d)+1，(d)]，余数[(d)+3，(d)+2]
		DDIV(P)(_U)	[(s1)+1，(s1)]÷[(s2)+1，(s2)]→商[(d)+1，(d)]，余数[(d)+3，(d)+2]
	16 位增 1 指令	INC(P)(_U)	(d)+1→(d)
	16 位减 1 指令	DEC(P)(_U)	(d)-1→(d)
	32 位增 1 指令	DINC(P)(_U)	[(d)+1，(d)]+1→[(d)+1，(d)]
	32 位减 1 指令	DDEC(P)(_U)	[(d)+1，(d)]-1→[(d)+1，(d)]
逻辑运算指令	逻辑与	WAND(P)	2 个操作数，(d)• (s)→(d) 其中："( )"内是可选项，"P"指脉冲执行型，下同
		WAND(P)	3 个操作数，(s1)• (s2)→(d)
		DAND(P)	2 个操作数，[(d)+1，(d)]• [(s)+1，(s)]→[(d)+1，(d)]
		DAND(P)	3 个操作数，[(s1)+1，(s1)]• [(s2)+1，(s2)]→[(d)+1，(d)]
	逻辑或	WOR(P)	2 个操作数，(d)+(s)→(d)
		WOR(P)	3 个操作数，(s1)+(s2)→(d)
		DOR(P)	2 个操作数，[(d)+1，(d)]+[(s)+1，(s)]→[(d)+1，(d)]
		DOR(P)	3 个操作数，[(s1)+1，(s1)]+[(s2)+1，(s2)]→[(d)+1，(d)]
位处理指令	字软元件的位置位	BSET(P)	对指定的字软元件的第(n)位进行置位
	字软元件的位复位	BRST(P)	对指定的字软元件的第(n)位进行复位
	位软元件的批量复位	BKRST(P)	从(d)指定的位软元件开始，对(n)个点的位软元件进行复位
	数据批量复位	ZRST(P)	在相同类型的(d1)与(d2)中指定（字、位）软元件，对(d1)~(d2)进行批量复位
数据转换指令	二进制-BCD 转换	BCD(P)	将指定的二进制 16 位数据转换为 4 位 BCD 数据
		DBCD(P)	将指定的二进制 32 位数据转换为 8 位 BCD 数据
	BCD-二进制转换	BIN(P)	将指定的 4 位 BCD 数据转换为二进制 16 位数据
		DBIN(P)	将指定的 8 位 BCD 数据转换为二进制 32 位数据
	七段编码	SEGD(P)	对指定软元件数据进行七段编码，存储到(d)
数据传送指令	16 位数据传送	MOV(P)	(s)→(d)
	32 位数据传送	DMOV(P)	(s+1，s)→(d+1，d)
	16 位数据取反传送	CML(P)	逐位取反传送
	32 位数据取反传送	DCML(P)	逐位取反传送

（续）

类型	指令名称	指令符号	功　能
数据传送指令	位移动	SMOV(P)	对(s)指定的字软元件，按照指定位数进行移位后，存储到(d)
	16 位数据上下字节交换	SWAP(P)	对(s)指定的字软元件中数据进行上下字节交换
	1 位数据传送	MOVB(P)	将(s)中指定的位数据存储到(d)中
数据旋转指令	16 位数据的右旋	ROR(P)	对指定的字软元件的 16 位数据，在不包含进位标志的状况下进行(n)位右旋
		RCR(P)	对指定的字软元件的 16 位数据，在包含进位标志的状况下进行(n)位右旋
	16 位数据的左旋	ROL(P)	对指定的字软元件的 16 位数据，在不包含进位标志的状况下进行(n)位左旋
		RCL(P)	对指定的字软元件的 16 位数据，在包含进位标志的状况下进行(n)位左旋
	32 位数据的右旋	DROR(P)	对指定的字软元件的 32 位数据，在不包含进位标志的状况下进行(n)位右旋
		DRCR(P)	对指定的字软元件的 32 位数据，在包含进位标志的状况下进行(n)位右旋
	32 位数据的左旋	DROL(P)	对指定的字软元件的 32 位数据，在不包含进位标志的状况下进行(n)位左旋
		DRCL(P)	对指定的字软元件的 32 位数据，在包含进位标志的状况下进行(n)位左旋
跳转指令	跳转分支	CJ(P)	输入条件成立后，跳转至指针(P)
	跳转至 END	GOEND	输入条件成立后，跳转至 END 指令
程序执行控制指令	中断禁止	DI	无操作数时，全局禁止中断
	中断允许	EI	解除中断程序的禁止执行状态
	指定优先级以下的中断禁止	DI	有操作数时(s)时，禁止(s)中指定的中断优先级以下的中断
	中断程序屏蔽	SIMASK	(I)指定的中断指针的禁止/允许设定
	中断程序结束	IRET	中断程序结束，返回主程序
	WDT 复位	WDT(P)	看门狗定时器的复位
结构化指令	循环指令	FOR	对 FOR 指令与 NEXT 指令之间程序段执行(n)次
		NEXT	
	循环指令强制结束	BREAK(P)	强制结束 FOR 与 NEXT 指令之间的程序，跳转至指针(P)
	子程序调用	CALL(P)	输入条件成立时，执行指针(P)的子程序
		XCALL	输入条件成立执行指针(P)的子程序 输入条件不成立时进行指针(P)的子程序的非执行处理
	子程序结束	RET	子程序结束，返回调用位置
		SRET	
时钟用指令	时钟数据的读取	TRD(P)	将 CPU 模块内置的实时时钟的时钟数据(SD210～SD216)读取到(d)～(d)+6 中
	时钟数据的写入	TWR(P)	将设置的时钟数据(s)～(s)+6 写入到 CPU 模块内置的实时时钟数据(SD210～SD216、SD8013～SD8019)中
	时钟数据比较	TCMP(P)	将(s1)、(s2)、(s3)中指定时钟数据与(s4)中指定的时钟数据进行比较，根据其大小一致情况将(d)中指定的位软元件置为 ON/OFF
	时钟数据带宽比较	TZCP(P)	分别将(s1)、(s2)开始的 3 点时钟数据与(s3)中指定的时钟数据进行比较，根据其大小带宽情况将(d)中指定的位软元件置为 ON/OFF
步进指令	步进开始	STL	步进指令的开始行，建立临时左母线
	步进结束	RETSTL	步进指令结束，返回主母线
PID 控制指令	PID 运算	PID	根据输入变化量，用于改变输出值的 PID 控制

附录 C　通用变频器 FR-D700 参数表

功能	参数号	名称	设定范围	最小设定单位	出厂设定值
基本功能	0	转矩提升	0～30%	0.1%	6%/4%/3%①
	1	上限频率	0～120Hz	0.01Hz	120Hz
	2	下限频率	0～120Hz	0.01Hz	0Hz
	3	基准频率	0～400Hz	0.01Hz	50Hz
	4	多段速设定（高速）	0～400Hz	0.01Hz	50Hz
	5	多段速设定（中速）	0～400Hz	0.01Hz	30Hz
	6	多段速设定（低速）	0～400Hz	0.01Hz	10Hz
	7	加速时间	0～3600s	0.1s	5/10s②
	8	减速时间	0～3600s	0.1s	5/10s②
	9	过电流保护	0～500A	0.01A	变频器额定电流
直流制动	10	直流制动作频率	0～120Hz	0.01Hz	3Hz
	11	直流制动作时间	0～10s	0.1s	0.5s
	12	直流制动作电压	0～30%	0.1%	6 %/4%③
—	13	起动频率	0～60Hz	0.01Hz	0.5Hz
—	14	负载	0～3	1	0
JOG 运行	15	点动频率	0～400Hz	0.01Hz	5Hz
	16	点动加减速时间	0～3600s	0.1s	0.5s
—	17	MRS 输入	0、2、4	1	0
—	18	高速上限频率	120～400Hz	0.01Hz	120Hz
—	19	基准频率电压	0～1000V、8888V、9999V	0.1V	9999
加减速时间	20	加减速基准频率	1～400Hz	0.01Hz	50Hz
失速防止	22	失速防止动作水平电流	0～200%	0.1%	150%
	23	倍速时失速防止动作水平补偿系数	0～200%、9999	0.1%	9999
多段频率设定	24	多段速设定（4 速）	0～400Hz、9999	0.01Hz	9999
	25	多段速设定（5 速）	0～400Hz、9999	0.01Hz	9999
	26	多段速设定（6 速）	0～400Hz、9999	0.01Hz	9999
	27	多段速设定（7 速）	0～400Hz、9999	0.01Hz	9999
—	29	加减速曲线选择	0、1、2	1	0
—	30	再生制动功能选择	0、1、2	1	0
频率跳变	31	频率跳变 1A⊖	0～400Hz、9999	0.01Hz	9999
	32	频率跳变 1B	0～400Hz、9999	0.01Hz	9999
	33	频率跳变 2A	0～400Hz、9999	0.01Hz	9999
	34	频率跳变 2B	0～400Hz、9999	0.01Hz	9999
	35	频率跳变 3A	0～400Hz、9999	0.01Hz	9999
	36	频率跳变 3B	0～400Hz、9999	0.01Hz	9999

⊖ 频率跳变中 A、B 含义请参见《变频器 D700 使用手册应用篇》。

功能	参数号	名称	设定范围	最小设定单位	出厂设定值
—	37	转速显示	0、0.01～9998	0.001	0
—	40	RUN 键旋转方向选择	0、1	1	0
频率检测	41	频率到达动作范围	0～100%	0.1%	10%
	42	输出频率检测	0～400Hz	0.01Hz	6Hz
	43	反转时输出频率检测	0～400Hz、9999	0.01Hz	9999
第2功能	44	第2加速时间	0～3600s	0.1s	5/10s②
	45	第2减速时间	0～3600s、9999	0.1s	9999
	46	第2转矩提升	0～30%、9999	0.1%	9999
	47	第2基准频率（V/F）	0～400Hz、9999	0.01Hz	9999
	48	第2失速防止动作水平电流	0～200%、9999	0.1%	9999
	51	第2过电流保护	0～500A、9999	0.01A	9999
监视器功能	52	DU/PU 显示数据	0、5、8～12、14、20、23～25、52～55、61、62、64、100	1	0
	55	频率监视基准	0～400Hz	0.01Hz	50Hz
	56	电流监视基准	0～500A	0.01A	额定电流
再起动	57	再起动自由运行时间	0、0.1～5s、9999	0.1s	9999
	58	再起动上升时间	0～60s	0.1s	1s
—	59	遥控功能选择	0、1、2、3	1	0
—	60	节能控制	0、9	1	0
	65	再试	0～5	1	0
—	66	失速防止动作水平降低开始频率	0～400Hz	0.01Hz	50Hz
再试	67	报警发生时的再试次数	0～10、101～110	1	0
	68	再试等待时间	0.1～600s	0.1s	1s
	69	再试次数显示和消除	0	1	0
—	70	特殊再生制动使用率	0～30%	0.1%	0%
—	71	适用电动机	0、1、3、13、23、40、43、50、53	1	0
—	72	PWM 频率	0～15	1	1
—	73	模拟量输入	0、1、10、11	1	1
—	74	输入滤波时间的常数	0～8	1	1
—	75	复位选择/PU 脱离检测/PU 停止	0～3、14～17	1	14
—	77	参数写入	0、1、2	1	0
—	78	反转防止	0、1、2	1	0
—	79	运行模式	0、1、2、3、4、6、7	1	0
电动机常数	80	电动机容量	0.1～7.5kW、9999	0.01kW	9999
	82	电动机励磁电流	0～500A、9999	0.01A	9999
	83	电动机额定电压	0～1000V	0.1V	200V～400V④
	84	电动机额定频率	10～20Hz	0.01Hz	50Hz
	90	电动机常数（R1）	0～502、9999	0.0012	9999
	96	离线自动调谐设定	0、11、21	1	0

（续）

功能	参数号	名称	设定范围	最小设定单位	出厂设定值
PU 接口通信	117	PU 通信站号	0～31(0～247)	1	0
	118	PU 通信速率	48、96、192、384	1	192
	119	PU 通信停止位长	0、1、10、11	1	1
	120	PU 通信奇偶校验	0、1、2	1	2
	121	PU 通信再试次数	0～10、9999	1	1
	122	PU 通信校验时间间隔	0、0.1～99.8s、9999	0.1s	0
	123	PU 通信等待时间	0～50ms、9999	1	9999
	124	PU 通信有无 CR/LF	0、1、2	1	1
—	125	端子 2 频率设定增益频率	0～400Hz	0.01Hz	50Hz
—	126	端子 4 频率设定增益频率	0～400Hz	0.01Hz	50Hz
PID 运行	127	PID 控制自动切换频率	0～400Hz、9999	0.01Hz	9999
	128	PID 动作	0、20、21、40～43	1	0
	129	PID 比例带	0.1%～1000%、9999	0.1%	100%
	130	PID 积分时间	0.1～3600s、9999	0.1s	1s
	131	PID 上限	0～100%、9999	0.1%	9999
	132	PID 下限	0～100%、9999	0.1%	9999
	133	PID 动作目标值	0～100%、9999	0.1%	9999
	134	PID 微分时间	0.01～10.00s、9999	0.01s	9999
PU	145	PU 显示语言切换	0～7	1	1
电流检测	150	输出电流信号检测水平	0～200%	0.1%	150%
	151	输出电流检测信号延迟时间	0～10s	0.1s	0s
	152	零电流检测水平	0～200%	0.1%	5%
	153	零电流检测时间	0～1s	0.01s	0.5s
—	156	失速防止动作	0～31、100、101	1	0
—	157	OL 信号输出延时	0～25s、9999	0.1s	0s
—	158	AM 端子功能	1～3、5、8～12、14、21、24、52、53、61、62	1	1
—	160	扩展功能显示	0、9999	1	9999
—	161	频率设定/键盘锁定操作	0、1、10、11	1	0
再起动	162	瞬时停电再起动动作	0、1、10、11	1	1
	165	再起动失速防止动作电流	0～200%	0.1%	150%
电流检测	166	输出电流检测信号保持时间	0～10s、9999	0.1s	0.1s
	167	输出电流检测动作	0、1	1	0
累计监视值清 0	170	累计电度表清 0	0、10、9999	1	9999
	171	实际运行时间清 0	0、9999	1	9999
输入端子功能分配	178	STF 端子功能	0～5、7、8、10、12、14、16、18、24、25、37、60、62、65～67、9999	1	60
	179	STR 端子功能	0～5、7、8、10、12、14、16、18、24、25、37、61、62、65～67、9999	1	61

（续）

功能	参数号	名称	设定范围	最小设定单位	出厂设定值
输入端子功能分配	180	RL 端子功能选择	0～5、7、8、10、12、14、16、18、24、25、37、62、65～67、9999	1	0
	181	RM 端子功能选择		1	1
	182	RH 端子功能选择		1	2
	190	RUN 端子功能选择	0、1、3、4、7、8、11～16、25、26、46、47、64、70、90、91、93、95、96、98、99、100、101、103、104、107、108、111～116、125、126、146、147、164、170、190、191、193、195、196、198、199、9999	1	0
	192	ABC 端子功能选择	0、1、3、4、7、8、11～16、25、26、46、47、64、70、90、91、95、96、98、99、100、101、103、104、107、108、111～116、125、126、146、147、164、170、190、191、195、196、198、199、9999	1	99
多段速度设定	232	多段速设定（8速）	0～400Hz、9999	0.01Hz	9999
	233	多段速设定（9速）	0～400Hz、9999	0.01Hz	9999
	234	多段速设定（10速）	0～400Hz、9999	0.01Hz	9999
	235	多段速设定（11速）	0～400Hz、9999	0.01Hz	9999
	236	多段速设定（12速）	0～400Hz、9999	0.01Hz	9999
	237	多段速设定（13速）	0～400Hz、9999	0.01Hz	9999
	238	多段速设定（14速）	0～400Hz、9999	0.01Hz	9999
	239	多段速设定（15速）	0～400Hz、9999	0.01Hz	9999
—	240	Soft-PWM 动作	0、1	1	1
—	241	模拟输入显示单位切换	0、1	1	0
—	244	冷却风扇的动作	0、1	1	1
转差补偿	245	额定转差	0～50%、9999	0.01%	9999
	246	转差补偿时间常数	0.01～10s	0.01s	0.5s
	247	恒功率区域转差补偿选择	0、9999		9999
—	249	起动时接地检测的有无	0、1	1	1
—	250	停止	0～100s、1000～1100s、8888、9999	0.1s	9999
—	251	输出断相保护	0、1	1	1
寿命诊断	255	寿命状态报警显示	(0～15)	1	0
	256	浪涌电流抑制电路寿命	(0～100%)	1%	100%
	257	控制电路电容器寿命	(0～100%)	1%	100%
	258	主电路电容器寿命	(0～100%)	1%	100%

（续）

功能	参数号	名称	设定范围	最小设定单位	出厂设定值
寿命诊断	259	测定主电路电容器寿命	0、1(2、3、8、9)	1	0
	260	PWM 频率自动切换	0、1	1	0
掉电停止	261	掉电停止方式选择	0、1、2	1	0
—	267	端子4输入	0、1、2	1	0
—	268	监视器小数位数	0、1、9999	1	9999
—	295	频率变化量	0、0.01、0.10、1.00、10.00	10.00	0.01
密码功能	296	密码保护	1~6、101~106、9999	1	9999
	297	密码注册/解除	1000~9999(0~5、9999)	1	9999
—	298	频率搜索增益	0~32767、9999	1	9999
—	299	再起动时的旋转方向检测	0、1、9999	1	0
RS-485通信	338	通信运行指令权	0、1	1	0
	339	通信速率指令权	0、1、2	1	0
	340	通信起动模式选择	0、1、10	1	0
	342	通信 EEPROM 写入	0、1	1	0
	343	通信错误计数	—		
第2电动机常数	450	第2适用电动机	0、1、9999	1	9999
远程输出	495	远程输出选择	0、1、10、11	1	0
	496	远程输出内容 1⊖	0~4095	1	0
—	502	通信异常时停止模式选择	0、1、2	1	0
维护	503	定时器维护	0(1~9998)	1	0
	504	定时器报警输出设定时间	0~9998、9999	1	9999
通信	549	协议选择	0、1	1	0
	551	PU 模式操作权	2、4、9999	1	9999
电流平均值监视器	555	电流平均时间	0.1~1s	0.1s	ls
	556	数据输出屏蔽时间	0~20s	0.1s	0s
	557	电流平均值监视信号基准电流	0~500A	0.01A	变频器额定电流
—	561	PTC 热敏电阻保护水平	0.5~30kΩ、9999	0.01kΩ	9999
—	563	累计通电时间次数	(0~65535)	1	0
—	564	累计运转时间次数	(0~65535)	1	0
—	571	起动时维持时间	0.0~10.0s、9999	0.1s	9999
PID控制	575	输出中断检测时间	0~3600s、9999	0.1s	ls
	576	输出中断检测水平	0~400Hz	0.01Hz	0Hz
	577	输出中断解除水平	900%~1100%	0.1%	1000%
三角波功能（摆频功能）	592	三角波功能选择	0、1、2	1	0
	593	最大振幅量	0~25%	0.1%	10%
	594	减速时振幅补偿量	0~50%	0.1%	10%
	595	加速时振幅补偿量	0~50%	0.1%	10%

⊖ 内容 1 参见《变频器 D700 使用手册应用篇》。

（续）

功能	参数号	名称	设定范围	最小设定单位	出厂设定值
三角波功能（摆频功能）	596	振幅加速时间	0.1～3600s	0.1s	5s
	597	振幅减速时间	0.1～3600s	0.1s	5s
—	611	再起动时加速时间	0～3600s、9999	0.1s	9999
—	653	速度滤波控制	0～200%	0.1%	0
—	665	再生回避频率增益	0～200%	0.1%	100
保护功能	872②	输入缺相保护	0、1	1	1
再生回避功能	882	再生回避动作	0、1、2	1	0
	883	再生回避动作水平	300～800V	0.1V	DC400V/780V④
	885	再生回避补偿频率限制值	0～10Hz、9999	0.01Hz	6Hz
	886	再生回避电压增益	0～200%	0.1%	100%
自由参数	888	自由参数1	0～9999	1	9999
	889	自由参数2	0～9999	1	9999
—	891	累计电量监视器位切换次数	0～4、9999	1	9999
校正参数	C1(901)⑥	AM端子校正	—	—	—
	C2(902)⑥	端子2频率设定的偏置频率	0～400Hz	0.01Hz	0Hz
	C3(902)⑥	端子2频率设定的偏置	0～300%	0.1%	0%
	125(903)⑥	端子2频率设定的增益频率	0～400Hz	0.01Hz	50Hz
	C4(903)⑥	端子2频率设定的增益	0～300%	0.1%	100%
	C5(904)⑥	端子4频率设定的偏置频率	0～400Hz	0.01Hz	0Hz
	C6(904)⑥	端子4频率设定的偏置	0～300%	0.1%	20%
	126(905)⑥	端子4频率设定的增益频率	0～400Hz	0.01Hz	50Hz
	C7(905)⑥	端子4频率设定的增益	0～300%	0.1%	100%
PU	990	PU蜂鸣器音量控制	0、1	1	1
	991	PU对比度调整	0～63	1	58
清除参数初始值变更清单	Pr.CL	清除参数	0、1	1	0
	ALLC	参数全部清除	0、1	1	0
	Er.CL	清除报警历史	0、1	1	0
	Pr.CH	初始值变更清单	—	—	—

① 容量不同值也不相同，6%—型号0.75K以下；4%—型号1.5K～3.7K；3%—型号5.5K、7.5K。

② 容量不同值也不相同，5s—型号3.7K以下；10s—型号5.5K、7.5K。

③ 容量不同值也不相同，6%—型号0.1K、0.2K；4%—型号0.4K～7.5K。

④ 电压等级不同值也不相同。

⑤ 用以定三相电源输入的产品。

⑥ （）内为使用FR-E500系列用操作面板（FR-PA02-02）或参数单元（FR-PU04-CH/FR-PU07）时的参数编号。

附录 D　触摸屏 GOT SIMPLE 系列性能表

项　目		性　能	
		GS2110-WTBD	GS2107-WTBD
显示部分	种类	TFT 彩色液晶	
	画面尺寸	10in（1in=25.4mm）	7in
	分辨率	800×480 像素	
	显示尺寸	宽×高为 222（8.74）×132.5（5.22）[mm]（in）（横向显示时）	宽×高为 154（6.06）×85.9（3.38）[mm]（in）（横向显示时）
	显示字符数	16 点字体时：50 字×30 行（全角）（横向显示时）	
	显示色	65536 色	
	亮度调节	32 级	
背光灯		LED 方式　（不可以更换） 可以设置背光灯 OFF/屏幕保护时间	
触摸面板	方式	模拟电阻膜方式	
	触摸键尺寸	最小 2mm×2mm（每个触摸键）	
	同时按下	不可同时按下（仅可触摸 1 点）	
	寿命	100 万次（操作力 0.98N 以下）	
存储器	C 驱动器	内置快闪卡 9MB（工程数据存储用、OS 存储用）	
		寿命（写入次数）10 万次	
内置接口	RS-422	RS-422、1 通道 传送速度：115200/57600/38400/19200/9600/4800bit/s 连接器形状：D-Sub 9 针（母） 用途：连接设备通信用 终端电阻：330Ω 固定	
	RS-232	RS-232、1 通道 传送速度：115200/57600/38400/19200/9600/4800bit/s 连接器形状：D-Sub 9 针（公） 用途：连接设备通信用、条形码阅读器 　　　　连接计算机用（工程数据读取/写入、FA 透明功能）	
	以太网	数据传送方式：100BASE-TX、10BASE-T、1 通道 连接器形状：RJ-45（模块插孔） 用途：连接设备通信用，连接计算机用（软件包数据读取/写入、FA 透明功能）	
	USB	依据串行 USB(全速 12Mbit/s)标准、1 通道 连接器形状：Mini-B 用途：连接计算机用（软件包数据读取/写入、FA 透明功能）	
	SD 卡	依据 SD 规格、1 通道 支持存储卡：SDHC 存储卡、SD 存储卡 用途：软件包数据读取/写入、日志数据保存	
蜂鸣输出		单音色（长/短/无 可调整）	
保护构造		IP65F（仅面板正面部分）	
外形尺寸		宽×高×厚为 272（10.71）×214（8.43）×56（2.21）[mm]（in）	宽×高×厚为 206（8.11）×155（6.11）×50（1.97）[mm]（in）
面板开孔尺寸		宽×高为 258（10.16）×200（7.88）[mm]（in）（横向显示时）	宽×高为 191（7.52）×137（5.40）[mm]（in）（横向显示时）
质量		约 1.3kg（不包括安装用的金属配件）	约 0.9kg（不包括安装用的金属配件）
对应软件包（GT Designer3 的版本）		Version1.104J 以上	

（续）

项　　目		性　　能	
		GS2110-WTBD	GS2107-WTBD
电源电压		DC 24V（+10%　-15%）波纹电压 200mV 以下	
能耗	背光灯点亮	7.6W 以下（317mA/24V）	6.5W 以下（271mA/24V）
	背光灯熄灭	3.8W 以下（158mA/24V）	3.8W 以下（158mA/24V）
冲击电流		17A 以下（6ms、25℃、最大负载时）	
允许瞬停时间		5ms 以内	
抗噪声性能		遵从 IEC 61000-4-4 2kV（电源线）	
可承受电压		AC 350V，1min（GOT 的所有电源端子与 GOT 的接地端子之间）	
绝缘电阻		DC 500V 兆欧表测得 10MΩ 以上（GOT 的所有电源端子与 GOT 的接地端子之间）	

参 考 文 献

[1] 三菱电机（中国）有限公司. MELSEC iQ-F FX_{5U} 用户手册（硬件篇）[Z]. 2022.

[2] 三菱电机（中国）有限公司. MELSEC iQ-F FX_{5U} 编程手册（程序设计篇）[Z]. 2021.

[3] 三菱电机（中国）有限公司. MELSEC iQ-F FX5 编程手册（指令/通用 FUN/FB 篇）[Z]. 2022.

[4] 三菱电机（中国）有限公司. MELSEC iQ-F FX5 用户手册（入门篇）[Z]. 2022.

[5] 三菱电机（中国）有限公司. MELSEC iQ-F FX5 用户手册（应用篇）[Z]. 2021.

[6] 三菱电机（中国）有限公司. GX Works3 操作手册[Z]. 2021.

[7] 三菱电机（中国）有限公司. 三菱通用变频器 FR-D700 使用手册[Z]. 2009.

[8] 三菱电机（中国）有限公司. 图形操作终端 GOT SIMPLE 系列主机使用说明书[Z]. 2020.

[9] 三菱电机（中国）有限公司. MELSEC iQ-F FX5 用户手册（定位篇-CPU 模块内置，高速脉冲输入输出模块）[Z]. 2021.

[10] 三菱电机（中国）有限公司. MELSEC iQ-F FX5 用户手册（模拟量篇-CPU 模块内置，扩展适配器）[Z]. 2021.

[11] 三菱电机（中国）有限公司. MELSEC iQ-F FX5 用户手册（串行通信篇）[Z]. 2022.

[12] 三菱电机（中国）有限公司. MELSEC iQ-F FX5 用户手册（以太网通信篇）[Z]. 2021.

[13] 阮友德. 任务引领型 PLC 应用技术教程[M]. 北京：机械工业出版社，2013.

[14] 张伟林，王开，吴清荣. 电气控制与 PLC 应用[M]. 3 版. 北京：人民邮电出版社，2016.

[15] 姚晓宁. 三菱 FX_{5U} PLC 编程及应用[M]. 北京：机械工业出版社，2021.

[16] 刘建春，柯晓龙，林晓辉，等. PLC 原理及应用：三菱 FX_{5U}[M]. 北京：电子工业出版社，2021.

[17] 赵承荻，王玺珍，袁媛. 电机与电气控制技术[M]. 5 版. 北京：高等教育出版社，2019.

[18] 教育部职业技术教育中心研究所. 劳动教育读本：高职版[M]. 北京：高等教育出版社，2021.